国家自然科学基金优秀青年科学基金（41522108）
国家重点研发计划项目子课题（2017YFD0800103）
国家科技重大专项课题（2012ZX07506-006）
浙江省自然科学基金杰出青年科学基金（LR16B070001）
资助出版

稻田面源污染过程与模拟

梁新强　周柯锦　汪小泉　著

科学出版社
北　京

内 容 简 介

目前，随着工业点源污染逐渐得到治理，农业面源污染已经成为世界上公认的水体污染最大来源之一。农业面源污染及其引发的地表水体富营养化已成为当今环境领域的世界性难题，也是我国水体污染控制的核心问题，而实现农业面源污染控制的前提在于深入了解稻田面源污染的发生机制。本书从稻田氮磷流失过程监测和模型耦合两个方面解释了稻田面源污染的发生过程，为流域面源污染系统控制提供了理论支持。

本书内容丰富，研究角度多样，研究案例描述详尽、数据翔实，图文并茂，可读性强，可供环境、土壤、水文、生态、农业等领域的科研工作者和工程技术人员，特别是从事农业非点源污染防治的广大科技人员参考，对从事生态保护和农业可持续发展的相关部门人员也具有重要的参考价值。

图书在版编目（CIP）数据

稻田面源污染过程与模拟/梁新强，周柯锦，汪小泉著. —北京：科学出版社，2019.1

ISBN 978-7-03-060393-7

Ⅰ. ①稻… Ⅱ. ①梁… ②周… ③汪… Ⅲ. ①稻田–面源污染–污染控制–研究 Ⅳ. ①X501

中国版本图书馆 CIP 数据核字(2019)第 006690 号

责任编辑：朱 丽 杨新改 / 责任校对：杜子昂
责任印制：吴兆东 / 封面设计：耕者设计工作室

科学出版社 出版
北京东黄城根北街 16 号
邮政编码：100717
http://www.sciencep.com

北京中石油彩色印刷有限责任公司 印刷

科学出版社发行 各地新华书店经销

*

2019 年 1 月第 一 版 开本：B5 (720×1000)
2019 年 1 月第一次印刷 印张：14
字数：300 000

定价：98.00 元

(如有印装质量问题，我社负责调换)

前　言

当前，农业面源污染已经成为世界上公认的水体污染最大来源之一；而在我国的农作物耕作面积中，水稻是除玉米外全国种植面积最大的粮食作物。因此，要控制农业面源污染势必要对稻田产生面源污染的过程进行深入的研究。本书基于文献调查、田间试验和模型耦合等方法，从稻田氮磷流失过程监测和模型耦合两个方面解释了稻田面源污染的过程。

全书共 7 章。第 1 章绪论，通过收集关于稻田氮磷降雨径流流失负荷的国内外相关报道发现，此类研究主要集中在两个方面：一是稻田氮磷降雨径流流失机理及影响因素研究，如水文因素、施肥因素及其他环境因素；二是稻田氮磷降雨径流流失负荷的估算方法研究，包括输出系数法、模型计算法等。

第 2 章主要包括两方面：一是通过动态监测水稻生育期内节水灌溉和传统灌溉模式下所产生的水体污染效应，对比发现节水灌溉模式处理的稻田灌排总磷、磷酸盐、总氮及氨氮等净负荷均小于传统灌溉模式处理；二是研究了两种灌溉模式（常规连续淹灌和干湿交替节灌）和实地养分管理（SSNM）下稻田田面水氮素、磷素动态，径流（排水）流失规律和控制对策。研究发现，择时干湿交替（AWD）+SSNM 技术能有效控制氮磷的暴雨径流流失。其中，AWD 可显著降低灌水量及灌水次数和暴雨径流的发生量与发生次数，以及暴雨径流中氮磷流失通量；AWD+SSNM 技术可降低施肥总量及施肥次数，SSNM 技术强化了对氮磷流失的削减作用；AWD 产量波动不大，而 AWD+SSNM 技术应用后其水稻产量增加了 4.9%。

第 3 章介绍了地表径流、排水、地下径流和渗漏等水分运动途径对稻田氮磷流失的影响。本章以大田小区试验为基础，对天然降雨条件、不同施肥情况下，水稻田降雨径流中氮磷素的形态、浓度、流失量以及稻田氮素的侧渗行为进行了初步探讨，发现降雨和施肥是影响氮磷素径流输出的主要因子，侧渗也是氮素流失的关键途径。同时根据其流失特征，发现根据雨情预报和作物生理需水变化进行合理灌溉与烤田，即实现稻田氮素优化管理模式，可以实现稻田排水的有效控制，甚至零排放，使得稻田具有截留氮素的功能，为太湖流域稻田革新水肥管理、控制面源污染提供了一定的技术支撑和理论指导。

第 4 章以氮素一级动力学转化理论和水氮耦合平衡理论为基础，构建了尿素氮施入稻田后的过程模型，主要氮素转化过程包括尿素水解、氨挥发、硝化、反硝化、固定、矿化、吸收等，流失途径包括下渗淋溶、侧渗、径流（含排水），建立了一个能用少量参数却能综合模拟氮素在水田中转化迁移及对水环境影响的模型，为稻田水肥管理优化措施的制定提供了科学依据。

第 5 章在已有的 SCS 修正模型基础上，考虑排水堰高度的影响，提出了适合杭嘉湖地区淹水稻田的径流产流模型，用来确定径流量。结果表明杭嘉湖地区水稻田在 3 个半月的淹水期内氮素径流流失负荷较大，而且不管是径流流失负荷还是流失率在空间上均存在着明显的变化，两者变化趋势一致，都是西部地区明显高于东部地区。同时对于该地区油菜田的降雨径流，仍旧在 SCS 修正模型的基础上，对其中的部分参数进行率定和修正，然后确定了其一季的总径流量。

第 6 章主要通过对不同土壤类型及不同施肥水平下的稻田田面水中氮磷浓度变化进行动态监测，探究田面水中氮磷浓度随施肥量、土壤类型及施肥时间的变化规律，同时以该研究为基础，建立符合研究区域特征的稻田氮磷降雨径流流失负荷估算方法，为该地区农业非点源污染总量控制和水环境管理提供理论基础和科学依据。

第 7 章从污染防治的角度，通过对研究区域的地理、气象等空间及属性数据的收集和处理建立模型运行基础数据库，利用 SWAT 模型对研究区域内氮磷污染物的时空分布及不同管理方式对污染物排放的影响和不同比例稻田在非点源污染中所扮演的“源”还是“汇”的作用进行探讨。通过改变 SWAT 模型中耕作管理方式，探讨免耕与传统耕作对流域总氮、总磷等污染物输出途径、输出量及污染物形态转化的影响，以期为有效预防和控制流域水体富营养化提供科学的量化依据。

特别感谢国家自然科学基金优秀青年科学基金（41522108）、国家重点研发计划项目子课题（2017YFD0800103）、国家科技重大专项课题（2012ZX07506-006）和浙江省自然科学基金杰出青年科学基金（LR16B070001）对本专著出版的支持。

由于作者学术水平有限，书中难免有疏漏或不妥之处，恳请各位读者批评指正。

作　者

2018 年 11 月

本书所涉及彩图及内容信息请扫描右侧二维码扩展阅读。

目　录

第1章 绪　论

1.1 研 究 背 景

目前，随着工业点源污染逐渐得到治理，农业面源污染已经成为世界上公认的水体污染最大来源之一。2010 年 2 月 6 日由环境保护部、国家统计局、农业部发布《第一次全国污染源普查公报》显示，全国农业面源年排放化学需氧量 1324.09 万 t，总氮（TN）270.46 万 t，总磷（TP）28.47 万 t，农业面源对 TN、TP 两种水体污染物总量的贡献率分别为 57%和 67%；而农业面源中的种植业总氮流失量为 159.78 万 t，总磷为 10.87 万 t。由此可见，农业面源污染，特别是种植业的流失污染对水体的富营养化起了不可忽视的作用；而导致我国农业面源污染严重的一个重要原因是我国的农业发展与发达国家相比较为落后，农业增产很大程度上依赖于化肥和农药的大量施用。统计数据显示，全国农田化肥施用量逐年递增（图 1.1），且施用量已远远超过发达国家的平均水平（中华人民共和国国家统计局，2014）。化肥的过量施用会导致农田流失负荷大大增加，带来严重的富营养化危害。

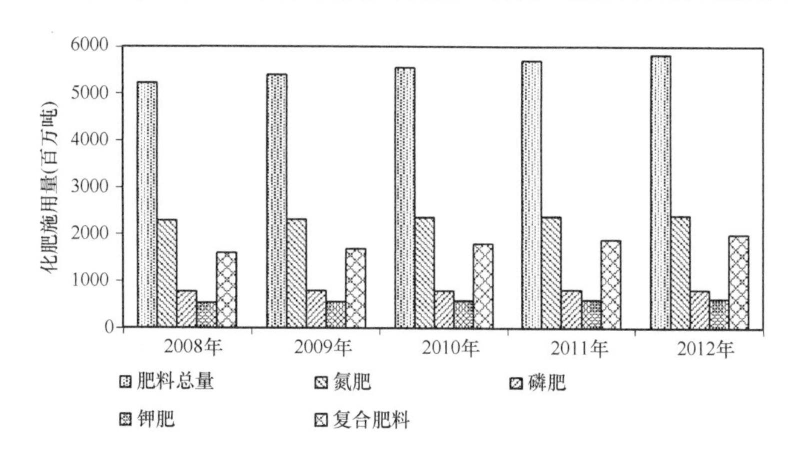

图 1.1　2008～2012 年全国农田化肥施用量（国家统计局数据）

根据中华人民共和国国家统计局报告（中华人民共和国国家统计局，2014）显示（图 1.2），在我国的农作物耕作面积中，水稻是除玉米外全国种植面积最大的粮食作物。2011～2013 年中国稻谷种植面积均维持在 2900 万公顷以上，且有逐年增加的趋势，主要种植类型为单季中晚稻。因此，要控制农业面源污染势必要对稻田所产生的农业面源污染进行深入研究。

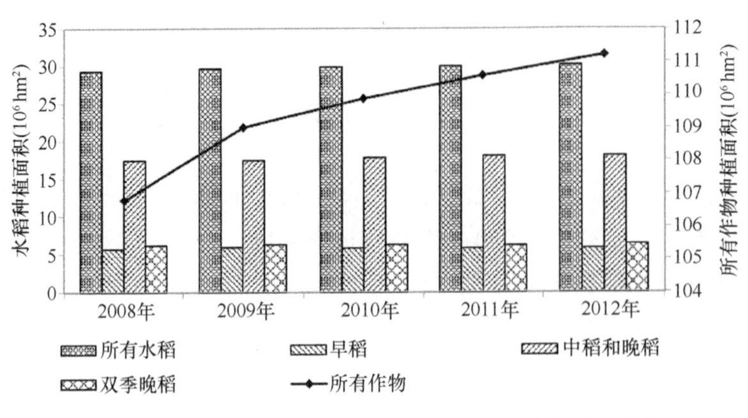

图 1.2　2008～2012 年全国作物种植情况（国家统计局数据）

稻田是一个复杂的生态系统，其内部的物质循环也具有多样性。稻田的养分流失是表层田面水、土壤与降雨、径流等因素相互作用的过程，可以分为两种情况：一是稻田田面水溢出田埂排水口，产生地表径流，稻田中蓄积的养分随地表径流迁移，包括降雨径流和农事主动排水；二是稻田田面水及土壤内部的可溶性物质在土壤中随水分沿垂直或侧向进行迁移，进入地下水体及周边沟渠中，包括淋溶、侧渗等（Zhang et al.，2004；Yang et al.，2013；Huang et al.，2013；Liang et al.，2013；Zhang et al.，2014；章明奎等，2008）。然而稻田四周均被田埂包围，且表面长期有田面水覆盖，底部还有犁底层对水分下渗起阻挡作用，因此其淋溶和渗漏量较小；而常规农事排水通常在施肥较长时间后才会进行，对水体的危害也较小。因此，降雨所导致的径流流失是稻田氮、磷流失的主要形式，特别是化肥施用后较短时间内发生的降雨径流会携带大量营养物质进入周边水体，造成严重的富营养化危害（Cho，2003；Yoon et al.，2003；Tian et al.，2007；Yang et al.，2013；陆欣欣等，2014）。对稻田降雨径流的发生机制进行全面的研究，深入探讨稻田降雨径流负荷输出特征，对我国农业面源污染控制和水环境保护具有非常重要的现实意义。

目前国内外有越来越多的学者开展了稻田氮磷降雨径流流失的相关研究。对已发表的研究成果进行分析可以发现，此类研究主要集中在两个方面：一是稻田氮磷降雨径流流失机理及影响因素研究，如水文因素、施肥因素及其他环境因素；

二是稻田氮磷降雨径流流失负荷估算方法研究，包括输出系数法、模型计算法等。本章将对这些研究内容进行介绍。

1.2 稻田氮磷降雨径流流失影响因素研究

稻田氮磷降雨径流流失与许多因素有关，从国内外部分相关文献中针对稻田氮磷降雨径流流失负荷的报道中可以发现，不同研究中氮磷流失负荷及流失率差异较大，不同的试验得到的稻田氮磷流失负荷相差可达数十倍。这是由于农田氮磷降雨径流流失是一个复杂的过程，不同的水文因素、气候条件、农事耕作习惯，甚至地下水位、地形条件等都会影响氮磷养分在稻田生态系统中的迁移转化，并最终导致其流失特征、流失负荷发生显著变化。下面分别对影响稻田氮磷降雨径流流失负荷的一些主要因素进行介绍。

1.2.1 水文因素对稻田氮磷降雨径流流失的影响

1. 降雨

稻田在田埂的包围下形成了一个封闭的径流体系，只有在特殊情况下（如暴雨或连续降雨）才会产生“机会径流”（曹志洪等，2005）。因此降雨是稻田氮磷向环境流失的主要驱动力，特别是连续的暴雨会导致稻田田面水的溢出，养分大量流失。

降雨对稻田氮磷降雨径流流失的影响分为降雨量和降雨时间两方面。降雨量主要通过影响径流量来影响稻田的氮磷流失负荷。Zhao 等（2012）在太湖流域的研究表明，2008 年和 2009 年的稻季降雨量分别为 533 mm 和 1055 mm，其径流量分别为 1535 m^3/hm^2 和 8224 m^3/hm^2，不同降雨量下的径流量呈现显著差异，其稻季氮素流失负荷也相差较大，分别为 2.65 kg N/hm^2 和 19.2 kg N/hm^2。但是，稻田氮磷降雨径流流失负荷并不一定与降雨量存在线性相关关系，这是因为稻田在肥料施入后存在一个流失风险期，在此期间产生的径流会导致田面水中大量的氮磷流失进入环境，但流失风险期之外，即使发生暴雨导致田面水溢出，径流中的氮磷浓度也不会很高，流失负荷较小。当产生径流的降雨与施肥时间相隔较远时，此时田面水中的氮素已下降至低浓度水平，氮素流失负荷不大（Qiao et al.，2012）。其他学者对磷素流失的研究也呈现了相似的结果（Cao and Zhang，2004；张威等，2009）。由此可见，稻田降雨径流流失负荷受稻季降雨量和降雨距离肥料施入的时间的共同影响。

2. 田间水分管理

稻田中氮磷养分主要通过水分的流动而在土水介质间进行运移，因此田间的各种水分管理措施也会对氮磷的径流流失产生影响。目前，随着农业灌溉技术的发展，越来越多的节水灌溉方式被应用到稻田田间水分管理中，如畦沟灌溉（FI）、控制灌溉（CI）、择时干湿交替（AWD）等。这些节水灌溉方式与常规淹水灌溉相比，不仅能节省20%～30%的灌溉用水，而且也能大大削减稻田径流氮磷流失（Peng et al.，2011）。Yang 等（2013）对比了控制灌溉与常规淹水灌溉在稻田氮素流失方面的差异，结果表明采用控制灌溉可以促使田面水中氮素向土壤中迁移，降低田面水中 TN 浓度，从而减少稻田氮素降雨径流流失；然而由于节水灌溉导致稻田土壤干湿不断交替，增加了土壤中的氧含量，增强了土壤中的硝化作用，使稻田硝态氮流失加剧，控制灌溉与常规淹水灌溉相比增加了 8.99%～16.0%的硝态氮流失。

另外，节水灌溉对稻田氮磷流失的削减作用也得益于其增加了稻田系统对降雨的蓄积容量。与传统的大水漫灌相比，节水灌溉田面水高度大大降低，使得田面水表面与田埂排水口间有了更大的可蓄水高度，降低了田面水溢出的可能性。

3. 田埂排水口高度

由于稻田是一个四周密闭的体系，因此作为降雨径流出口的田埂排水口高度也是影响稻田降雨径流流失的重要因素。田埂排水口高度的升高可以增加稻田对雨水的蓄积容量，从而减少径流发生量。有研究表明，随着排水口高度从 6 cm 增加到 30 cm，降雨流失率从 43.25%降低至 0.5%；且径流中养分流失量随排水口高度的升高呈指数型衰减，排水口高度为 6 cm 的田块总凯氏氮（TKN）流失量是排水口高度为 22 cm 田块的 33 倍（Mishra et al.，1998）。由此可见，增加田埂排水口高度是减少稻田氮磷降雨径流流失的一个重要途径，但由于水稻在不同的生长阶段的需水量不同，因此田埂高度应视水稻生长状况及时调整，特别是在苗期应防止暴雨淹苗。

1.2.2 肥料施用对稻田氮磷降雨径流流失的影响

稻田氮磷降雨径流流失同时受径流量和径流中氮磷的浓度影响，水文因素主要影响径流发生量，而肥料的施用主要影响径流中的氮磷浓度。稻田中氮磷的来源主要有大气沉降、灌溉、降雨、施肥等方式，其中肥料的施用是最主要的途径，肥料的施用量、种类及施用方式均会对稻田降雨径流中的氮磷流失负荷产生影响。

1. 肥料施用量

大量研究表明，肥料的施入能在短时间内迅速提升田面水中氮磷浓度，且田面水中氮磷浓度与施肥量呈正相关。普通化肥施入田面水后水中TN、TP浓度通常在施肥后第1天便上升到峰值，随后两者浓度均呈指数型下降，并在1周后基本降低至较低水平（周萍等，2007；朱利群等，2009；夏小江等，2011）。田面水中的氮磷浓度的增加必然导致在这段时间内发生的降雨径流中N、P浓度也相应提高，流失加剧；而且化肥能够显著提高田面水中NH_4^+-N/TN和可溶性活性磷(DRP)/TP的比例，增加溶解态氮磷的流失潜能，而溶解态的氮磷通常更易于被藻类等浮游植物所吸收，更容易造成水体富营养化（张志剑等，2001；傅朝栋等，2014）。

近年来，国内外学者均对不同化肥施用水平下的稻田氮磷降雨径流流失进行了大量研究。利用SPSS统计软件对50多篇文献中的175条稻田氮磷降雨径流流失负荷数据进行分析，得到其氮素径流流失负荷箱图（图1.3）。文献报道中氮素径流流失负荷（kg N/hm^2）的均值为16.63，中值为8.87，极小值为1.02，极大值为129。可以明显发现，总体上随着氮肥施用量的增加，稻田氮素径流流失负荷也逐渐升高。

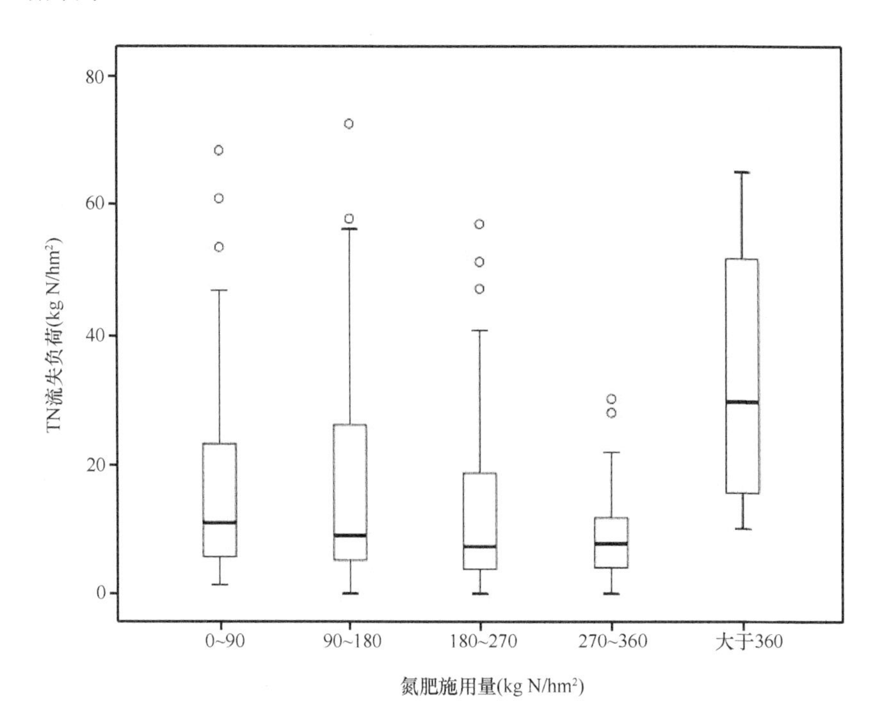

图1.3 文献报道中的稻田氮素径流流失负荷箱图

稻田磷素径流流失负荷箱图如图 1.4 所示，文献报道中稻田降雨径流中磷素流失负荷（kg P/hm^2）均值为 1.11，中值为 0.53，极小值为 0.06，极大值为 8.72。与氮素相似，随着磷肥施用量的增加，稻田磷素流失负荷也逐渐升高。

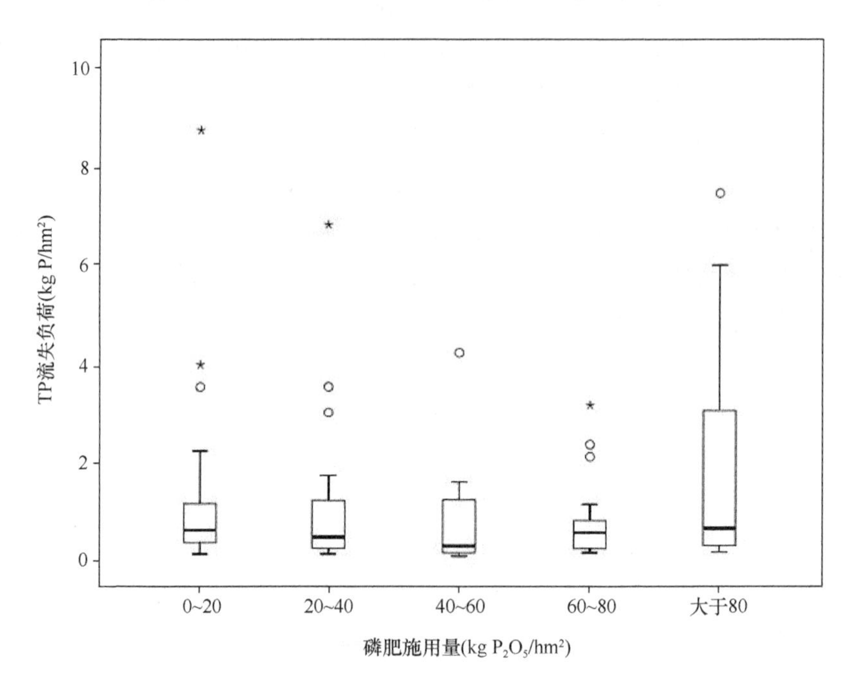

图 1.4　文献报道中的稻田磷素径流流失负荷箱图

由此可见，稻田氮磷降雨径流流失负荷与肥料施用量之间通常存在明显的正相关关系。但由于稻田氮磷降雨径流流失负荷的影响因素较多，这种正相关并不一定是线性的。

2. 肥料种类

尽管不同种类的肥料在施入稻田后均会使田面水中的氮磷浓度升高，但不同类型的肥料在水中有不同的物理或化学特性，因此其降雨径流流失特征也存在差异。一般来说，尿素、磷肥、复合肥等水溶性化肥施入田面水后，能迅速溶于水，田面水中 TN、TP 浓度在短时间内升高至峰值水平，但其衰减也通常呈指数形式下降，因此其流失风险期通常在 7～10 天左右，在该时期内发生径流便会导致大量的氮磷营养物质随径流进入周围环境中（Guo et al.，2004；金洁等，2005）；而猪粪等有机肥由于其本身成分复杂，在施入后田面水中 N、P 浓度通常会呈现一个波动过程，其 N、P 的释放和流失也是一个较为长期的过程。但与施用相同水平的化肥相比，猪粪能显著降低田面水中的 TN、TP 峰值浓度，其径流中氮磷流失量也远远低于化肥处理（赵林萍，2009；郭智等，2013）。缓释肥、控释肥等肥料在施入稻田后养分的释放较慢，田面水中氮磷浓度并不会迅速上升至峰值（鲁艳红等，2008；李堃等，2012）。国内有学者对比了尿素及不同施用水平的控释肥间的氮素径流流失差异，发现控释肥施入稻田后田面水中 NH_4^+-N 浓度长期保持在一个相对较低的水平，其径流流失负荷不到尿素处理的 1/2，甚至接近于不施肥处理（Yang et al.，2013）。由此可见，施用有机肥、缓释肥、控释肥等非水溶性肥料能够有效地控制养分流失，减少稻田氮磷径流对水环境造成的富营养化危害。

3. 肥料施用方式

除了肥料的施用量和种类外，施用方式也会显著地影响稻田氮磷的降雨径流流失。常规的肥料施用通常采用撒施的方法，肥料直接抛洒在土壤表面或田面水中，造成田面水中氮磷浓度极高，氨挥发、径流流失严重，养分利用率也较低。近年来，一系列的改进型肥料施用方式开始得到推广，如肥料深施、实地养分管理（site specific nutrient management，SSNM）、肥料运筹等，这些施肥方式能显著地改善肥料的流失情况，提高肥料有效利用率。研究表明，与撒施相比，肥料深施能显著降低田面水中的 TN、TP 浓度，从而降低其流失潜能（朱利群等，2009；冯国禄和龚军慧，2011）；而实地养分管理综合了水稻的生长环境、土壤固有养分供应水平和社会经济效益，针对生长过程中的实时养分需求来调整肥料的施用量或者施用比例，从而提高植株对肥料的吸收率和水稻产量。Yang 等（2013）的研究表明 SSNM 措施，特别是 SSNM+AWD 的水肥管理方式通过氨挥发、径流及下渗作用流失的氮素，与传统的水肥管理相比，降低了 53.1%～56.1%；Liang 等（2013）也通过研究发现：单独采用 AWD 的稻田与常规水肥管理相比，N、P 的流失负荷分别下降了 23.3%～30.4% 和 26.9%～31.7%，而 SSNM+AWD 则比常规水肥下降了 39.4%～47.6%和 46.1%～48.3%。这些研究均表明 SSNM 等改进型施肥方式能更有效地降低稻田氮磷径流流失负荷，对农业面源污染减排有积极意义。

1.2.3 优耕对稻田氮磷流失的影响

优耕（少免耕）对稻田氮磷流失的影响目前也尚无定论。王静等（2010）认为，保护性耕作能有效降低氮素径流流失富营养化，从而大大降低氮素流失风险。

Li 等（2010）的研究则表明，在稻油轮作系统中，与免耕相比，传统耕作条件下，土壤的氮磷流失量更低，杂草管理更好（Reddy and Hukkeri，1983），水分保持更好（Singh et al.，1995）。此外，也有学者认为，由于免耕使稻田土壤表层含有更加丰富的养分，与传统耕作相比，免耕会导致通过氨挥发、N_2O 排放和氮素淋溶的氮损失增加（Lu et al.，2001）。整个水稻生长季，免耕稻的氮磷径流流失负荷均高于常规稻（朱利群等，2012；夏小江，2012）。耕作方式通常不会对 NO_3^--N 渗漏产生显著影响，但是免耕与传统耕作相比通常会导致更高的 NO_3^--N 渗漏流失（Stoddard et al.，2005）。

因此，关于免耕对于水稻产量、氮素吸收量、氮素利用率以及稻田氮磷损失研究目前均无定论，我们有必要研究免耕在稻田中应用的整体效果以及理想应用条件，从而为免耕在我国稻田的推广提供科学的理论依据。

1.2.4 其他因素

稻田氮磷降雨径流流失过程中，除水文和施肥因素外，在稻田氮磷循环体系中的各个物理、化学、生物因素均会对其流失产生影响。

土壤本身的理化性质对氮磷降雨径流流失具有重要影响，即使在相同的施肥及农事管理情况下，不同土壤类型间的稻田 TN 径流流失负荷数值可达数倍之差（马立珊等，1997）；而磷肥施入不同土壤后田面水中的 TP、DRP 浓度也差异较大，若在流失风险期产生降雨，其径流流失负荷也会呈现不同的数值水平。这主要是由于不同的土壤具有不同的本底值、吸附解析能力、稳定入渗率等理化性质，这些理化性质均能影响稻田氮磷向环境的迁移（李卓，2009；傅朝栋等，2014）。另外，国内其他学者研究表明，不同的土壤类型下稻田氮素径流流失特征存在较大差异，沙土较黏壤土处理田面水总氮浓度较大，因而流失潜能也较大，这与土质不同所造成的下渗、吸附性能差异有关（李慧，2008；朱利群等，2009）；而土壤对磷的吸附能力极强，因此不同土壤对稻田磷流失的影响更为显著（章明奎等，2008）。

除降雨外的其他气象条件，如温度、风速、光照等均能影响稻田系统中氮磷迁移转化的某一环节，特别是温度对田面水中氮的硝化作用、反硝化作用、氨挥发及土壤对磷的吸附性能均有着极为显著的影响，温度变化会导致土壤对 P 的吸附解吸能力发生变化，继而影响田面水中磷素的浓度（宋勇生等，2004；施振香，2010；赵满兴等，2013）。

不同的轮作方式或种植方式也会显著地改变稻田的土壤理化性质，从而造成其氮磷降雨径流流失的差异（刘建玲和张福锁，2000）。常见的轮作方式，如单季稻、双季稻、水稻小麦轮作、水稻油菜轮作等，由于不同作物种植方式的差异及施肥习惯的差异，会导致稻田土壤的养分本底含量、水分渗透性质等均发生变化，由此影响降雨径流中氮磷的流失量和浓度，最终影响其径流流失负荷。

另外，农田作物类型、种植制度、植被覆盖度、起垄方式、地下水位、地形条件、农田尺度等也都会对稻田氮磷径流流失产生影响。国内有学者研究了不同尺度下的稻田氮磷排放规律，发现稻田氮磷的排放存在明显的尺度效应，即随着尺度的增大，稻田氮磷排放负荷呈降低趋势，TN、NH_4^+-N、NO_3^--N、TP、颗粒磷（PP）、溶解性磷（DP）六种氮磷形态的排放负荷从田间尺度到流域尺度分别下降 80.5%、73.4%、39.7%、73.8%、75.0%和 50.0%（何军等，2010）。这是因为在逐级嵌套的稻田系统中，单块稻田产生的径流中的养分可能在流经下一块稻田的过程中被作物吸收或土壤吸附，从而降低了区域尺度稻田的氮磷径流排放负荷。

1.3 稻田氮磷降雨径流流失负荷估算方法研究

随着农业面源污染的日益加剧，大量肥料流失及其对环境的影响日益受到人们的关注。而作为控制非点源污染的关键，摸清稻田氮磷降雨径流流失的负荷总量成为开展下一步工作的前提。由于各地自然条件、地理环境等存在很大差异，采用各种估算方法对流失负荷进行计算得到的结果也千差万别，因此必须根据当地实际情况建立流失负荷估算方法。目前，许多学者都对稻田氮磷降雨径流流失负荷的估算开展了研究，其采用的方法主要包括输出系数法和模型计算法两大类。

1.3.1 输出系数法

输出系数法通常以一个单一的系数或系数集来表征稻田的年均流失负荷。Johnes 于 1996 年首次提出了考虑不同下垫面类型的输出系数法，并利用它对英国 Windrush 流域的氮磷输出负荷进行了估算（Johnes，1996）。由于输出系数法具有方法简便、所需参数少的优点，因此被广泛应用于各种面源污染负荷研究之中。其中 Frink 对美国以往研究中的各种污染负荷系数进行了详细的汇总和统计，编制了不同土地利用类型下的污染物输出系数数据库（Frink，1991）。我国的《第一次全国污染源普查公报》也采用输出系数法，在不同地区选取了有代表性地形地貌的农田，共设置数百个地下淋溶和地表径流监测试验点，统计了不同类型及地区的农田污染物流失系数（中华人民共和国环境保护部等，2010）。

经典的输出系数法通常采用“年均负荷”进行计算，其估算结果通常在枯水年偏小，丰水年偏大。因此许多学者对经典输出系数法进行了改进，将更多的影响因素纳入模型之中。Soranno 等考虑污染负荷从污染源向水体迁移过程中的损耗，并结合地理信息系统（GIS）技术对模型进行了改进，改进后的模型在 Mendota 流域取得了良好的应用效果（Soranno et al.，1996）。降雨作为污染物向水体迁移的主要驱动力，对污染负荷的大小具有重要影响。国内的蔡明、吴一鸣等将降雨等水文因素考虑进负荷计算之中，通过设置反映降雨量大小的相应参数，调整不同降雨量情况下的流失负荷数值，使估算结果更加符合实际情况（蔡明等，2004；吴一鸣等，2012）。Khadam 和 Kaluarachchi（2006）则提出了侵蚀级的概念，并以沉积排放参数表征水文变化，该方法在华盛顿的应用表明它大大提高了模型估算的准确程度及其适用性。

然而尽管输出系数法经过了 20 多年的扩充和发展，在功能和结构上均有所改进，但其本质上仍然是一个集总式的黑箱模型，在污染物迁移转化和流失机理上有所欠缺。因此，输出系数法的估算结果总体上也较为粗略，仅能代表区域内污染物流失负荷的相对水平。

1.3.2 模型计算法

随着对稻田系统中氮磷等养分迁移转化规律的研究不断深入，越来越多的学者发现单纯的输出系数法已经无法满足精度要求日益提高的环境管理需求，因此一系列机理性模型被开发出来，用于对稻田氮磷流失进行模拟。

早期的机理性模型大多以田间试验所得的数据为基础，通过微积分或者统计学的方法计算氮素在迁移转化过程中的各个参数，并建立相应的田间尺度计算模型。例如，Ahuja 和 Lehman（1983）及 Sharpley（1980）分别在 1982 年和 1983 年提出的模型，均通过土壤的养分含量及降雨等水文因素来计算径流中的养分浓度。但是此类模型通常是以典型田块为基础建立的，没有经过大量试验的验证，因而没有得到大规模应用。

此后，一系列普适性较强的氮磷传输扩散模型开始出现，如 CREAMS、SOIL-N、NTT-Watershed 等。此类模型强调实际应用价值，构建过程中考虑了养分在土壤及水体中的多个迁移转化过程，较好地反映了氮磷由农田向径流或地下水的扩散。此类模型或方法中的方程均是在大量的试验为基础，因而大幅度提升了模型在不同地区不同自然条件下的应用范围。例如，GLEAMS 通过对 CREAMS 进行改进，其径流预测采用美国农业部提出的“SCS 曲线法”，通过模拟氮素和磷素的吸附、解析、硝化、反硝化等过程，以经验或半经验公式与模型结合，对农田生态系统中的氮磷循环进行计算，使得其能适应不同环境条件下模拟工作。

20 世纪 90 年代以来，随着“3S”技术的日趋成熟，许多研究者将传统的氮磷流失负荷估算方法与 GIS 技术进行结合，诞生了一系列应用广泛的非点源污染模型。GIS 技术强大的数据处理和时空分析能力，大大提高了模型针对区域尺度流域的计算能力和模拟精确性，如 SWAT、HSPF、AnnAGNPS、SHE 和 MIKE 等复杂的机理性模型，由于其具有良好的普适性和实际应用价值，因而在全世界许多国家都得到了大范围的应用（朱利群，2010）。

稻田氮磷降雨径流流失研究已成为非点源污染研究中十分活跃的一个领域。经过数十年的探索，稻田氮磷的流失机理及特征已逐步清晰，流失估算模型逐步从统计模型过渡到机理模型，其应用尺度也从小区逐步扩大到流域，从单次暴雨扩大到长期连续模拟。但由于稻田氮磷流失过程十分复杂，涉及水文、环境、人类活动等众多因素，因此各种模型都具有很大的不确定性，未来的研究需要进一步量化这些不确定性对模型结果可能导致的影响，进行风险评价和管理。另外，复杂的机理性模型，也同时伴随着输入资料获取困难、率定参数繁多等问题，因此如何根据研究区域特征，建立方法简便但估算准确性相对较高的稻田氮磷降雨径流流失负荷模型也为急需解决的一个问题。

参考文献

蔡明, 李怀恩, 庄咏涛, 等. 2004. 改进的输出系数法在流域非点源污染负荷估算中的应用. 水利学报, 07: 40-45.

曹志洪, 林先贵, 杨林章, 等. 2005. 论“稻田圈”在保护城乡生态环境中的功能 I . 稻田土壤磷素径流迁移流失的特征. 土壤学报, 05: 97-102.

冯国禄, 龚军慧. 2011. 尿素深施条件下模拟稻田中氮磷的动态特征及其降污潜力分析. 重庆大学学报, 07: 114-119.

傅朝栋, 梁新强, 赵越, 等. 2014. 不同土壤类型及施磷水平的水稻田面水磷素浓度变化规律. 水土保持学报, 04: 7-12.

郭智, 周炜, 陈留根, 等. 2013. 施用猪粪有机肥对稻麦两熟农田稻季养分径流流失的影响. 水土保持学报, 06: 21-25.

何军, 崔远来, 王建鹏, 等. 2005. 不同尺度稻田氮磷排放规律试验. 农业工程学报, 10: 56-62.

金洁, 杨京平, 施洪鑫, 等. 2005. 水稻田面水中氮磷素的动态特征研究. 农业环境科学学报, 02: 357-361.

李慧. 2008. 基于田面水总氮变化特点和“水-氮耦合”机制的稻田氮素径流流失模型研究. 南京：南京农业大学.

李堃, 司马小峰, 丁仕奇, 等. 2012. 控释肥对农田氮磷流失的影响研究. 安徽农业科学, 25: 12466-12470.

李卓. 2009. 土壤机械组成及容重对水分特征参数影响模拟试验研究. 杨凌: 西北农林科技大学.

刘建玲, 张福锁. 2000. 小麦-玉米轮作长期肥料定位试验中土壤磷库的变化 I . 磷肥产量效应及土壤总磷库、无机磷库的变化. 应用生态学报, 03: 360-364.

鲁艳红, 纪雄辉, 郑圣先, 等. 2008. 施用控释氮肥对减少稻田氮素径流损失和提高水稻氮素利用率的影响. 植物营养与肥料学报, 03: 490-495.

陆欣欣, 岳玉波, 赵峥, 等. 2014. 不同施肥处理稻田系统磷素输移特征研究. 中国生态农业学报, 04: 394-400.

马立珊, 汪祖强, 张水铭, 等. 1997. 苏南太湖水系农业面源污染及其控制对策研究. 环境科学学报, 01: 40-48.

施振香. 2010. 上海城郊土壤硝化、反硝化作用及其影响因素研究. 上海: 上海师范大学.

宋勇生, 范晓晖, 林德喜, 等. 2004.太湖地区稻田氨挥发及影响因素的研究. 土壤学报, 41(2): 265-269.

王静, 郭熙盛, 王允青, 等. 2010. 保护性耕作与平衡施肥对巢湖流域稻田氮素径流损失及水稻产量的影响研究. 农业环境科学学报, 06: 1164-1171.

吴一鸣, 李伟, 余昱葳, 等. 2012. 浙江省安吉县西苕溪流域非点源污染负荷研究. 农业环境科学学报, 10: 1976-1985.

夏小江, 胡清宇, 朱利群, 等. 2011. 田面水氮磷动态特征及径流流失研究. 水土保持学报, 4: 21-25.

夏小江. 2012. 太湖地区稻田氮磷养分径流流失及控制技术研究. 南京: 南京农业大学, 125.

张威, 艾绍英, 姚建武, 等. 2009. 流流失特征初步研究. 中国农学通报, 16: 237-243.

张志剑, 董亮, 朱荫湄. 2001. 水稻田面水氮素的动态特征、模式表征及排水流失研究. 环境科学学报, 04: 475-480.

章明奎, 郑顺安, 王丽平. 2008. 杭嘉湖平原水稻土磷的固定和释放特性研究. 上海农业学报, 02: 9-13.

赵林萍. 2009. 施用有机肥农田氮磷流失模拟研究. 武汉: 华中农业大学.

赵满兴, 王文强, 周建斌. 2013. 温度对土壤吸附有机肥中可溶性有机碳、氮的影响. 土壤学报, 04: 842-846.

中华人民共和国国家统计局. 2014. 国家年度统计数据. http://data.stats.gov.cn/workspace/index;jsessionid=2662C5B5598C9FF8A6E93C0335555CA7?m=hgnd.

中华人民共和国环境保护部, 中华人民共和国国家统计局, 中华人民共和国农业部. 2010. 第一次全国污染源普查公报. http://cpsc.mep.gov.cn/gwgg/201002/t20100225_186146.htm.

周萍, 范先鹏, 何丙辉, 等. 2007. 江汉平原地区潮土水稻田面水磷素流失风险研究. 水土保持学报, 04: 47-50.

朱利群, 田一丹, 李慧, 等. 2009. 不同农艺措施条件下稻田田面水总氮动态变化特征研究. 水土保持学报, 06: 85-89.

朱利群, 夏小江, 胡清宇, 等. 2012. 不同耕作方式与秸秆还田对稻田氮磷养分径流流失的影响. 水土保持学报, 26(6): 6-10.

朱利群. 2010. 粪肥还田对农田生态系统氮素的影响及径流流失风险评估. 南京: 南京农业大学.

Ahuja L R, Lehman O R. 1983. The extent and nature of rainfall-soil interaction in the release of soluble chemical to runoff. J Environ Qual, 1983, 12(1): 34-40.

Cao Z H, Zhang H C. 2004. Phosphorus losses to water from lowland rice fields under rice-wheat double cropping system in the Tai Lake region. Environ Geochem Hlth, 26(2): 229-236.

Cho J. 2003. Seasonal runoff estimation of N and P in a paddy field of central Korea. Nutr Cycl Agroecosys, 65(1): 43-52.

Frink C R. 1991. Estimating nutrient exports to estuaries. J Environ Qual, 20(4): 717-724.

Guo H Y, Zhu J G, Wang X R. 2004. Case study on nitrogen and phosphorus emissions from paddy field in Taihu region. Environ Geochem Hlth, 26(2): 209-219.

Huang D, Fan P, Li W. 2013 .Effects of water and fertilizer managements on yield, nutrition uptake of rice and of nitrogen and phosphorus loss of runoff from paddy field. Prog Environ Sci Engin, 4(1): 1527-1532.

Johnes P J. 1996. Evaluation and management of the impact of land use change on the nitrogen and phosphorus load delivered to surface waters: The export coefficient modelling approach. J Hydrol, 183(3): 323-349.

Khadam I M, Kaluarachchi J J. 2006. Water quality modeling under hydrologic variability and parameter uncertainty using erosion-scaled export coefficients. J Hydrol, 330(1): 354-367.

Li C, Yang J, Zhang C. 2010. Effects of short-term tillage and fertilization on grain yields and soil properties of rice production systems in central China. J Food Agric Environ, 8(21): 577-584.

Liang X Q, Chen Y X, Nie Z Y. 2013. Mitigation of nutrient losses via surface runoff from rice cropping systems with alternate wetting and drying irrigation and site-specific nutrient management practices. Environ Sci Pollut R, 20(10): 6980-6991.

Lu W S, Li H X, Liu Y J. 2001. Effects of tillage methods on scattered-transplanting rice growth and nitrogen use efficiency. J South China Agric Univ, 22(4): 8-10.

Mishra A, Ghorai A K, Singh S R. 1998. Rainwater, soil and nutrient conservation in rainfed rice lands in Eastern India. Agr Water Manage, 38(1): 45-57.

Peng S, Yang S, Xu J. 2011. Field experiments on greenhouse gas emissions and nitrogen and phosphorus losses from rice paddy with efficient irrigation and drainage management. Sci China Technol Sci, 54(6): 1581-1587.

Qiao J, Yang L, Yan T. 2012. Nitrogen fertilizer reduction in rice production for two consecutive years in the Taihu Lake area. Agr Ecosyst Environ, 146(1): 103-112.

Reddy S R, Hukkeri S B. 1983. Effect of tillage practices on irrigation requirement, weed control and yield of lowland rice. Soil Till Res, 3(2): 147-158.

Sharpley A N. 1980. The enrichment of soil phosphorus in runoff sediments. J Environ Qual, 9(3): 521-526.

Singh R, Gajri P R, Gill K S. 1995. Pudding intensity and nitrogen-use efficiency of rice (*Oryza sativa*) on a sandy-loam soil of Punjab. Indian J Agric Sci (India), 65(10): 749-751.

Slangen J, Kerkhoff P. 1984. Nitrification inhibitors in agriculture and horticulture: A literature review. Fertil Res, 5: 1-76.

Soranno P A, Hubler S L, Carpenter S R, et al. 1996. Phosphorus loads to surface waters: A simple model to account for spatial pattern of land use. Ecol Appl, 6(3): 865-878.

Stoddard C S, Grove J H, Coyne M S, et al. 2005. Fertilizer, tillage, and dairy manure contributions to nitrate and herbicide leaching. J Environ Qual, 34(4): 1354.

Tian Y, Yin B, Yang L, et al. 2007. Nitrogen runoff and leaching losses during rice-wheat rotations in Taihu Lake region, China. Pedosphere, 17(4): 445-456.

Yang Y, Zhang M, Zheng L, et al. 2013. Controlled-release urea for rice production and its environmental implications. J Plant Nutr, 36(5): 781-794.

Yoon C G, Ham J, Jeon J. 2003. Mass balance analysis in Korean paddy rice culture. Paddy Water Environ, 1(2): 99-106.

Zhang Y, Wen M, Li X, et al. 2014. Long-term fertilisation causes excess supply and loss of phosphorus in purple paddy soil. J Sci Food Agric, 94(6): 1175-1183.

Zhang Z J, Zhu Y M, Guo P Y, et al. 2004. Potential loss of phosphorus from a rice field in Taihu Lake basin. J Environ Qual, 33(4): 1403-1412.

Zhao X, Zhou Y, Min J, et al. 2012. Nitrogen runoff dominates water nitrogen pollution from rice-wheat rotation in the Taihu Lake region of China. Agr Ecosyst Environ, 156: 1-11.

第 2 章　水肥管理对稻田氮磷流失特征的影响

2.1　稻田节水灌溉对田间水质及污染物排放的影响研究

2.1.1　研究设计

在余杭试验站多点田间灌溉试验的基础上，动态监测一个完整的水稻生育期内节水灌溉与传统灌溉模式“灌水”与“排水”的水样，分析水样的主要污染物浓度，比较水稻生长期间两种灌溉模式所产生的水体污染效应，分析其对水体的污染贡献总量及动态变化规律。试验站采用统一田间布置，即设计 2 种处理，分别为节水灌溉模式（传统水量的 30%～40%）和传统淹灌模式，每种处理设置 3 个重复，共安排 6 个试验小区。为减少小区内土壤差异，小区形状设计成长方形，尺寸为 6 m×22 m。为防止侧向渗漏，小区四周设有严密的防渗措施，防渗材料为二布一膜土工膜。田间进水口采用量水表量测，为防止水表堵塞，在水表之前的管道安装了过滤器，层层过滤。灌溉水样分别在返青期、拔节期和乳熟期采取，排水进行动态采样。

2.1.2　稻田灌溉模式对田间排水水质的影响

水稻生长过程中，田间排水主要受两种因素控制，一是水稻生长季节性排水，即按水稻生理生长的需要进行田间排水或田间烤田。一般而言，水稻生长季节性排水主要发生在水稻返青期，在水稻灌浆后田间进行的数次“跑马水”也算是水稻生长季节性排水。另一种是受过量降雨而进行的田间被迫排水，即在水稻生长期间遇到集中降雨或暴雨而被动地进行田间排水。在进行稻田灌溉模式与水体环境质量影响研究时，在暂不能对不同灌溉模式下稻田的田间灌水与田间排水进行全方位的研究时，选择水稻生长期间典型的田间灌水与田间排水进行重点研究可以从本质上把握稻区灌溉模式与水体环境质量的关系。

在余杭 1 号点试验点，选取了 8 月 1 日和 8 月 16 日进行两次水稻生长季节性排水，两次因降雨而进行的田间被迫排水时间为 8 月 6 日与 8 月 10 日。在 2 号点试验站，两次生长季节性排水及一次因降雨而致的田间被迫排水时间分别为 8 月

4日、9月21日及9月28日。

在水稻生长期间，对余杭1号点灌溉试验小区的四次典型排水水质进行了监测，具体排水水质情况特征见表2.1。2号点试验站的排水水质特征见表2.2。

表2.1 余杭1号点灌溉稻田排水水质分析

项目	单位	8月1日				8月6日			
		节水	传统	差值①	比值②	节水	传统	差值①	比值②
TN-N	mg/L	2.58	2.57	–0.01	1.0	1.08	2.23	1.15	2.1
NH_4^+-N	mg/L	0.1	0.54	0.44	5.4	0.45	0.63	0.18	1.4
NO_3^--N	mg/L	0.23	0.28	0.05	1.2	0.18	0.12	–0.06	0.7
TP-P	mg/L	0.37	0.356	–0.01	1.0	0.488	0.566	0.08	1.2
PO_4^{3-}-P	mg/L	0.283	0.252	–0.03	0.9	0.206	0.161	–0.05	0.8
COD_{Mn}	mg/L	9.44	15.2	5.76	1.6	8.78	13.3	4.52	1.5
		8月10日				8月16日			
		节水	传统	差值①	比值②	节水	传统	差值①	比值②
TN-N	mg/L	1.79	2.63	0.84	1.5	0.746	0.844	0.10	1.1
NH_4^+-N	mg/L	0.68	0.96	0.28	1.4	0.08	0.06	–0.02	0.8
NO_3^--N	mg/L	0.18	0.15	–0.03	0.8	0.11	0.09	–0.02	0.8
TP-P	mg/L	0.336	0.486	0.15	1.4	0.222	0.295	0.07	1.3
PO_4^{3-}-P	mg/L	0.288	0.351	0.06	1.2	0.093	0.104	0.01	1.1

①传统减去节水的差值；②传统与节水的比值。

表2.2 余杭2号点灌溉稻田排水水质分析

		总氮（TN-N）（mg N/L）	氨氮（NH_4^+-N）（mg N/L）	硝氮（NO_3^--N）（mg N/L）	总磷（TP-P）（mg P/L）	磷酸盐（PO_4^{3-}-P）（mg P/L）
8月4日	节水	0.30	0.18	0.07	0.52	0.37
	传统	0.60	0.47	0.08	1.17	0.78
	差值①	0.30	0.29	0.01	0.65	0.41
	比值②	2.00	2.61	1.14	2.25	2.11
9月21日	节水	0.82	0.47	0.20	0.35	0.23
	传统	0.95	0.80	0.18	0.49	0.36
	差值①	0.13	0.33	–0.02	0.14	0.13
	比值②	1.16	1.70	0.90	1.40	1.57
9月28日	节水	1.82	0.52	0.09	0.29	0.23
	传统	2.01	0.77	0.10	0.41	0.24
	差值①	0.19	0.25	0.01	0.12	0.01
	比值②	1.10	1.48	1.11	1.41	1.04

①传统减去节水的差值；②传统与节水的比值。

从上述表2.1与表2.2数据分析可知：

（1）比较两灌溉模式而言，传统灌溉模式的多次田间排水污染物浓度大多数都不同程度地大于节水灌溉模式。例如在余杭1号点试验站，8月6日排水TN、NH_4^+-N、TP等污染物浓度，传统灌溉模式处理是节水灌溉模式处理的2.1倍、1.4倍、1.2倍；在2号点试验站，8月4日排水NH_4^+、TP-P、PO_4^{3-}-P等污染物排放浓度相差达2.61倍、2.25倍、2.11倍。

（2）从纵向时间分析可知，两种灌溉模式下的田间排水各污染物浓度随排水次数的增加而呈下降趋势。

（3）2号点试验站9月28日因降雨而进行的田间被迫排水，两种灌溉模式下的总氮、氨氮、硝氮等三种污染物排放浓度大于前两次生长季节性排水。其原因可能是降雨冲击表层土壤及表层沉积物。

从排水水质分析来看，与当地传统水稻灌溉模式相比，新型节水灌溉模式有利于降低氮、磷等污染物的田间排放浓度。造成这种差异的因素主要有两种，即田间水层差异，田间氮、磷等参与（或部分参与）土壤—植物—大气循环的规律性差异。

2.1.3 稻田灌溉模式对田间污染物排放量的影响

水稻生长期间采用的不同灌溉模式主要通过灌水量来调节，不同的灌水量差异有可能引起稻田对农灌水水质污染物作用（吸收净化、迁移转化、释放传输等）的较大差异。另一方面，灌溉模式对水体环境质量的影响主要通过农田排放来实现，稻田排放的污染物能够较直接地反映不同灌溉模式对水体环境质量的影响，而此时农田污染物的排放量则是稻田原先灌水污染物的贡献量与排水当天田间排水中污染物排放量的净结果。需要说明的是，在试验区范围内，大气沉降可以认为均匀地影响不同灌溉模式处理的试验小区，因而，在此暂不将大气沉降因素考虑在内。

不同灌溉模式对每次试验稻田灌水污染物贡献量的计算主要以该次灌水的最近两次的灌水量（表2.3）与灌溉水质污染物浓度之积。余杭1号点与2号点两地灌溉试验站典型稻田灌水污染物贡献值计算结果如下所述。

在余杭1号点，四次灌水（其中两次来自降雨）输入节水灌溉模式与传统灌溉模式两处理的试验稻田污染物的总氮负荷为1360.1 g N/hm^2、1887.5 g N/hm^2；输入氨氮负荷为283.1 g N/hm^2、392.9 g N/hm^2；输入硝氮负荷为238.4 g N/hm^2、

330.9 g N/hm^2；输入总磷负荷为 152.6 g P/hm^2、211.7 g P/hm^2；输入磷酸盐负荷为 40.6 g P/hm^2、56.3 g P/hm^2；输入 COD 负荷为 2008.9 g/hm^2、2787.8 g/hm^2。

表 2.3 灌溉试验站稻田灌溉记录

灌水记录					排水记录				
时间	节水		传统		时间	节水		传统	
	mm	t/hm^2	mm	t/hm^2		mm	t/hm^2	mm	t/hm^2
余杭 1 号点试验站									
7 月 29～31 日	41.92	419.2	46.76	467.6	8 月 1 日	39.96	399.6	50.04	500.4
8 月 4～6 日	降雨	/	降雨	/	8 月 6 日	9.68	96.8	11.94	119.4
8 月 9～10 日	降雨	/	降雨	/	8 月 10 日	13.01	130.1	15.86	158.6
8 月 15～16 日	31.07	310.7	54.53	545.3	8 月 16 日	27.1	271.0	50.25	502.5
余杭 2 号点试验站									
7 月 26 日～8 月 3 日	47.8	478	69.3	690	8 月 4 日	68.6	686	84.6	846
9 月 7～10 日	22.7	227	42.4	424	9 月 20 日	17.2	172	34.6	346
9 月 15～16 日	降雨		降雨		9 月 28 日	80.7	807	81.0	810

在 2 号点，三次灌水（其中一次来自降雨）输入节水灌溉模式与传统灌溉模式两处理的试验稻田污染物的总氮负荷为 4046.7 g N/hm^2、6394.36 g N/hm^2；输入氨氮负荷为 3179.55 g N/hm^2、5024.14 g N/hm^2；输入硝氮负荷为 148.05 g N/hm^2、233.94 g N/hm^2；输入总磷负荷为 345.45 g P/hm^2、545.86 g P/hm^2；输入磷酸盐负荷为 232.65 g P/hm^2、367.62 g P/hm^2；输入 COD 负荷为 8213.25 g/hm^2、12978.1 g/hm^2。

灌水对不同灌溉模式试验稻田污染物的贡献量差异的实质是灌水量的差异（见表 2.3）。前已说明，传统灌溉模式稻田接纳来自灌水的污染物的数量是节水灌溉模式下的 1.1～1.8 倍。同理，按照灌水污染物输入负荷的计算原则，灌溉试验稻田排水输出的污染物浓度（表 2.4 和表 2.5）与相应的田间排水量（表 2.3）之积可得余杭 1 号点与 2 号点两地典型田间排水各污染物输出负荷。两种灌溉模式处理稻田的逐次田间排水各污染物输出负荷及四次排水各污染物输出总负荷见表 2.4 和表 2.5。

表 2.4　余杭 1 号点试验站稻田排水氮、磷污染物排放负荷

项目	总氮（TN-N）			氨氮（NH_4^+-N）			硝氮（NO_3^--N）			总磷（TP-P）			磷酸盐（PO_4^{3-}-P）		
处理	节水	传统	比值①	节水	传统	比值①	节水	传统	比值①	节水	传统	比值①	节水	传统	比值①
时间	g N/hm^2			g N/hm^2			g N/hm^2			g P/hm^2			g P/hm^2		
8 月 1 日	1031.0	1286.0	1.2	40.0	270.2	6.8	91.9	140.1	1.5	147.9	178.1	1.2	113.1	126.1	1.1
8 月 6 日	104.5	266.3	2.5	43.6	75.2	1.7	17.4	14.3	0.8	47.2	67.6	1.4	19.9	19.2	1.0
8 月 10 日	232.9	417.1	1.8	88.5	152.3	1.7	23.4	23.8	1.0	43.7	77.1	1.8	37.5	55.7	1.5
8 月 16 日	202.2	424.1	2.1	21.7	30.2	1.4	29.8	45.2	1.5	60.2	148.2	2.5	25.2	52.3	2.1
总和	1570.6	2393.5	1.5	193.7	527.8	2.7	162.6	223.5	1.4	299.0	471.0	1.6	195.7	253.3	1.3

①传统与节水灌溉的比值。

表 2.5　余杭 2 号点试验站稻田排水氮、磷污染物排放负荷

处理		总氮（TN-N）	氨氮（NH_4^+-N）	硝氮（NO_3^--N）	总磷（TP-P）	磷酸盐（PO_4^{3-}-P）	COD_{Mn}
单位		g N/hm^2	g N/hm^2	g N/hm^2	g P/hm^2	g P/hm^2	g/hm^2
8 月 4 日	节水	205.8	123.48	48.02	356.72	253.82	2085.44
	传统	507.6	397.62	67.68	989.82	659.88	4949.1
	差值①	301.8	274.14	19.66	633.1	406.06	2863.66
	比值②	2.47	3.22	1.41	2.77	2.60	2.37
9 月 21 日	节水	141.04	80.84	34.4	60.2	39.56	2368.44
	传统	328.7	276.8	62.28	169.54	124.56	5674.4
	差值①	187.66	195.96	27.88	109.34	85	3305.96
	比值②	2.33	3.42	1.81	2.82	3.15	2.40
9 月 28 日	节水	1468.74	419.64	72.63	234.03	185.61	5519.88
	传统	1628.1	623.7	81	332.1	194.4	6415.2
	差值①	159.36	204.06	8.37	98.07	8.79	895.32
	比值②	1.11	1.49	1.12	1.42	1.05	1.16
总和	节水	1815.58	623.96	155.05	650.95	478.99	9973.76
	传统	2464.4	1298.12	210.96	1491.46	978.84	17038.7
	差值①	648.82	674.16	55.91	840.51	499.85	7064.94
	比值②	1.36	2.08	1.36	2.29	2.04	1.71

①传统减去节水的差值；②传统与节水的比值。

从表 2.4 与表 2.5 可以看出：

（1）不同时间的田间排水各污染物排放负荷较为一致地表现为传统灌溉模式处理大于节水灌溉模式处理。比较排水类型对排放污染物负荷的影响发现，在余杭 1 号点试验站，两种灌溉模式处理的两次生长季节性排水排放的各污染物负荷之和均大于两次因降雨而引起的田间被迫排水排放的各污染物排放负荷，而在 2 号点试验站则相反。

（2）四次田间排水各污染物累计排放总负荷均表现为传统灌溉模式处理大于节水灌溉模式处理。

2.1.4 稻田灌溉模式对田间排放污染物净负荷的影响

前述，节水灌溉模式处理的稻田通过灌水输入的各污染物及其总输入负荷均不同程度地小于传统灌溉模式处理，且通过排水输出的各污染物及其累计排放负荷总量也表现为节水灌溉模式处理小于传统灌溉模式处理。但是，稻田灌溉模式差异对附近水体环境质量影响除了单独比较论述灌水输入污染物负荷与排水输出污染物负荷之外，由于稻田田间排水水量及污染物负荷中不可避免地包括了来自于灌水的水量及相应的污染物负荷，因此，论述稻田灌溉模式差异影响水体环境质量的本质特征与规律时，更应强调将灌水与排水两种途径下对水体排放污染物负荷的净结果加以论述，即田间“灌—排”污染物净负荷。

需要指出的是，当净负荷值为正时，说明稻田排水对水体贡献了污染物，此时净负荷水平越高表明对水体造成的污染程度就越严重；如果净负荷值为一负值，说明稻田吸收了水体的污染物，此时稻田通过“灌—排”途径发挥着净化水体的作用，显然负值越小，水稻田的净化水体污染物的相对能力与容量就越强。污染物净输出效率是指田间“灌—排”污染物的净负荷占灌水污染物负荷的百分数，显然该值为正则表明灌溉对水体造成污染，反之发挥净化水体的作用；提出污染物净输出效率这一指标的前提是以灌水污染物负荷为参照，其意义在于为对不同污染物田间排放的净负荷的相对污染（或净化）水平与容量作比较。

余杭 1 号点试验站两种灌溉模式引起稻田排灌氮、磷及有机物等污染净负荷与净输出效率的影响见表 2.6。

表 2.6　余杭 1 号点试验站稻田排灌氮、磷污染净负荷与净输出效率的影响

节水灌溉模式

水质项目	单位	灌水	排水	净负荷	污染物净输出效率（%）
总氮（TN-N）	g N/hm^2	1360.1	1570.6	210.5	15.5
氨氮（NH_4^+-N）	g N/hm^2	283.1	193.7	–89.4	–31.5
硝氮（NO_3^--N）	g N/hm^2	238.4	162.6	–75.8	–31.8
总磷（TP-P）	g P/hm^2	152.6	299.0	146.4	95.9
磷酸盐（PO_4^{3-}-P）	g P/hm^2	40.6	195.7	155.1	382.0

传统灌溉模式

水质项目	单位	灌水	排水	净负荷	净输出效率（%）
总氮（TN-N）	g N/hm^2	1887.5	2393.5	506	26.8
氨氮（NH_4^+-N）	g N/hm^2	392.9	527.8	134.9	34.3
硝氮（NO_3^--N）	g N/hm^2	330.9	223.5	–107.4	–32.5
总磷（TP-P）	g P/hm^2	211.7	471.0	259.3	122.5
磷酸盐（PO_4^{3-}-P）	g P/hm^2	56.3	253.3	197	349.9

从表 2.6 可以看出：

（1）节水灌溉模式处理的稻田灌排总氮、总磷、磷酸盐等净负荷均小于传统灌溉模式处理。由于此三项污染物净负荷值为正值，所以认为，传统灌溉模式的水稻田通过田间“排—灌”水造成了对附近水体总氮、总磷、磷酸盐的污染，且造成污染的程度超过了节水灌溉模式。

（2）对于氨氮净负荷而言，在节水灌溉模式下此值为负值，说明采纳节水灌溉模式的稻田可以净化水体氨氮，而传统灌溉模式处理的净负荷值为正值，表明该种灌溉模式造成了水体环境氨氮污染。

（3）对于硝氮排放净负荷而言，节水灌溉模式下的稻田硝氮排放净负荷为–75.8 g N/hm^2，而传统灌溉模式下的硝氮排放净负荷为–107.4 g N/hm^2。可知，采用传统灌溉模式与节水灌溉模式均能净化稻田硝氮，而且传统模式下的稻田净化硝氮的能力与容量比节水灌溉强。

（4）就节水灌溉模式下不同污染物在稻田“排—灌”途径过程中对水体环境造成污染或净化的相对能力与容量而言，对水体环境造成污染的相对能力与容量增强的污染物顺序为总氮<总磷<磷酸盐；对水体环境形成相对净化能力与容量增

强的污染物顺序为硝氮<氨氮。在传统灌溉模式下，造成水体污染的相对能力与容量增强的污染物顺序为总氮<氨氮<总磷<磷酸盐，而硝氮则表现为净化水体环境的功能。

（5）以污染物净输出效率为评价标准，认为节水灌溉模式下稻田“排—灌”途径中总氮、氨氮、总磷等污染物对水体环境的相对污染水平与容量较传统灌溉模式弱；采纳节水灌溉模式的稻田，通过“排—灌”途径造成磷酸盐的相对污染水平与容量比传统灌溉模式强，而采纳传统灌溉模式对硝氮的相对净化能力与容量较节水灌溉模式强。

同理对2号点灌溉试验站的结果进行了研究，见表2.7。从表2.7可看出：

（1）节水灌溉模式处理的稻田灌排总磷、磷酸盐等净负荷均小于传统灌溉模式处理。由于此两项污染物净负荷值为正值，认为传统灌溉模式的水稻田通过田间“排—灌”水量控制造成了对附近水体总磷、磷酸盐的污染，且造成污染的程度超过了节水灌溉模式。

（2）对于硝氮排放净负荷而言，采用传统灌溉模式处理的净负荷值为负值，表明该种灌溉模式净化了水体环境中硝氮污染；而采用节水灌溉模式的稻田为正值，说明采纳节水灌溉模式的稻田存在对水体硝氮污染的可能。

（3）对于总氮及氨氮排放净负荷而言，两种灌溉模式下的稻田均表现为对水体的净化功能，从净化的能力与容量来看，传统灌溉模式大于节水灌溉模式。

（4）就节水灌溉模式下不同污染物在稻田“排—灌”途径过程中对水体环境造成污染或净化的相对能力与容量而言，对水体环境造成污染的相对能力与容量增强的污染物为硝氮<总磷<磷酸盐；对水体环境形成相对净化能力与容量增强的污染物为总氮<氨氮。在传统灌溉模式下，造成水体污染的相对能力与容量增强的污染物为总磷<磷酸盐，水体环境形成相对净化能力与容量增强的污染物为总氮>氨氮>硝氮。

（5）以污染物净输出效率为评价标准，认为节水灌溉模式下稻田“排—灌”途径中总磷及磷酸盐等污染物对水体环境的相对污染水平与容量较传统灌溉模式轻；节水灌溉模式下稻田“排—灌”途径中氨氮的相对净化水平与容量比传统灌溉模式强，但采纳传统灌溉模式的稻田其田间对总氮的相对净化能力与容量大于节水灌溉模式，采用传统灌溉模式能够轻微地净化田间硝氮，而采纳节水灌溉模式则轻微地增加了对水体的硝氮污染。

表 2.7　2 号点试验站稻田排灌氮、磷及有机物等污染净负荷与净输出效率的影响

节水灌溉模式					
水质项目	单位	灌水	排水	净负荷	污染物净输出效率（%）
总氮（TN-N）	g N/hm^2	4046.7	1815.58	–2231.12	–55.13
氨氮（NH_4^+-N）	g N/hm^2	3179.55	623.96	–2555.59	–80.38
硝氮（NO_3^--N）	g N/hm^2	148.05	155.05	7.00	4.73
总磷（TP-P）	g P/hm^2	345.45	650.95	305.50	88.44
磷酸盐（PO_4^{3-}-P）	g P/hm^2	232.65	478.99	246.34	105.88
传统灌溉模式					
水质项目	单位	灌水	排水	净负荷	净输出效率（%）
总氮（TN-N）	g N/hm^2	6394.36	2464.4	–3929.96	–61.46
氨氮（NH_4^+-N）	g N/hm^2	5024.14	1298.12	–3726.02	–74.16
硝氮（NO_3^--N）	g N/hm^2	233.94	210.96	–22.98	–9.82
总磷（TP-P）	g P/hm^2	545.86	1491.46	945.60	173.23
磷酸盐（PO_4^{3-}-P）	g P/hm^2	367.62	978.84	611.22	166.26

2.1.5　小结

通过在余杭试验站对于水稻生育期内节水灌溉与传统灌溉模式“灌水”与“排水”的水质分析，可以得到，节水灌溉模式处理的稻田通过灌水输入的各污染物及其总输入负荷均不同程度地小于传统灌溉模式处理，且通过排水输出的各污染物及其累计排放负荷总量也表现为节水灌溉模式处理小于传统灌溉模式处理，同时，灌水与排水两种途径下节水灌溉模式处理对水体排放污染物负荷的净结果也要小于传统灌溉模式处理。可见，与传统灌溉模式相比，节水灌溉模式处理对于田间污染物的排放有很好的削减作用。

2.2　稻田水肥耦合管理氮磷源头减排研究

2.2.1　引言

稻田水肥管理在农业面源污染治理中占据着重要的作用，对提高水肥利用效率，促进粮食增收，降低水体氮 、磷流失等方面意义重大。当今国内农户缺

乏最佳的水肥管理实践经验，传统的耕作方式将造成化肥大量投入从而引发氮、磷大量流失以及资金的浪费。①Bouman 等（2007）的研究认为，稻田不需连续灌溉，其水位可下降至土壤表层以下 15 cm 仍保证水稻根系正常吸收水分，并依此提出安全灌溉阈值，而国内水稻生长期灌溉水量大大超出国际公认的水稻灌溉水用量 800 m^3，田面水通过降雨被迫排水、生长季节性排水以及下渗等途径大量流失。②对肯尼亚西部、中国东北部及美国中西部三处典型农田生态系统的营养物收支平衡关系评估结果表明：肯尼亚西部地区农田化肥投入量低，当地居民温饱问题尚未解决，氮磷衡算为负值，需提高施肥量；中国东北部地区农田化肥投入量过高，氮磷过剩，可降低施肥；而美国中西部地区农田化肥投入较为合理（Vitousek，2009）。化肥使用量过高是否合理？答案是否定的。学者对太湖流域 26 处稻田耕作系统的统计结果表明，农户实际施氮水平为 300 kg/hm^2，该地区最佳施氮水平为 200 kg/hm^2，尽管肥料投入较多，其产量却低于按照最佳施肥水平耕作的稻田，氮素流失量亦为后者的 1.7 倍。而当年均施氮水平增至 550～600 kg/hm^2 时，粮食产量增产幅度不明显，反而造成氮素损失量提高 2 倍的不良影响（Ju et al.，2009）。

为在减少农田肥料流失、合理资源利用的同时保证水稻稳产，可以通过先进技术帮助农户改变不合理耕作模式，在节约用水、肥料减施的基础上降低稻田高氮磷废水的排放，为农业面源污染防治提供技术支持。国际上通用且最新的研究成果包括两方面：①在水分管理上推行节水灌溉技术以减少灌水量，从而降低田面水流失风险，最终减少养分流失量，如择时干湿交替（alternate wetting and drying，AWD）节水灌溉技术。该技术力求在充分利用土壤种类、作物特点以及气象预报（如降雨补充田面水）等方面上寻找合适的灌水安全阈值，从而在不降低粮食产量的基础上节水 15%～30%。②在肥料管理上推行合理施肥技术以降低施肥量，在保证高产的前提下减少养分流失，如实地养分管理（site specific nutrient management，SSNM）技术，该技术可协助农户识别作物需肥情况从而进行施肥，大大提高肥料利用效率。此两项技术的功能涵盖节水及减肥两个方面，节水技术可降低田面水深，从而降低暴雨径流以及下渗、侧渗和蒸发所带走的氮磷总量，而减肥技术可促进合理施肥，同时降低田面水中氮磷流失风险。通常这两种技术可结合实地情况结合利用，通过硝化引进创新，将此新型技术充分利用到稻田农业耕作水体污染控制治理之中，有望在不降低产量的基础上达到节水、减肥及稳产的效果。

1. 节水技术

1）节水技术简介

图 2.1 显示当灌溉水资源丰富时，水稻产量可因农户的合理灌水达到最大产量，当灌溉水资源不足时，粮食产量较低。从右至左，缺水现象逐渐严重，产量亦逐次下降。因此节水灌溉的水分管理策略可以归纳为以下三个层次。

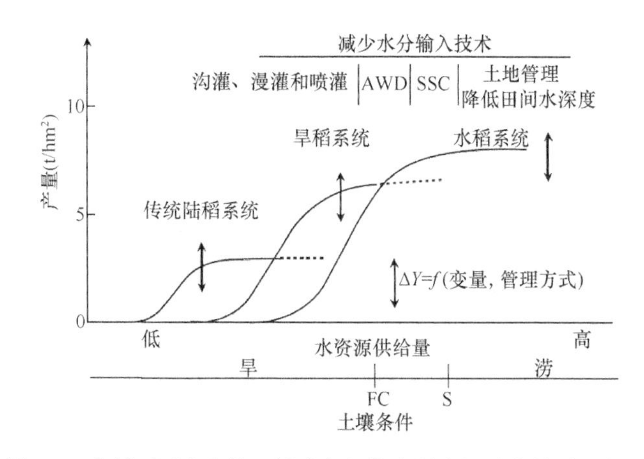

图 2.1　水稻不同水分管理模式与谷物产量之间响应关系示意图

（1）轻度节水：适用于轻度缺水地区，节水可从水稻种植初期入手，农户可采纳统一育苗、统一移栽或将育苗工作交由商业机构完成的模式，若稻田土壤前期起始含水量充足且土壤保水能力较强即可停止灌水并直接播种，不需泡种，从而节省部分灌溉水资源。

（2）适度节水：整个生长季均需进行水分田间管理，常规耕种方式是在生长季节内将田面水深控制在 5～10 cm。而节水模式可将田面水深维持在 3 cm 左右，可降低田面水静水压力从而降低侧渗及下渗量。常见的 SSC（saturated soil culture，饱和土壤培养）灌水方式是将田面淹水深度降低至 0～1 cm，但在水稻开花期前后一周需保持 5 cm 深的淹水深度以保证水稻水分供给充足从而消除减产的风险。该方法需少量频繁灌溉（约两天一次），灌水要求较为严格。而 AWD 节水灌溉方式可在保证粮食稳产的前提下节省灌溉用水，国际水稻研究所（IRRI）提出仅在田面水位降至表层以下 15～20 cm 时才补充灌溉，同时水稻开花期需保持田面水深在 5 cm 左右。AWD 和 SSC 技术的节水量均取决于地下水位的高低及稻田土壤类型，地下水位较浅（一般为 10～40 cm）的黏质土壤因其水分损失较少故需水量较少，而地下水位较深的壤土及砂质土壤则需要更多的水分补给，且其粮食产量下降的风险亦较高。若需进一步节水，可埋设地下灌水管路或者多户共用节水控制灌溉系统、灌溉设备及小型储水设施，如在农田中修建储水池等。

（3）深度节水：适用于严重缺水地区或节水要求较高地区，可采纳好氧水稻栽培（aerobic rice system，ARS）技术（Bouman et al.，2005）。该技术要求稻田土壤水分在整个生长季节均保持未饱和状态，灌溉水恰好淹没稻田低洼处，使土壤不至全部淹没，但稻田水稻根系均可获取足够的水分而不至于严重缺水，有结论发现其产量约为淹水耕作模式下的 70%～80%（Belder et al.，2004）。该模式下水稻生产节水量的大小亦取决于土壤理化性质、气候条件及水稻品种等因素。

2）节水技术环境与农学效应

研究发现，该技术的大力推广将产生一系列环境效应，水稻将以耐旱型品种为主，同时传统的水稻生态景观体系因此而改变，具体体现在：①淹水时间的缩短可导致杂草生长量及种类的增加（Mortimer and Hill，1999），除草剂使用量及残留量增加；②影响稻田中小型动物种类和数量，稻田食物链因此受到影响，其生态效应不得而知；③稻田土壤含氧量增加将导致硝氮的渗漏量增加；④稻田甲烷产量降低，氮氧化物排放量提高（Bronson et al.，1997）；⑤旱作及免淹水耕作易导致盐碱化现象。

可以推测，以 AWD 技术为典型的节水技术，可直接降低氮磷营养物质通过稻田水分流失而损失，但其对水稻产量的影响规律值得深入探讨。国内外研究结论因地区差异显著，Stoop 等（2002）指出，AWD 技术可显著提高水稻产量，该技术强化了土壤内部排水并提高了土壤和空气的物质交换，有助于土壤水分携带有毒物质排出（Ramasamy et al.，1997）。中国与菲律宾等地田间试验表明，地下水位较浅（一般为 10～40 cm）的黏性土壤稻田在灌水量下降 15%～30%后产量未显著下降，Matsuo 等（2009）研究发现，AWD 处理田在节省 20%的灌水量后产量仍趋于增加，水稻根系可获取水分，根毛区域可在短期内蓄水。但是，Bouman 等（2006）及 Tuong 等（2005）在共计 31 处田间试验表明，92%的 AWD 处理试验田产量下降在 0%～70%之间，热带地区由于土壤水分饱和势（soil water potential，SWP）在非淹水状态下达到–10～–40 kPa，水稻产量不升反降，印度砂性土质的稻田由于地下水位较深，节水 50%后产量下降比例高达 20%。品种差异对水稻产量的影响亦较为显著，Matsuo 等（2009）研究发现，ARS 节水灌溉模式下 A15 处理田（水稻田面以下 15 cm 处 SWP 降至–15 kPa 后补充灌水，整个生长季均维持湿润状态）的耐旱品种产量均得到提高，但淹水品种产量降低；对于 A30 处理田（水稻田面以下 15 cm 处 SWP 降至–30 kPa 后补充灌水），仅部分耐旱品种如 Sensho、Beodien 等产量达到正常水平，可知传统耐旱水稻品种较淹水品种较易实现节水保产的目标。因此，通过综合水稻育种技术与节水灌溉技术方面的研究急需深入研究。

2. 肥料管理技术

1）肥料管理技术原理

肥料管理技术以实地养分管理（SSNM）为基础，根据农田土壤养分状况、作物产量和流失通量，确定肥料用量与配比，同时根据水稻生理需肥量，在分析各分次施肥期与生育期水稻植株大小、叶片叶绿素含量、根系与地上部氮磷浓度以及氮磷流失通量的基础上，确定最佳分次施肥时间与施肥量。其环境意义体现在避免了肥料的不合理使用，实现稻田氮磷零排放与肥料减量化的目标。

SSNM 技术综合考虑了土壤固有养分供应能力（INuS）、当地特定的气候条件、季别、品种，以及合理的目标产量和养分需求量、养分平衡及养分利用效率、社会经济效益等诸多重要因素，目的是通过这些因素的综合考虑和分析，最终提出一种适合当地具体情况的水稻优化施肥方案。

SSNM 推荐施肥主要包括下列五个步骤：①定目标产量，基于当地特定气候条件下特定品种的潜在产量（y），确定合理的目标产量，目标产量一般设为 y_{max} 的 70%～80%。②估算作物养分需求量，养分需求量由修正的 QuEFTS 模型来计算。③测定土壤固有养分供应能力（INuS），INuS 定义为在其他养分元素供应充足的情况下，作物生育期间土壤向作物所能提供某种指定养分的总量，可采用设立缺肥区的方法在田间直接测定。④计算施肥量，基于目标产量下作物对养分的需要量、INuS 以及肥料吸收利用率（REN）来计算。例如，氮肥施用量：（UN–INuS）/REN，其中 UN 为作物对 N 的吸收总量。⑤动态调整 N 肥施用期，按照需 N 总量确定基肥和分蘖肥的施用量（一般基肥占 25%，分蘖肥占 30%），后期氮肥的施用量则由叶片 N 素状况而定，即依据叶绿素仪或比色卡见图 2.2 和图 2.3 的读数来确定。

2）肥料管理技术环境与农学效应

国内外对于 SSNM 技术对稻田生态系统的环境影响研究较少，Pampolino 等（2007）在菲律宾及越南进行的试验结果表明，SSNM 技术成功降低了化肥使用量，在保证产量提升的同时降低了 N_2O 的排放量，提高了肥料的综合利用率，同时也

LCC读数 (施加N肥前)	尿素施加量(kg/hm²)			
	产量目标 <5 t/hm²	产量目标 <6 t/hm²	产量目标 <7 t/hm²	产量目标 <8 t/hm²
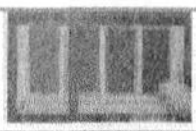 LCC≤3	75	100	125	150
 LCC=3.5	50	75	100	125
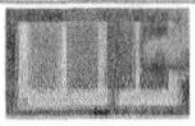 LCC≥4	0	0~50	50	50

图 2.2　基于标准叶片比色卡（LCC）比对分析预期产量下的施肥量

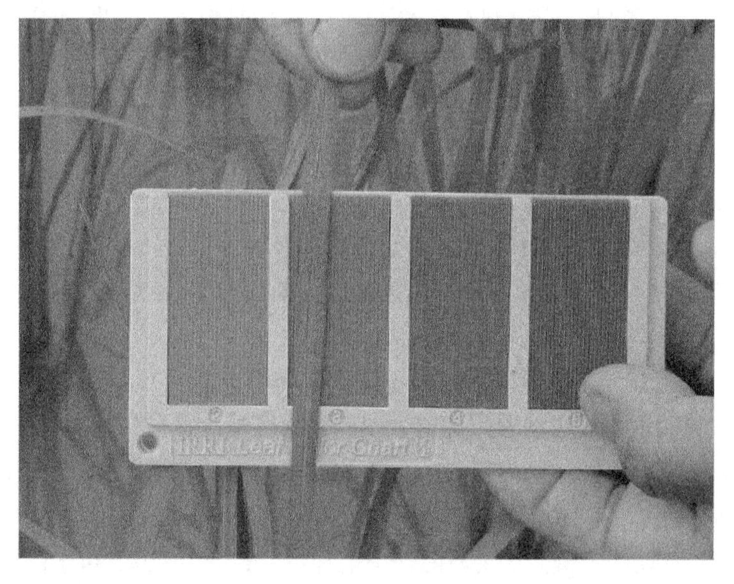

图 2.3　水稻氮肥管理标准叶片比色卡（LCC）

通过模型模拟了稻田通过渗漏等作用流失的氮、磷通量，结果显示较常规处理其氮磷流失量亦大大降低。由于实际研究甚少，涉及 SSNM 技术对稻田氮磷流失的实际研究工作亟待开展。

水肥管理对氮磷减排及水稻生产意义重大，研究表明上述技术对粮食生产的影响不大，但其中亦有争议。目前对于 AWD 节水灌溉及 SSNM 的环境意义研究不够深入，尤其是对农田田面水中氮磷等营养物质的迁移转化影响研究，故其科研价值较高。

2.2.2　研究区域概况

1. 研究区域及试验设计

野外试验田位于浙江省杭州市余杭区径山镇前溪村（30°21′N，119°53′E），试验区块位于当地 3000 亩水稻核心生产区中心位置，可较好地排除其他因素干扰。试验时间为 2009 年 6 月底至 10 月初，历时 105 天左右。试验区域耕作制度 50 年不变，周边水网密集，水量充沛，从自然地理特征及农事管理上来说该试验区在整个苕溪流域均具有较好的代表性，其具体特征描述如下所述。

（1）气候条件：典型亚热带季风性气候，多年年均气温 15～16 ℃，年均降雨量为 1050～1185 mm，且集中在 3～9 月，占全年总降水量的 76%左右。全年共分为 3 个集中降雨期：①3～5 月的春雨，特点是雨日多；②6～7 月的梅雨，梅雨雨量与变化较大；③8～9 月的秋雨，也被称为台风雨，降雨强度较大。雨季分配呈现梅雨型（6 月峰值）和台风型（9 月峰值）的双峰型降水特征。试验期间总降雨量为 496.4 mm，7 月份为 186.6 mm，8 月份为 161.8 mm，9 月份为 77.4 mm（图 2.4），平均气温为 28 ℃，波动范围为 18.9～40.23 ℃，最大雨强为 40.21 mm，降水集中于 7 月下旬至 8 月上旬，为台风降雨天气，湿度波动范围为 41.7%～99.7%。

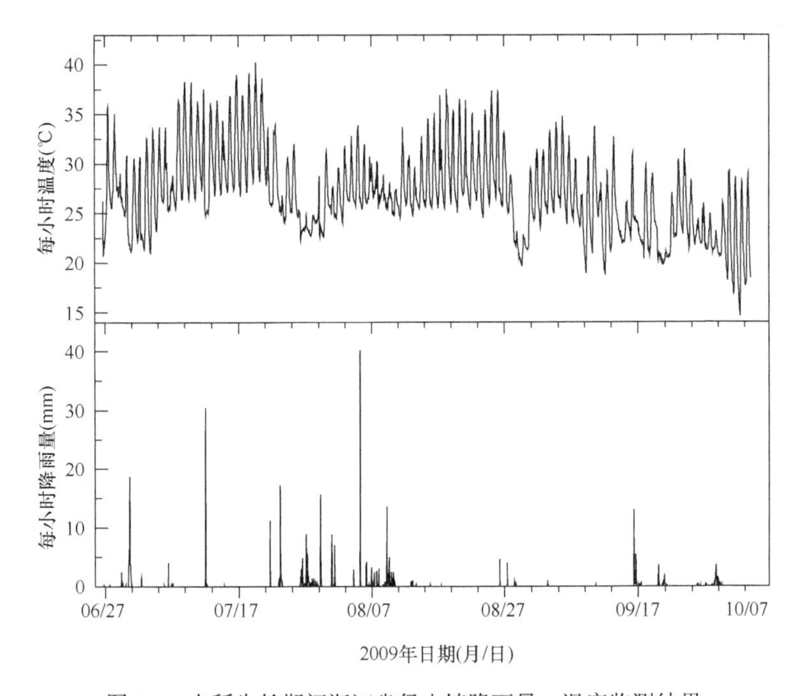

图 2.4　水稻生长期间浙江省径山镇降雨量、温度监测结果

（2）地理及土壤特征：试验田海拔较低，地势平坦且总体北高南低，田地成块分布，冬季地下水位为 43 cm。稻田土为泥质土壤，耕层质地为壤土。地表砾石度（1 mm 以上比例）为 2%，耕层厚度为 19 cm。采集稻田表层以下 20 cm 的混合样品，风干并过 2 mm 筛网后于实验室测定其理化性质，结果如下：容重为 1.42 g/cm^3，pH 为 5.73，有机质为 28.63 g/kg，阳离子交换量（CEC）为 8.60 cmol/kg，全氮为 1100 mg/kg，有效磷为 14.3 mg/kg，速效钾为 97.33 mg/kg。

本书研究选取当地常用水稻品种秀水 63 作为试验材料，单季种植。各试验区块均设置独立的进排水口或进排两用口，其灌溉水全部取自北部漕桥溪流域。水稻秧苗经 2～3 周育苗后移栽，机插密度为 30 cm×15 cm，并以水稻移栽当日作为生长周期计时首日，移栽前稻田泡水 2 天，返青期（约 12 天）内所有稻田田块田面水深均维持在 5～30 mm，收割前一周停止灌水。按照试验设计方案，期间水分管理分别采用常规灌水方式或择时干湿交替灌溉技术进行，肥料管理分别采用常规施肥方式或 SSNM 技术进行，同时农药施用及除草工作等均遵循当地耕作习惯。本书研究设置的三组水肥管理试验设计方案详述如下，试验区随机布置并分别设置 3～5 个重复：

（1）FCP：常规灌溉。对照试验区，总面积约 1000 m^2，重复 5 次。水分管理按照当地常规灌水方式进行，田面水深保持在 1～7 cm。平均施肥量为 240 kg N /hm^2、55 kg P/hm^2、115 kg K/hm^2。氮肥分三次施加，分蘖初期 35%（移栽后第 13 天）、分蘖盛期 25%（移栽后第 31 天）、孕穗期 40%（移栽后第 57 天）。磷肥于分蘖盛期（移栽后第 31 天）一次性施用。钾肥于分蘖盛期施用 44%（移栽后第 31 天），其余 56%在后期酌情施用。

（2）择时干湿交替（AWD）+常规施肥方式。节水试验区，总面积约 1200 m^2，重复 5 次。水分管理按照择时干湿交替方式进行，田面水深在–12～7 cm 之间波动。平均施肥量为 240 kg N/hm^2、55 kg P/hm^2、115 kg K/hm^2。肥料施用量、施用方式及时间均同于对照区。

（3）AWD+SSNM：择时干湿交替+实地养分管理方式。节水减肥耦合试验区，总面积约 1000 m^2，重复 3 次。水分管理按照择时干湿交替方式进行，田面水深在–12～7 cm 之间波动。平均施肥量为 170 kg N/hm^2、45 kg P/hm^2、110 kg K/hm^2，参照国际水稻研究所提供的标准叶片比色卡指导施肥（Alam et al.，2005）。氮肥分四次施加，基肥 25%（水稻移栽前 4 天），分蘖初期 30%（移栽后第 13 天），分蘖盛期 35%（移栽后第 31 天），孕穗期 10%（移栽后第 57 天）；磷肥及钾肥施用同上所述。

其中，择时干湿交替灌溉技术的实施步骤如下：在田区插入由 PVC 管制作而成的 AWD 湿材（图 2.5），保证地上部分 15 cm，地下部分 25 cm，直径 20 cm，长 40 cm，管壁每隔 2 cm 布设 5 mm 直径的渗水孔（Bouman et al.，2007）。根据连通器原理，可逐日人工测量桶内水位从而了解稻田土壤水分含量变化情况，亦可指导农户合理灌溉。水稻返青期后（自移栽后第 10 天），根据雨情预报一次性灌溉至 5～8 cm，每日连续观察湿材中水位，待水位自然落干至土壤表层以下 10 cm 左右（由土壤类型、抗旱能力、养分供应状况及水稻生长状况决定）进行连续灌溉-烤田的干湿交替过程，如此反复至水稻成熟收割。值得注意的是，在水稻抽穗开花期需保持田面水深在 5 cm 以上。水位计量装置在田间相对位置可能受外界因素影响，为保证测量准确度，每隔一月较准 AWD 湿材的相对位置。

图 2.5　田间水深的监测实景

SSNM 技术的实施步骤如下：动态调整氮肥施用期，按照需 N 总量确定基肥和分蘖肥的施用量（一般基肥占 25%，分蘖肥占 30%），后期氮肥的施用量则由叶片 N 素供应状况而定，并结合国际水稻研究所提供的叶片比色卡施肥技术将叶片颜色与比色卡对照（图 2.6），从而确定最佳追肥量与施肥时间。

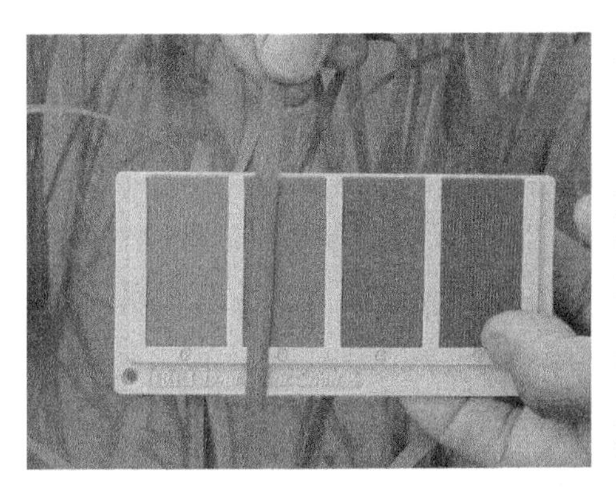
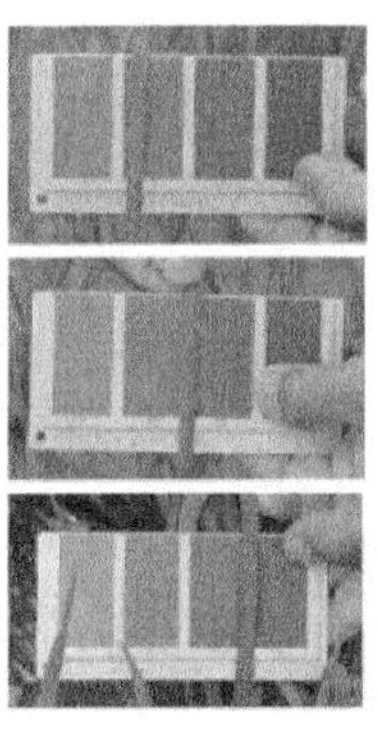

图 2.6　标准叶片比色卡及其氮肥施用指南

2. 样品采集与分析方法

试验期间于试验田附近建设小型自动气象站，整套系统由数据采集器、传感器、安装支架、软件等部件组成，可实时监测当地气温、降雨量、露点、大气压、湿度等指标，仪器整点采样。

水稻生长期内，每周定时监测各处理田面水和明显暴雨径流的氮磷浓度，相同处理试验田使用 50 mL 医用注射器按对角线（不扰动土层）采集等体积比例混合水样，注入 500 mL 塑料瓶并加入 1～2 滴浓硫酸固定后保存于 4 ℃冰箱，24 小时内完成测试。测试指标包括 NH_4^+、NO_3^-、TN、PO_4^{3-}和 TP，均参考国家标准方法进行（国家环境保护总局和《水和废水监测分析方法》编委会，2002），其中氨氮采用纳氏试剂法，硝氮采用紫外分光光度法，总氮采用碱性过硫酸钾消解+紫外分光光度法，溶解性磷酸盐采用钼酸盐比色法，总磷采用过硫酸钾消解+紫外分光光度法，上述指标测定均借助紫外分光光度计完成（UV-4802，Shanghai，UNICO Instrument Co.，Ltd.）。水稻成熟后于各试验区块随机采集 6～10 茬水稻植株以测定其平均株高，各试验区水稻收割后晒干扬净以测定产量。

灌水量以灌水前后田面水位差值表示，其地下部分按 0.25 的折算系数折算，计算过程如公式（2-1）与公式（2-2）所示，而水稻生长期内暴雨径流量可通过如下稻田水分平衡方程计算得知，计算过程如公式（2-3）与公式（2-4）所示，所有物理量均以 mm 单位表征：

$$I=\sum_{i=1}^{a} I_i \tag{2-1}$$

$$I_i=\left(h_i-h_{i-1}+\mathrm{ET}+\mathrm{SP}\right)-r_i=\left(h_i-h_{i-1}+4.5+8.0\right)-r_i \tag{2-2}$$

$$R=\sum_{i=1}^{b} R_i \tag{2-3}$$

$$R_i=h_i+r_i-H \tag{2-4}$$

式中，I 为总灌水量；I_i 为第 i 次灌水量；a 为灌水次数；R 为总暴雨径流量；R_i 为第 i 次暴雨径流产生量；b 为暴雨径流发生次数；h_i 为暴雨径流事件发生前田面水起始深度，田面水深 $h_i=W–N$（每日上午 8 时通过 AWD 湿材人工记录桶顶至桶内水位距离 N 及桶顶至田面泥层距离 W）；r_i 为日降雨量；ET 为日蒸腾量，均取经验值 4.5 mm，可参考试验田附近城市金华同期蒸腾量，且在水分饱和的情况下，常规灌溉田与 AWD 试验田蒸腾量大体相当（Cabangon et al.，2004）；SP 为日渗漏量，本书取值 8.0 mm（史海滨等，2006），当已经干涸的田面灌水后，根据 Philip

渗吸速度公式，在入渗初期，渗吸速度很大，但是随着时间的增长，渗吸速度逐渐减小，最终达到稳定渗吸速度，由于暴雨径流常发生在连续降雨季节，稻田土壤处于水饱和状态，其饱和导水率为定值（Philip，1957）；H 为排水口高度，H=80 mm；本书忽略土壤毛细渗透作用的影响。

各处理氮磷流失量以暴雨径流量与暴雨径流氮磷浓度的乘积表示，氮磷浓度可采用测试值，对于部分未采集到的暴雨径流，可采用内插法确定。

3. 研究区域水肥管理现状

据实地调查，浙江省径山镇降雨充足，短期内连续集中降雨现象较为普遍。浙江省统计局 2009 年资料显示，2008 年 6～10 月水稻生长期间，台风降雨天气频发，期间降雨量占全年降雨量的 51.5%，极易引起氮磷径流损失，危及周边水环境，当地农户往往易忽视合理灌溉的重要性。同时按施肥习惯可将当地农户分为两类：①多数农户拥有的稻田面积较小且较分散，每户约 0.2 hm^2，常以传统模式耕种，其平均施氮量高达 240～300 kg N/hm^2，显著高出 Ju 等（2009）所提最佳施肥量的 30%～60%；②少数水稻种植专业户通过与散户签订合同获取大片农田的经营承包权，进行集约化耕作，每户约 6.7 hm^2，该类农户一般经过农技站培训，往往较多关注化肥成本问题，在水稻稳产的前提下其化肥施用水平降为 170～200 kg N/hm^2。援引王光火等（2003）的研究发现，浙江省氮肥氮素利用率普遍较低，氮素回收率（recovery of applied fertilizer N，REN）往往低于 20%，氮肥农学利用效率（agronomic N use efficiency，ANUR）低于 10 kg/kg。此外该区域农业机械化普及率较高，秸秆还田较少，水稻营养供给主要靠化肥提供，有机肥使用比例较低（Wang，2007）。

2.2.3　水肥管理对稻田氮磷流失削减规律研究

1. 试验期间降雨量与田面水位动态变化过程

水稻生长过程可划分为 5 个不同的生育期：返青期（seedling recovery stage，SR，10 天）、分蘖初期（early tillering stage，ET，15 天）、分蘖盛期（peak tillering stage，PT，15 天）、幼穗分化期（young panicle differentiation stage，YPD，35 天）、开花大胎期（flowering and grain filling stages，FGF，30 天）。统计结果显示，水稻生育期内降雨量累积达 496 mm，与灌水量几乎持平（图 2.7）。可以发现，常规灌溉（FCP）与 AWD 节水灌溉（包括 AWD 及 AWD+SSNM）模式下田面水深差

异明显。除返青期及水稻生长末期，AWD 节水灌溉模式下其田面水自然落干，田面水深在–120～80 mm 之间波动，而常规连续灌溉模式下，当田面水下降至一定高度后即刻补充灌溉，其田面水深保持在 5～30 mm。

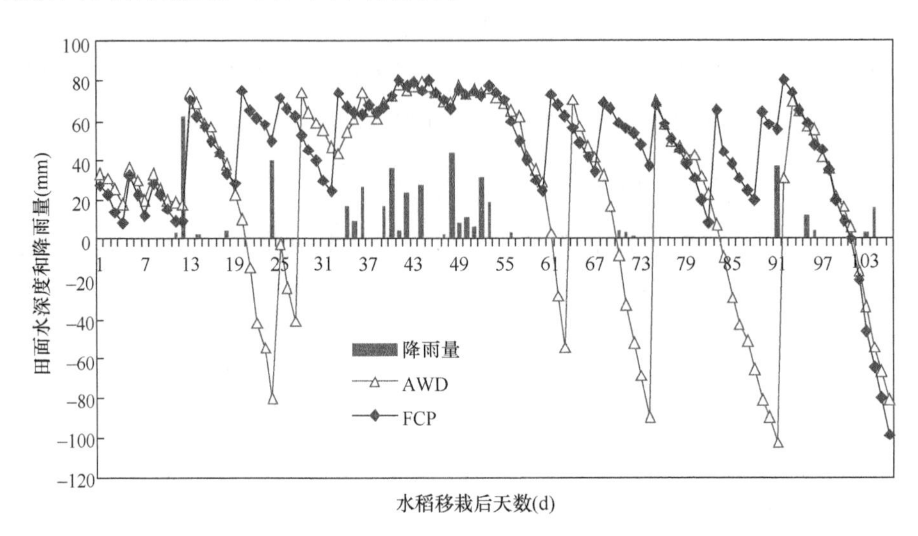

图 2.7　水稻生长期内不同灌溉模式下的降雨量与田面水深变化过程

两种灌溉模式下田面水深按其特征可归纳成三类：①返青期及生长末期，由于秧苗生长初期必须保证足够的水分，而生长末期由于收割的需求，稻田田面水深差异较小；②生长中期（秧苗移栽后第 35～60 天），主要为水稻分蘖期及幼穗分化前期，受七月底至八月初台风天气影响，连续降雨极易导致田面水溢流，并伴随严重的氮磷营养物质流失，此阶段水稻水分需求旺盛，田面水深差异较小，但流失量差异较大；③其余各期田面水深亦表现出显著性差异，干湿交替过程得以充分展示，在此期间 AWD 灌溉模式较常规连续灌溉模式在抵御强降雨而导致的暴雨径流氮磷流失方面体现出显著的优势。

2. 不同水分管理模式下灌排水量差异

从表 2.8 及图 2.8 得知，尽管连续强降雨不可避免地造成了田面水溢流，但 AWD 节水灌溉较常规连续灌溉可显著降低暴雨径流发生量与发生次数，同时降低灌水量及灌水次数。根据水分平衡方程推算出的具体结果如下：

（1）灌溉水需求差异：AWD 处理田灌水量及灌水次数显著低于 FCP 处理田（$p<0.05$），灌水量从 576 mm 下降到 499 mm，削减比例为 13.4%，同时灌水次数从 11 次减为 8 次，降低了 27.3%。Wang 等（2003）的研究亦证明，应用 AWD

技术后可减少灌溉用水及灌水次数，从而节省劳动力。整个生长季节降雨充足，灌水量的削减在一定程度上具有合理性。

（2）暴雨径流差异：类似于灌水需求差异，各处理田在整个生长季节均无人为排水。AWD 处理其暴雨径流发生量与发生次数均显著低于 FCP 处理，暴雨径流发生量从 207 mm 下降至 131 mm，削减比例为 36.7%，暴雨径流次数从 12 次降为 8 次，削减率 33.3%。经计算得知，AWD 节水灌溉及常规连续灌溉技术应用后，其暴雨径流占相应灌溉水量的比例分别为 26.3%和 35.9%，AWD 节水灌溉模式下以暴雨径流形式流失的比重低于常规连续灌溉模式。结合图 2.7 及图 2.8 得知，两种耕作模式在减少稻田暴雨径流产生方面具备不同的特征：①AWD 处理在单场强降雨时，如第 23 天、第 33 天、第 90 天可显著减少暴雨径流量，影响较大；②AWD 技术在遭遇连续降雨天气后，将失去减少暴雨径流量的优势，其暴雨径流产生量与 FCP 处理差异不大。

表 2.8　不同水分管理模式下灌水量、暴雨径流量统计结果

处理	降雨量（mm）	灌水量			暴雨径流量	
		灌水高度（mm）	灌水次数	灌水量 I	暴雨径流次数	暴雨径流量 R（mm）
FCP	496	70	11	576	12	207
AWD AWD+SSNM		70	8	499	8	131
削减率（%）		0	27.3	13.4	33.3	36.7

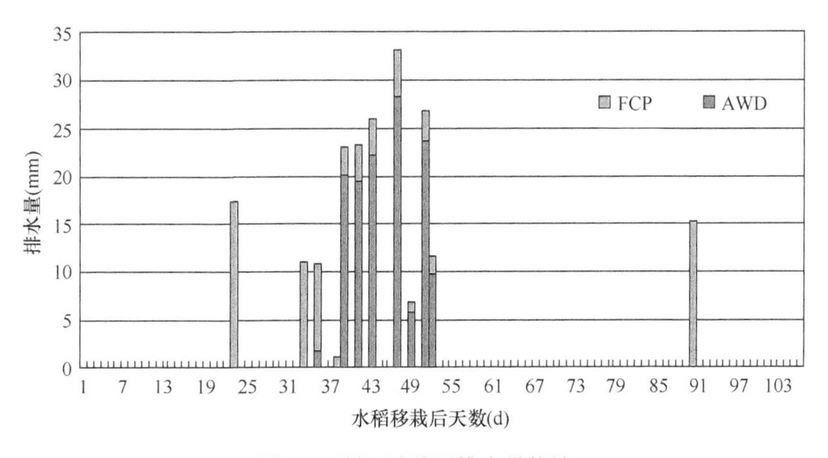

图 2.8　稻田试验区排水量统计

3. 不同水肥管理模式下氮磷流失特征

从图 2.9 得知，FCP 处理与 AWD 处理肥料投入相同，其施肥量及施肥方式均一致，符合当地常规施肥模式，而 AWD+SSNM 技术降低了施肥总量及施肥次数，其纯氮削减比例达 29.2%（70 kg/hm^2），纯磷削减比例达 18.2%（10 kg/hm^2），纯钾削减比例为 4.3%（5 kg/hm^2），削减比例类似于 Wang 等（2003）在浙江省内进行的稻田 SSNM 肥料减施技术应用研究结论。

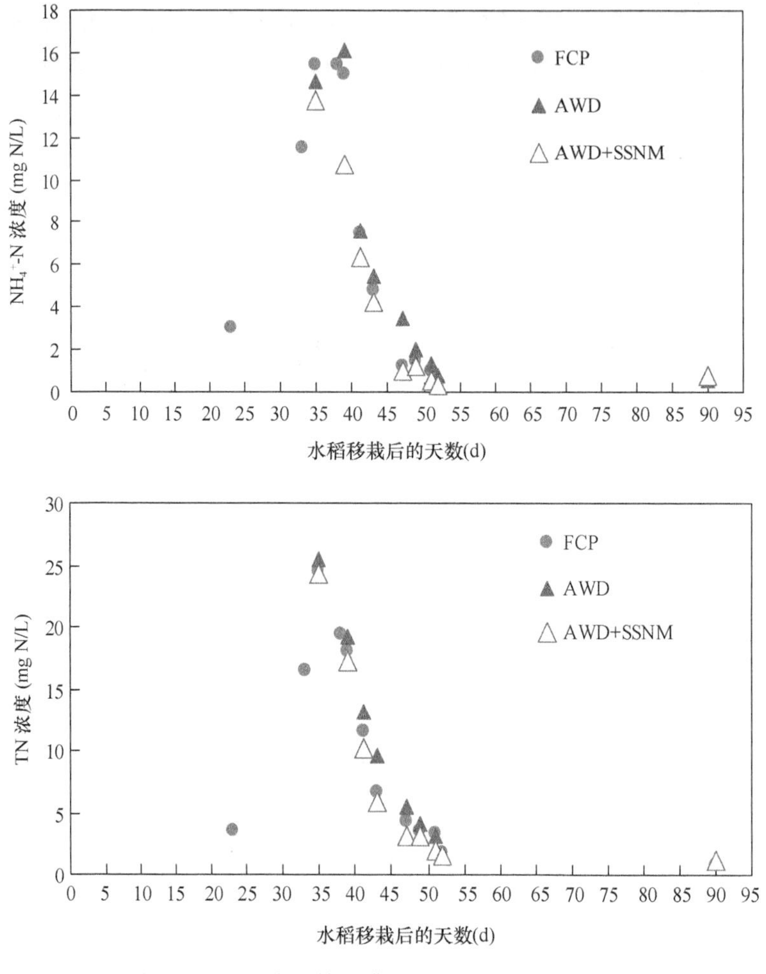

图 2.9　不同水肥管理模式下暴雨径流氮素浓度

（1）从图 2.9 可以得知，稻田耕作过程中，AWD 节水灌溉技术应用后对稻田水氮素浓度影响较大，总体而言，AWD 技术应用田的暴雨径流氨氮及总氮浓度均高于 FCP 处理，这归因于节水灌溉后，稻田田面水位往往低于常规处理。而 AWD+SSNM 耦合技术田中，氨氮及总氮浓度大部分时间均低于 FCP 处理，可以推测，SSNM 技术的应用，即肥料减施后，可以降低暴雨径流中氮素浓度大小。氮素流失通量计算结果表明（表 2.9），FCP 处理田氮素流失量（以氨氮或总氮计）显著大于 AWD 处理田及 AWD+SSNM 处理田，AWD 处理田氨氮和总氮分别从 11.0 kg/hm^2 下降到 7.7 kg/hm^2、16.8 kg/hm^2 下降到 11.7 kg/hm^2，削减率分别为 42.9%、30.4%，与暴雨径流发生量及发生次数规律一致，说明水分管理对氮素流失通量的影响显著。同时，AWD+SSNM 处理田氨氮和总氮分别从 11.0 kg/hm^2 下降到 5.0 kg/hm^2，16.8 kg/hm^2 下降到 8.8 kg/hm^2，削减率分别提升至 54.5%、47.6%，结果说明，水分管理及 AWD 技术应用后，可以通过降低暴雨径流产生量从而有效降低氮素流失通量，而在 AWD 技术应用基础上追加肥料减施措施即 SSNM 技术后，则强化了对氮素流失的削减作用。

表 2.9　三种水肥管理模式下肥料投入、氮磷流失强度衡算结果

处理	肥料投入量（kg/hm^2）			氮磷流失通量（kg/hm^2）			
	N	P	K	NH_4^+	TN	DP	TP
FCP	240	55	115	11.0	16.8	0.36	0.52
AWD				7.7	11.7	0.25	0.38
AWD+SSNM	170	45	110	5.0	8.8	0.20	0.28
削减率（%）	29.2	18.2	4.3	42.9	30.4	30.5	26.9
				54.5	47.6	44.4	46.1

（2）从图 2.10 可以得知，稻田耕作过程中，AWD 节水灌溉技术应用后对稻田水磷素浓度影响较大，总体而言，AWD 技术应用田的暴雨径流溶解性磷酸盐及总磷浓度均高于 FCP 处理，这归因于节水灌溉后，稻田田面水位往往低于常规处理。而 AWD+SSNM 耦合技术田中磷素浓度大部分时间均低于 FCP 处理，可以推测，SSNM 技术的应用，即肥料减施后，可以降低暴雨径流中磷素浓度大小。磷素流失通量计算结果表明（表 2.9），FCP 处理田磷素流失量（以溶解性磷酸盐或总磷计）显著大于 AWD 处理田及 AWD+SSNM 处理田，AWD 处理田溶解性磷酸盐和总磷分别从 0.36 kg/hm^2 下降到 0.25 kg/hm^2、0.52 kg/hm^2 下降到 0.38 kg/hm^2，削减率分别为 30.5%、26.9%，与暴雨径流发生量及发生次数规律一致，说明水分管理对磷素流失通量的影响显著。同时，AWD+SSNM 处理田溶解性磷酸盐和总磷分别从 0.36 kg/hm^2 下降到 0.20 kg/hm^2、0.52 kg/hm^2 下降到 0.28 kg/hm^2，削减率分别提升至 44.4%、46.1%，结果说明，水分管理能有效降低磷素流失通量，而肥料减

施即应用 SSNM 技术后强化了对磷素流失的削减作用。

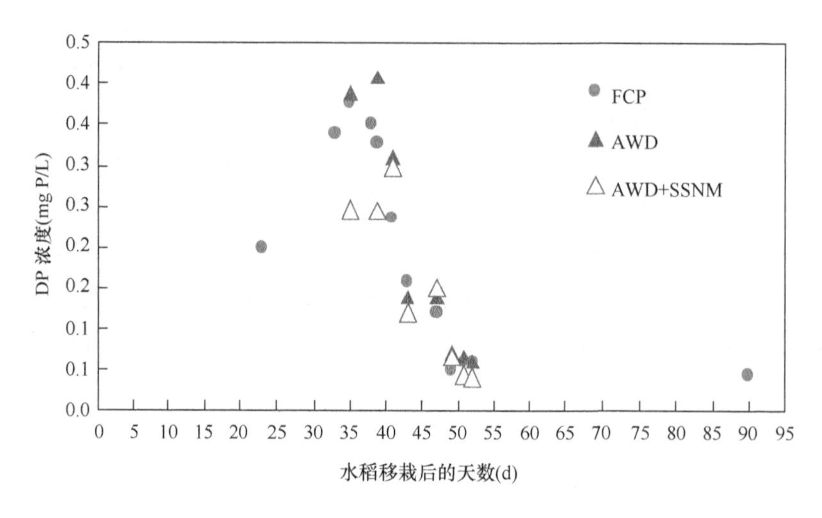

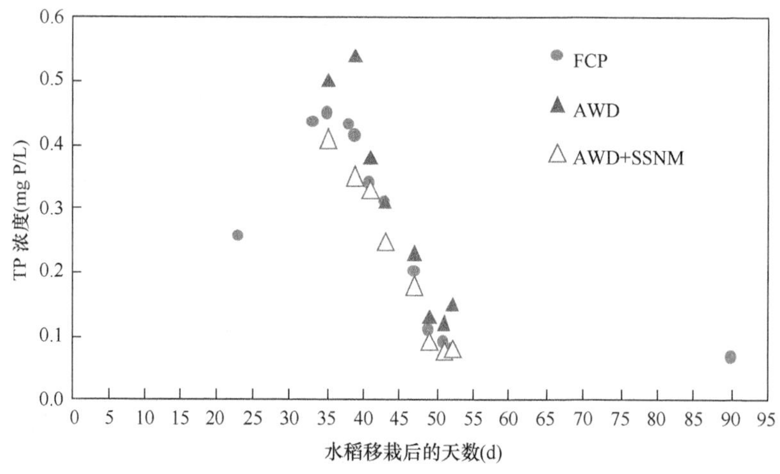

图 2.10　不同水肥管理模式下暴雨径流磷素浓度

研究表明，暴雨径流导致的氮磷营养盐流失强度主要受施肥、降雨、水稻不同生长期水分需求变化及排水堰（或田埂）高度影响，而暴雨径流量及其氮磷浓度决定了暴雨径流中氮磷营养盐的流失强度。本书研究由于试验条件限制，忽略了水稻不同生长期水分需求变化情况的影响，田埂高度亦保持一定，故施肥与降雨情况在一定程度上决定了暴雨径流中氮磷营养盐的流失负荷，详述如下：

（1）FCP 常规灌溉与 AWD 节水灌溉其肥料投入相同，但氮磷流失衡算结果表明，后者较前者流失率更低，这归因于节水灌溉显著降低了暴雨径流发生次数及发生量（图2.9和图2.10），一方面是由于AWD处理田田面水深较低，另一方面是AWD技术应用后极大地减少了稻田的淹水时间，AWD处理田及常规处理田淹水时间分别为81天和101天，分别占水稻生长全过程的73.6%和91.8%(图2.9)。稻田田面水的上述特征均有助于缓解连续强降雨天气所带来的大量雨水冲击压力，降低暴雨径流发生量，同时如果农户能综合雨情并加强水分管理，降雨不仅可被充分利用为灌溉水资源，同时亦可为水稻生长提供养分。水稻生长期内现场采集的雨水样本氮磷测试结果表明，当地大气湿沉降中氮磷平均浓度较高，氮素沉降通量初步估算达16.4 kg/(hm^2·a)，是较好的养分资源。

（2）水分管理与肥料管理在氮磷流失量的削减上起着协同作用。从AWD+SSNM技术田较AWD技术田其氮磷流失量均下降这一结果（表2.9）可以推测，水分管理在一定程度上降低了氮磷流失量，应用肥料管理技术如SSNM技术后可进一步提升氮磷流失削减比例，SSNM技术应用后可使稻田营养物质的供给与水稻生长需肥量相匹配，避免了过量施肥。该技术指导下施肥量及施肥时间在氮磷减排上的积极作用表现在如下几个方面：①农户往往忽视稻田土壤残留氮磷的补充作用而导致过量施肥，SSNM技术通过降低肥料投入从而降低田面水中氮磷浓度，在一定程度上降低暴雨径流氮磷流失量。②浙江省内稻田常规耕作模式的调查结论显示，85%～100%的化肥均施用于分蘖初期前10～20天，而水稻利用效率在返青期较低，并随时间而逐步提高，故早期可减少肥料投入量。同时应该结合雨情以选择合适的施肥时间，在施肥时避开连续降雨天气从而有效降低连续强降雨导致的大量氮磷营养物质随暴雨径流而流失的风险。

（3）暴雨径流中氨氮与溶解性磷酸盐分别是氮磷营养盐输出的主要形式（表2.9），其中FCP、AWD及AWD+SSNM三种模式下氨氮流失量占总氮的比例分别为65.4%、65.8%与56.8%，而溶解性磷酸盐流失量占总磷的比例分别为69.2%、65.8%与71.48%。梁新强（2009）指出，稻田产流方式与旱地差异较大，属于蓄满产流，较深水层可以防止强降雨直接冲击稻田土壤，因此外溢水中悬浮颗粒少，氮磷主要以溶解态形式流失。

（4）FCP、AWD及AWD+SSNM三种模式下氮素流失比例（总氮流失量占纯氮投入总量比例）分别为7.0%、4.9%与5.2%。梁新强等（2009）指出，180 kg/hm^{2}纯氮投入下稻田以地表径流形式流失的氮素比例将达8.9%，约16 kg/hm^2，而浙江省农业农村污染调查表明氮素流失率在23%左右。忽略其余因素影响，以径流形式流失的氮素比例将达2.0%，与本书研究结论较为类似，反硝化作用可能是稻田氮素流失的主要输出形式，占纯氮输入量的36%～44.1%（Qiu，2009; Yan et al.,

1999）。而磷素流失比例（总磷流失量占纯磷投入总量比例）分别为 0.95%、0.69% 与 0.51%。Sharpley 等（1995）研究发现稻田磷素主要以田埂溢流形式流失，而稻田地表径流磷素损失比例达到 0.5%时，则足以引起河流湖泊发生富营养化现象，故得知水肥耦合试验可有效控制磷素污染状态。

值得注意的是，田埂老化及人为破坏作用将对氮磷流失量产生巨大的影响，任何缺口均可导致溢流现象的发生，故对田埂的全方位维护显得非常重要。结合上述研究结果可以推测，不同处理模式下水、肥料的流失量估算结果将偏低于实际情况。

2.2.4　水肥管理对水稻产量及部分生理学参数影响规律研究

不同水肥管理下，水稻产量、化肥投入量以及植株的株高有较大差异，具体见表 2.10。

表 2.10　不同水肥管理模式对水稻产量及株高的影响

处理	产量（kg/hm^2）	氮肥生产效率（kg/kg）	株高（cm）
FCP（N=5）	7125	29.7	68.43±8.13
AWD（N=5）	7078	29.5	79.12±9.80
AWD+SSNM（N=3）	7478	43.9	79.92±6.87

（1）从表 2.10 得知，相对于常规耕作模式下 7125 kg/hm^2 的水稻产量，AWD+SSNM 技术应用后其水稻产量增加了 4.9%（353 kg/hm^2），而 AWD 节水灌溉处理则降低了 47 kg/hm^2，但差异不明显。Wang 等（2009）调查发现，浙江省单季稻理论产量约为 6000～8500 kg/hm^2，本试验中所有处理产量均为 7000 kg/hm^2 左右，水肥管理策略的应用尽管降低了水肥的投入，但一定程度上促进了水稻产量增产。大量田间试验表明，节水灌溉模式下，当稻田表面以下 15 cm 处的 SWP 值高于–10 kPa 时，水稻产量将不会受此影响而稳产，甚至取得小幅度的增产（Matsuo et al.，2009；Yang et al.，2009）。本书试验区所在地降雨充足，土壤保水性能良好，AWD 节水灌溉模式下保证了足够的淹水时间，故而在水稻生长季节，即使水位下降到田面以下 12 cm 后再灌水至初始高度，水稻根区仍可保持湿润，植株体内酶活变化不大，从而避免水分供应不足造成的不良影响（Cabangon et al.，2004）。尽管水肥管理技术降低了水分和养分的投入，但其应用显著提高了氮肥生产效率（yield per N supply）。相对于 FCP 处理，AWD+SSNM 模式下氮肥生产效

率明显增大至 43.9%，显然化肥投入量的大幅提升，并不能显著提高水稻产量。有研究发现水稻产量与化肥投入量不呈线性关系，过量施肥可导致大量养分转移到水稻茎叶等营养器官中，导致分蘖数增加（Wang et al.，2009）。多年稻田田间试验表明，当化肥使用量降低 30%后，仍可保证水稻产量的稳产甚至增产。

（2）ANOVA 方差分析和 Student-Newman-Keuls 分析表明，AWD 处理及 AWD+SSNM 处理下水稻植株高度无显著性差异（$p<0.05$），均显著高于常规灌溉方式（图 2.11）。以上结果表明，AWD 与 SSNM 耦合技术有易于水稻的拔节过程，而对于连续灌溉处理，过量的淹水反而不利于水稻根系呼吸作用，影响其生长。

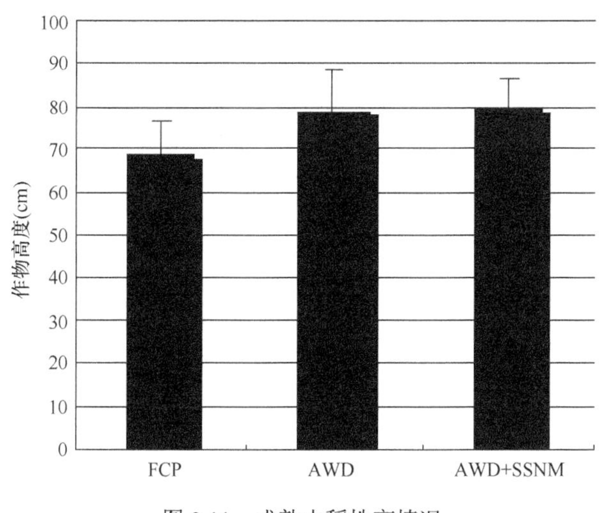

图 2.11　成熟水稻株高情况

2.2.5　水肥管理存在的技术瓶颈与展望

（1）灌水间隔时间与地下水位及不同时期水稻需水量与气候条件关系密切，地下水位越浅，灌水间隔时间越长，同时尤其是暴雨前避免施肥将大大降低氮素流失风险（梁新强，2009），灌水量及灌溉次数的降低在一定程度上节省了劳动力，但大大提高了对农民水分管理能力的要求。

（2）大部分水稻种植户关心水稻产量而容易忽视水肥管理的重要性（Ju et al.，2009），往往不了解水稻面源污染问题。Albiac 等（2009）指出，水肥管理技术的有效推广，取决于政府如何合理引导农民自愿合作意识的提高，而水肥管理的培训推广工作、政府补贴制度的确立（Bouman et al.，2007）有待下一步深入研究。

（3）其余如农村生活污水回用、生态截留、缓控释肥和大气湿沉降等均有助于更好地完善农业面源污染控制体系，因此可加强此方面的研究工作。

2.2.6 小结

AWD 节水灌溉与 SSNM 肥料管理试验体现了氮磷源头控制策略。对稻田田面水氮素、磷素动态，径流（排水）流失规律和控制对策进行跟踪研究，发现 AWD+SSNM 技术能有效控制氮磷通过暴雨径流形式而流失：①尽管连续强降雨不可避免地造成了田面水溢流，但 AWD 节水灌溉较常规连续灌溉可显著降低暴雨径流发生量与发生次数，同时降低灌水量及灌水次数。②FCP 处理与 AWD 处理肥料管理方式相同，AWD+SSNM 技术降低了施肥总量及施肥次数，其纯氮削减比例达 29.2%（70 kg/hm^2），纯磷削减比例达 18.2%（10 kg/hm^2），纯钾削减比例为 4.3%（5 kg/hm^2）。③氮磷流失量大小关系均为 FCP 处理田>AWD 处理田>AWD+SSNM 处理田，说明水分管理能有效降低暴雨径流中氮磷流失通量，而肥料减施即应用 SSNM 技术后强化了对氮磷流失的削减作用。④相对于常规耕作模式下 7125 kg/hm^2 的水稻产量，AWD+SSNM 技术应用后其水稻产量增加了 4.9%（353 kg/hm^2），而 AWD 节水灌溉处理产量波动不大，降低了 47 kg/hm^2。⑤采集的四次典型降雨氮磷浓度特征表现为：降雨初期总氮、氨氮及硝氮浓度分别高达 6.0 mg/L、3.7 mg/L 及 2.3 mg/L，总磷及溶解性磷酸盐浓度分别为 0.10 mg/L 和 0.03 mg/L，氮磷浓度均随时间逐渐降低至正常水平。该地区年度氮素湿沉降通量估测为 16.4 kg/(hm^2·a)，对水稻生长起到养分补充的作用。

参 考 文 献

国家环境保护总局,《水和废水监测分析方法》编委会. 2002. 水和废水监测分析方法. 第四版. 北京: 中国环境科学出版社: 243-285.

梁新强. 2009. 平原区稻田水旱轮作体系中氮素平衡及流失特征. 杭州: 浙江大学.

史海滨, 田军仓, 刘庆华. 2006. 灌溉排水工程学. 北京: 中国水利水电出版社.

王光火, 张奇春, 黄昌勇. 2003. 提高水稻氮肥利用率、控制氮肥污染的新途径——SSNM. 浙江大学学报(农业与生命科学版), 29(1): 67-70.

许文年, 王铁桥. 2002. 水泥边坡植被混凝土绿化技术. 中国, CN 1383712A. 2002.12.11.

Alam M M, Ladha J K, Khan S R, et al. 2005. Leaf color chart for managing nitrogen fertilizer in lowland rice in Bangladesh. Agron J, 97: 949-959.

Albiac J. 2009. Nutrient imbalances: Pollution remains. Science, 326: 665b.

Belder P, Bouman B A M, Cabangon R, et al. 2004. Effect of water-saving irrigation on rice yield and water use in typical lowland conditions in Asia. Agr Water Manage, 65: 193-210.

Bouman B A M, Castañeda A. 2002. Nitrate and pesticide contamination of groundwater under rice-based cropping systems: Evidence from the Philippines. Agr Ecosyst Environ, 92: 185-199.

Bouman B A M, Peng S, Castaneda A R. 2005. Yield and water use of irrigated tropical aerobic rice systems. Agr Water Manage, 74: 87-105.

Bouman B A M, Humphreys E. 2006. Rice and water. Adv Agron, 92: 187-237.

Bouman B A M, Lampayan R M, Tuong T P. 2007. Water management in irrigated rice: Coping with water scarcity. Los Baños, Laguna: IRRI.

Bronson K F, Neue H U, Abao E B, et al. 1997. Automated chamber measurement of methane and nitrous oxide flux in flooded rice soil for residue, nitrogen, and water management. Soil Sci Soc Am, 61: 981-987.

Cabangon R J, Tuong T P, Castillo E G, et al. 2004. Effect of irrigation method and N-fertilizer management on rice yield, water productivity and nutrient-use efficiencies in typical lowland rice conditions in China. Paddy and Water Environ, 2: 195-206.

Dai R, Liu H, Qu J, et al. 2008. Cyanobacteria and their toxins in guanting reservoir of Beijing, China. J Hazard Mater, 153: 470-477.

Goswami N N, Banerjee M K. 1978. Phosphorus, potassium and other macroelements in soils and rice. Los Baños, Philippines: International Rice Research Institute, 561-580.

Jin J Y, Wu R G, Liu R L. 2002. Rice production and fertilization in China. Better Crops International, 16: 26-29.

Ju X T, Xing G X, Chen X P, et al. 2009. Reducing environmental risk by improving N management in intensive Chinese agricultural systems. PNAS, 106: 3041-3046.

Matsuo N, Mochizuki T. 2009. Growth and yield of six rice cultivars under three water-saving cultivations. Plant Prod Sci, 12: 514-525.

Mortimer A M, Hill J E. 1999. Weed species shifts in response to broad spectrum herbicides in sub-tropical and tropical crops. Brighton Crop Protection Conference, 2: 425-437.

Pampolino M F, Manguiat I J, Ramanathan S, et al. 2007. Environmental impact and economic benefits of site-specific nutrient management (SSNM) in irrigated rice systems. Agr Syst, 93: 1-24.

Philip J. 1957. The theory of infiltration. Soil Sci, 84: 163-366.

Qiu J. 2009. Nitrogen fertilizer warning for China. http://www.nature.com/news/2009/090216/full/news.2009. 105. html.

Ramasamy S, Berge H F M, Purushothaman S. 1997. Yield formation in rice in response to drainage and nitrogen application. Field Crops Res, 51: 65-82.

Sharpley A N. 1995. Dependence of runoff phosphorus on extractable soil phosphorus. J Environ Qual, 24: 920-926.

Singh R B. 2000. Environmental consequences of agricultural development: A case study from the green revolution state of Haryana, India. Agr Ecosyst Environ, 82: 97-103.

Singh V K, Tiwari R, Sharma S K, et al. 2009. Economic viability of rice-rice cropping as influenced by site-specific nutrient management. Better Crops, 93: 6-9.

Stoop W, Uphoff N, Kassam A. 2002. A review of agricultural research issues raised by the system of rice intensification (SRI) from Madagascar: Opportunities for improving farming systems for resource-poor farmers. Agr Syst, 71: 249-274.

Tabbal D F, Bouman B A M, Bhuiyan S I, et al. 2002. On-farm strategies for reducing water input in irrigated rice; case studies in the philippines. Agr Water Manage, 56: 93-112.

Tuong T P, Bouman B A M, Mortimer M. 2005. More rice, less water-integrated approaches for increasing water productivity in irrigated rice-based systems in Asia. Plant Prod Sci, 8: 231-241.

Van Driel P W, Robertson W D. 2006. Denitrification of agricultural drainage using wood-based reactors. Transactions of the ASABE, 49(2): 565-573.

Vitousek P M R, Naylor T, Crews M B, et al. 2009. Nutrient imbalances in agricultural development. Science, 324: 1519-1520.

Wang G H, Zhang Q C, Huang C Y. 2003. SSNM-A new approach to increasing fertilizer N use efficiency and reducing N loss from rice fields (In Chinese). J Zhejiang Univ (Agric & Life Sci), 29: 67-70.

Wang G H, Zhang Q C, Witt C, et al. 2007. Opportunities for yield increases and environmental benefits through site-specific nutrient management in rice systems of Zhejiang province, China. Agr. Syst, 94: 801-806.

Wang M, Yang J P, Xu W, et al. 2009. Influence of nitrogen rates with split application on N use efficiency and its eco-economic suitable amount analysis in rice (In Chinese). J Zhejiang Univ (Agric & Life Sci), 35: 71-76.

Yan W, Yin C, Zhang S. 1999. Nutrient budgets and biogeochemistry in an experimental agricultural watershed in southeastern China. Biogeochemistry, 45: 1-19.

Yang J C, Huang D F, Duan H, et al. 2009. Alternate wetting and moderate soil drying increases grain yield and reduces cadmium accumulation in rice grains. J Sci Food Agr, 89: 1728-1736.

Zhang H, Zhang S, Yang J, et al. 2008. Postanthesis moderate wetting drying improves both quality and quantity of rice yield. Agron J, 100: 726-734.

Zhang H, Xue Y, Wang Z, et al. 2009. An alternate wetting and moderate soil drying regime improves root and shoot growth in rice. Crop Sci, 49: 2246-2260.

Zhang W L, Wu S X, Ji H J, et al. 2004. Estimation of agricultural non-point source pollution in China and the alleviating strategies I: Estimation of agricultural non-point source pollution in China in early 21 century (In Chinese). Sci Agric Sin, 37: 1008-1017.

第 3 章　产径流控制对稻田氮磷流失特征的影响

3.1　产径流控制条件下稻田氮磷径流流失特征

降雨造成的地表径流带走了农田中颗粒态和水溶态的养分，不仅降低了土壤肥力和化肥的利用效率；而且会成为水体富营养化的非点源污染源，引起水质恶化问题（高效江等，2001）。因此，研究降雨径流中氮、磷养分流失规律，对协调农业生产与水环境保护问题具有重要意义，关于农田生态系统中氮、磷等养分随地表径流向水体的迁移输送已引起了广泛的研究重视。

本试验选择了长三角地区 50 年基本耕作情况未变的典型农作区嘉兴双桥农场作为研究对象，以大田小区试验为基础，对天然降雨条件、不同施肥情况下，水稻田降雨径流中氮磷素的形态、浓度和流失量进行了初步的探讨，以期为源头控制农田氮磷素的损失和防止水体的富营养化提供科学的依据。

3.1.1　研究设计

采用大田小区试验，试验地点为嘉兴市王江泾镇双桥农场，各试验小区（4 m×5 m）南北长、东西宽，呈两行排列，共计 15 个。试验大田外围设有试验保护区（面积约 0.4 亩），小区田埂筑高 20 cm，除保护区一侧外其余三侧用塑料薄膜包被，以减少串流、侧渗。设有相互独立的单排单灌的排灌系统，小区南端设有 4 m^3 高位水箱 2 个，以保证有足够的水压对各小区进行灌水，各小区灌水以水表计量；小区内种植水稻，水稻品种为 JIA-9312；除水稻生产需要进行排水烤田外，通常灌水维持不低于 8 cm 左右的田面水，紧贴田底设有 PVC 两通排水口，平时下部排水口塞住，略高于田面水 2.5 cm 的排水口可将遇暴雨而外溢的田面水自动输入保护区外的径流收集桶。

水稻田氮磷素化肥试验以当地农事习惯（180 kg N/hm^2，40 kg P/hm^2）为参考，氮肥共设 5 个水平，磷肥设 3 个水平，交叉试验，见表 3.1。各施肥小区随机排列。

基肥施用时间为 7 月 6 日，磷肥全部作为基肥施入；第一次追肥在插秧后 10

天（7 月 16 日），追施尿素；第二次追肥在分蘖期（8 月 10 日），追施尿素；KCl 按当地常规施肥用量 150 kg/hm^2 作为基肥施入各个小区。

表 3.1　氮磷肥试验水平

氮肥处理	尿素（kg/hm^2）	折合纯氮（kg/hm^2）	磷肥处理	过磷酸钙（kg/hm^2）	折合纯磷（kg/hm^2）
N_0	0	0	P_0	0	0
N_1	196	90	P_1	286	40
N_2	392	180	P_2	429	60
N_3	588	270			
N_4	784	360			

3.1.2　水稻生长期内降雨产径流记录

大田内均匀选取了 5 个采样点，利用雨量桶测量降雨量，试验期遇大雨进行径流采样。通过排水口收集降雨产生的外溢田面水于收集桶中进行计量并采样分析，因为本书试验各小区的水分管理相同，所以每次产径流量差别视为一致。

试验期间形成径流的降雨共有 3 次（表 3.2），分别在第一次追肥后第 6 天、第二次追肥后第 7 天和第 19 天。我国气象部门规定的降雨强度标准：按 12 h 计，小雨≤5 mm，中雨 5～14.9 mm，大雨 15～29.9 mm，暴雨≥30 mm。按照这一标准，本书试验期间产径流的三次降雨有两次属于大雨，大雨时的典型特征就是雨滴四溅很高，地面积水形成很快，容易形成径流；第二次产径流中降雨达到了暴雨的强度，积水形成特快，极易产生径流。

表 3.2　水稻田降雨产径流情况

产径流序次	降雨时间	施肥状况	降雨量（mm）（n=5）	雨强类别（按 12 h 计）	径流量（m^3/hm^2）（n=15）
1	7 月 22 日	一次追肥后第 6 天	26.1±3.7	大雨	11.1±1.7
2	8 月 17 日	二次追肥后第 7 天	37.4±4.5	暴雨	23.6±2.9
3	8 月 29 日	二次追肥后第 19 天	26.6±2.9	大雨	15.7±1.1

3.1.3　降雨径流氮磷流失浓度分析

15 个试验小区在每次降雨径流中氮磷的流失浓度分析见表 3.3、表 3.4。

表 3.3　水稻田天然降雨径流氮素流失浓度

	产流序次	径流中氮素浓度（mg/L）				
		N_0	N_1	N_2	N_3	N_4
TN	1	3.82	4.01	4.32	4.261	7.26
	2	5.05	11.10	12.42	14.31	22.15
	3	4.28	6.00	7.99	9.52	11.86
DN	1	2.67	3.68	3.89	3.65	6.72
	2	4.57	8.01	10.68	12.83	18.60
	3	3.36	4.44	6.97	6.68	9.36
NO_3^--N	1	1.83	3.20	3.02	3.02	6.08
	2	3.87	6.04	7.77	7.41	12.39
	3	2.36	3.45	4.53	3.81	7.23
NH_4^+-N	1	0.31	0.60	0.17	0.42	0.58
	2	0.30	0.72	0.42	2.22	1.30
	3	0.69	0.55	1.69	2.58	2.40

表 3.4　水稻田天然降雨径流总磷、溶解态磷流失浓度

	产流序次	径流中磷素浓度（mg/L）		
		P_0	P_1	P_2
TP	1	0.27	0.44	0.50
	2	2.09	2.37	4.84
	3	0.99	1.33	2.06
DP	1	0.20	0.19	0.36
	2	0.44	0.57	1.18
	3	0.62	0.63	0.80

试验发现降雨强度与径流中氮磷素浓度的关系最为密切。在三次产径流中，第二次产径流时降雨强度达到了暴雨强度的标准，其径流中总氮（TN）浓度最高，达到了 22.15 mg/L，其中溶解态氮（DN）的浓度达到 18.6 mg/L，远超过了 GB 3838—2002《地表水环境质量标准》中总氮Ⅴ类标准限值 2 mg/L；总磷（TP）的浓度达 4.84 mg/L，远超过上述标准中总磷的Ⅴ类标准限值 0.4 mg/L。

另外施肥量的增加明显促进了径流中总氮、总磷流失浓度的增高；第一次产径流（追肥后第 6 天）的径流液中 5 个施氮水平的总氮浓度在 3.82～7.26 mg/L 之间，3 个施磷水平的总磷浓度在 0.27～0.50 mg/L 之间；第三次产径流尽管发生在追肥后第 19 天，但是总氮浓度在 5 个处理水平下仍有 4.28～11.86 mg/L 的变化，总磷浓度有 0.99～2.06 mg/L 的变化。

3.1.4　降雨径流氮磷流失形态分析

降雨径流中各形态氮磷流失浓度比分析见表 3.5、表 3.6。

表 3.5　水稻田天然降雨径流氮素形态比分析

	产流序次	施氮小区的径流中多种形态氮素浓度比				
		N_0	N_1	N_2	N_3	N_4
DN /TN	1	0.70	0.92	0.90	0.74	0.85
	2	0.91	0.72	0.86	0.90	0.84
	3	0.79	0.74	0.87	0.70	0.79
NO_3^--N/TN	1	0.48	0.80	0.70	0.61	0.76
	2	0.77	0.54	0.63	0.52	0.56
	3	0.55	0.58	0.57	0.40	0.61
NH_4^+-N/TN	1	0.08	0.15	0.04	0.08	0.07
	2	0.06	0.07	0.03	0.15	0.06
	3	0.16	0.09	0.21	0.27	0.20

表 3.6　水稻田天然降雨径流磷素形态比分析

	产流序次	施磷小区径流中溶解态磷与总磷浓度比		
		P_0	P_1	P_2
PP/TP	1	0.28	0.57	0.28
	2	0.79	0.76	0.76
	3	0.38	0.53	0.61

本试验的结果表明，水稻田氮素的流失不同于坡地或旱地径流，溶解态氮是天然降雨径流流失氮素的主要形态，几次降雨中溶解态氮约占总氮的 70%～92%，其中硝氮是水稻田降雨径流中溶解态氮的主要形态，约占总氮的 40%～80%。径流流失中氨氮的浓度较小，仅占总氮浓度的 3%～27%。

而磷素的流失则不同，磷肥在田面水中的纵深迁移能力较弱，磷素进入水体后主要吸附于土壤表面，遇大雨后较强的冲击动能引起土壤吸附态磷的流失是径流磷素流失的主要形式。在本书试验中，颗粒态磷（PP）在径流流失磷素中占到较大的比重，在第一次产径流后，各小区颗粒态磷约占 28%～57%，第二次达到了 76%～79%。

3.1.5　降雨径流氮磷流失量和流失系数分析

三次降雨径流氮磷的流失负荷如图 3.1 所示。随着降雨量的增大，形成的径流量也增加，同时径流中氮磷的流失负荷也增加。本书试验中径流口高于田面水 25 mm，当降雨量超过 25 mm 后，比较容易形成径流。试验中发现第二次追肥后第 7 天遇到暴雨导致的氮磷素流失负荷最大，该次降雨的降雨量达到了 37.4 mm，形成了 23.6 m^3/hm^2 的径流，在该次降雨条件下 5 组施氮水平和 3 组施磷水平下，总氮的流失负荷约为 0.12～0.54 kg/hm^2，总磷的流失负荷约为 0.05～0.12 kg/hm^2。其余两次大雨引起氮磷流失负荷较小，尽管第一次施肥后第 6 天即发生了降雨，但降雨量相对小，径流产量也小，仅为 11.1 m^3/hm^2，总氮流失负荷在 0.1 kg/hm^2 左右，总磷流失负荷在 0.01 kg/hm^2 左右；第三次大雨尽管发生在施肥后第 19 天，流失的氮磷素主要来自土壤的溶出，而流失负荷不高的原因也与产径流量不高有关，该次降雨的产径流量为 15.7 m^3/hm^2，总氮流失负荷在 0.1～0.2 kg/hm^2 左右，总磷流失负荷在 0.02 kg/hm^2 左右。

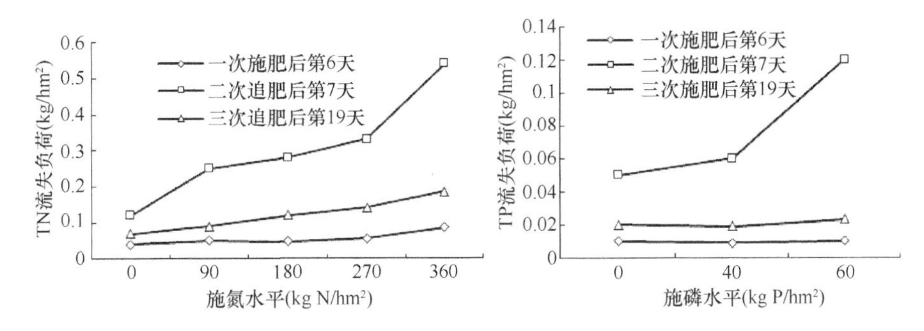

图 3.1　水稻田降雨径流氮磷流失负荷

表 3.7 流失系数（流失负荷/施肥量×100%）揭示，小区边界田埂起到了有效保护稻田水的作用，降雨径流造成的水稻田氮磷素的流失量在本书研究中并非占主导地位，5 组施氮水平下总氮三次降雨事件的累积流失负荷约在 0.23～0.80 kg/hm^2，流失系数仅为 0.18%～0.44%，小于当季施肥量的 1%；总磷累积流失负荷约在 0.07～0.15 kg/hm^2，流失系数仅为 0.20%～0.25%。

表 3.7　降雨径流氮磷流失系数

	N					P		
施肥处理（kg/hm^2）	0	90	180	270	360	0	40	60
流失系数（%）	—	0.44	0.26	0.21	0.18	—	0.20	0.25

3.1.6 氮磷流失与施肥量和降雨量的关系拟合

对三次降雨及径流量的观测数据表明（表 3.8），各次降雨总量（x）与径流量（y）之间均存在显著的线性相关关系：y=1.88x–23.00（r=0.69，n=15），这一结果在其他相关研究中也有报道（李定强，1998）。氮素的径流流失负荷（y）与降雨量（x）也存在显著的相关性，以 N_4 小区为例满足 $y=0.35\times10^{-1}x-0.78$（$r$=0.76，$n$=9）。磷素的径流流失负荷（$y$）与降雨量（$x$）也存在明显的相关性，以 P_2 小区为例，满足 y=0.01x–0.22（r=0.78，n=9）。另外，5 组施氮小区多次降雨的总氮、总磷累积流失负荷（x）随着施肥量（y）的增加而增加，存在一定的相关性，分别满足 $y=0.14\times10^{-2}x+0.23$（$r$=0.74，$n$=15）；$y=0.04\times10^{-2}x+0.02$（$r$=0.84，$n$=15），均达到了显著性的相关水平。

表 3.8 单因子相关性分析

项目	方程	相关系数	样本量	备注（单位）
r（径流量）与 R（降雨量）	y=1.88x–23.00	0.69**	15	r（y）：L，R（x）：mm
TN 与 R（降雨量）	y=0.04x–0.78	0.76*	9	TN（y）：kg/hm^2，R（x）：mm，以 N_4 为例
TP 与 R（降雨量）	y=0.01x–0.22	0.78**	9	TP（y）：kg/hm^2，R（x）：mm，以 P_2 为例
TN 与 F（施肥量）	$y=0.14\times10^{-2}x+0.23$	0.74**	15	TN（y）：kg/hm^2，F（x）：kg/hm^2
TP 与 F（施肥量）	$y=0.04\times10^{-2}x+0.02$	0.84**	15	TP（y）：kg/hm^2，F（x）：kg/hm^2

*表示 p<0.05；**表示 p<0.01，下同。

注：n=9 时，$r_{0.05}$=0.632，$r_{0.01}$=0.765；n=15，$r_{0.05}$=0.497，$r_{0.01}$=0.623。

由上述分析可知，降雨和施肥是影响氮磷素径流输出的主要因子，因而对降雨、施肥量、氮磷输出负荷运用 SPSS（V10. for Windows）程序进行二元一次方程拟合，具有极显著的相关性，见表 3.9。

表 3.9 降雨氮磷径流输出负荷与降雨量、施肥量的相关性分析

项目	样本数	方程	相关系数
TN	15	$Y_1=0.02\times X_1+0.48\times10^{-3}\times X_2-0.51$	0.815**
TP	9	$Y_2=0.005\times X_1+0.39\times10^{-3}\times X_2-0.14$	0.784**

注：方程式中 Y_1、Y_2 代表氮磷径流输出量，单位 kg/hm^2；X_1 代表降雨量，单位 mm；X_2 代表施肥量，单位 kg/hm^2。

3.1.7　小结

因此，降雨径流中总氮、总磷的流失浓度随着降雨量及施肥量的增加而增大，三次降雨径流中总氮的最高浓度达到 22.15 mg/L，总磷的浓度达 4.84 mg/L，远超过 GB 3838—2002《地表水环境质量标准》V 类水标准的相关限值，如果不加以有效的控制而直接进入附近水体，则将对水体生态环境造成较大的危害。溶解态氮是天然降雨径流流失氮素的主要形态，其中硝氮又是溶解态氮的主要形态，氨氮的浓度较小；而径流流失的磷素中颗粒态磷占了较大的比重。三次降雨事件中 5 组施氮水平的总氮累积流失负荷约在 0.23～0.80 kg/hm^2，总磷的累积流失负荷约在 0.07～0.15 kg/hm^2，两者流失系数均小于当季施肥量的 1%，因此在严格控制降雨径流发生的前提下，水稻田氮磷的径流流失大大降低。降雨和施肥是影响氮磷素径流输出的主要因子，对降雨、施肥量、氮磷素输出负荷运用二元一次方程进行拟合结果表明，三者之间具有极显著的二元一次非线性相关关系。

3.2　产径流控制条件下稻田氮素侧渗流失特征

农业面源污染引起水体水质恶化已成为国际性水环境问题，然而，对面源污染物流失途径不明及其分配的不清是阻碍面源污染控制的关键瓶颈（Guo et al.，2003；Norse，2005；Wang et al.，2004）。

一般，农田氮素流失途径包括降雨径流、下渗淋溶以及浅地表排水等方面。对稻田而言，年复一年的耕作使得耕作层底部形成了一个致密的犁底层，饱和导水率仅为 0.34～0.83 mm/d（Chen and Liu，2002）。该层极大地改变了稻田水流失的方向，即阻碍了下渗增加了侧渗潜力。Walker 和 Rushton（1984）认为稻田水侧渗在计算稻田水平衡中至关重要。Chen 和 Liu（2002）开发了稻田水三维流态模型（FEMWATER）用以反映稻田水的侧渗行为，但该模型由于缺乏氮素等化学元素转化的模块，因而不能对稻田氮素侧渗流失进行估算。Chowdary 等（2005）通过 9 年的田间试验发现稻田沟渠氮素来源于侧渗的占 5%～25%。

太湖地区稻田面积广阔，域内沟渠纵横交错，毗邻水体氮素浓度近年来成倍增加，境况堪忧。该地区地势尽管平坦，但是沟渠水面往往低于稻田田表水面，梯度的存在为稻田侧渗的产生提供了前提。侧渗水携带的面源污染物进入主沟渠进而污染稻田附近水体。Guo 等（2003）对该区农业面源污染调查时发现侧渗是稻田水损失的重要途径之一，但没有清晰地量化侧渗水以及携带的氮素损失。至今，关于稻田氮素侧渗损失的研究信息稀少或仅停留在实验室模拟水平上，主要原因是技术工艺上收集侧渗液比较困难。本书主要借助自行设计的田间侧渗液原位收集装置对稻田氮素的侧渗行为进行了为期三年的研究。

3.2.1 研究设计

1. 田间试验设计

本章试验在嘉兴综合试验点完成，时间跨度为 2003～2005 年，土壤类型为青紫泥，含有较高有机质（35.03 g/kg）、氮（2.65 g/kg）、磷（4.53 g/kg）、容重（1.23 g/cm^3）和黏粒含量（36.64%）。

选取近沟渠试验小区（4 m×5 m）15 个，小区地面高于沟渠 500～800 mm。理论上，稻田侧渗具有水平四周扩散的能力，但是，在近沟渠情况下，稻田水的侧渗方向比较单一，即主要流向稻田沟渠交接面。因此，为保证小区单元的独立性，除近沟渠一面外，其余三面以薄膜包被防止串水。除烤田期以外，田面起始灌水深度维持在 50 mm。水稻种植间宽 150 mm×150 mm，秧龄 25 天，每年 7 月初插秧，10 月底收割。

试验采用完全随机区块设计方法设计，5 个施肥处理 0、90 kg N/hm^2、180 kg N/hm^2、270 kg N/hm^2、360 kg N/hm^2，每个处理 3 个重复。氮肥分三次施入，基肥：第一次追肥：第二次追肥为 3∶1∶1。磷肥和钾肥在插秧前一天一次性施入，各小区施入量均为 40 kg P_2O_5/hm^2 和 150 kg KCl/hm^2。

2. 侧渗装置与水样采集

侧渗装置如图 3.2 所示，主箱体为楔型，侧面为侧渗液收集面（400 mm×4000 mm），该面覆有一块具有毛细管吸力作用的纤维布，其余各面用防腐材料封闭；另有导管 1 直接插入容器底部以便导出侧渗液，导管 2 则插入容器顶端维持大气连通。安装时，先在小区田埂外侧挖掘出与容器大小相符的楔型土块，侧渗液收集面紧靠田埂外侧面以防短流。安装工作在试验开始前 3 个月完成。

施肥后两周内侧渗采样频率较高，两周后频率放宽。侧渗液从导管 1 中抽出并计算体积。水样测试前保存在–4℃。

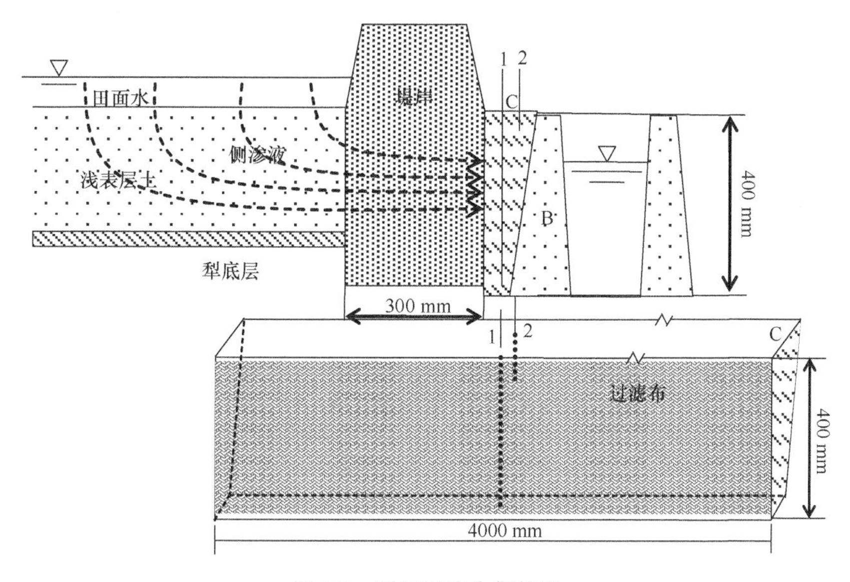

图 3.2　稻田侧渗收集装置

B 表示田埂；C 表示收集容器；导管 1 用于导出渗滤液，是渗滤液出口；导管 2 用于维持大气连通，是通气口

3. 样品测试与数据分析

水样中氮素各形态，包括 NH_4^+、NO_3^-、NO_2^- 和 TN，用流动分析仪（BRAN+LUEBBE，AA3，Germany）测定。统计量组间差异采用 SPSS 软件中最小显著差异法分析（Duncan，$p < 0.05$）。

本试验考虑近沟渠条件下侧渗方向以单面为主，因此采用类似田间普通径流收集的方法进行侧渗的收集。氮素侧渗通量用式（3-1）表示：

$$\mathrm{Flux}(\mathrm{N_t}) = \sum_{i=1}^{d} \frac{(C_{\mathrm{ls}} \times V_{\mathrm{ls}})_i}{A_{\mathrm{plot}}} \tag{3-1}$$

式中，C_{ls} 表示总氮浓度，V_{ls} 表示侧渗液体积，A_{plot} 表示小区面积（20 m^2），i 表示水稻插秧后天数。

3.2.2　稻田侧渗水量的变化情况

试验中除烤田期和成熟期以外，田面水起始深度维持在 50 mm 左右，每天早晨 5 点的灌水用于补足前一天因蒸腾、渗漏流失的水分（图 3.3）。2003 年、2004 年和 2005 年水稻生长季累积灌水量分别为 643.2 mm、702.8 mm 和 551.9 mm，而累计降雨量分别为 446.5 mm、288.9 mm 和 458.2 mm。此外，图 3.3 中显示，若遇强降雨，田面水深度将明显增加，以 2003 年为例，水稻种植后第 16 天遇到了强降雨天气，降雨量达 50 mm 左右，使得田面水深度抬高至 100 mm 左右，这为稻田侧渗潜力的增加提供了条件。

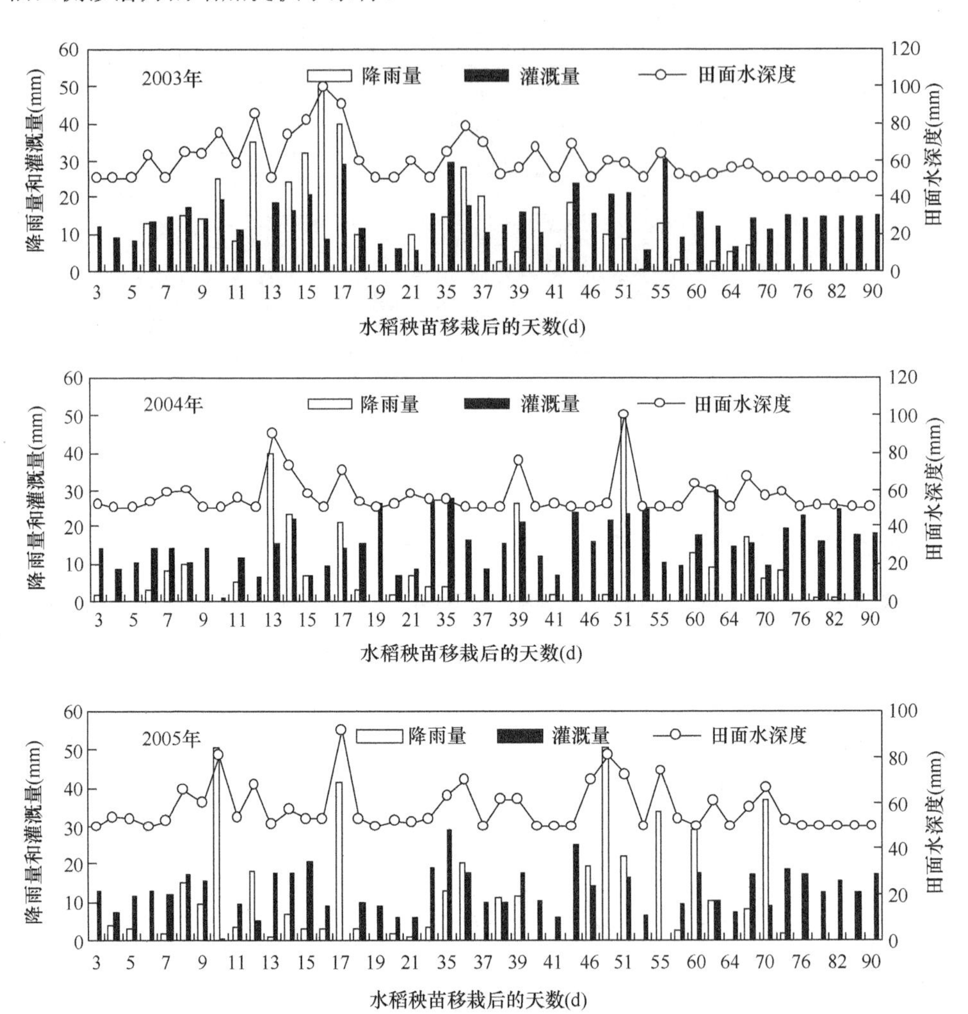

图 3.3　稻田生长期降雨量、灌水量和田面水深度日变化情况

图 3.4 记录了水稻三个生长期前 3 个月的侧渗量变化情况（第 4 个月是水稻成熟期，田面处于无水状态，侧渗量可认为零）。2003 年、2004 年和 2005 年水稻生长季内日侧渗速率分别在 0.2～5.0 mm/d、1.3～20.9 mm/d 和 0.1～22.8 mm/d 范围内变化，累计侧渗量分别达到了 350 mm、293 mm 和 309 mm。此外，降雨较集中时，累积侧渗曲线斜率较陡（图 3.4）。

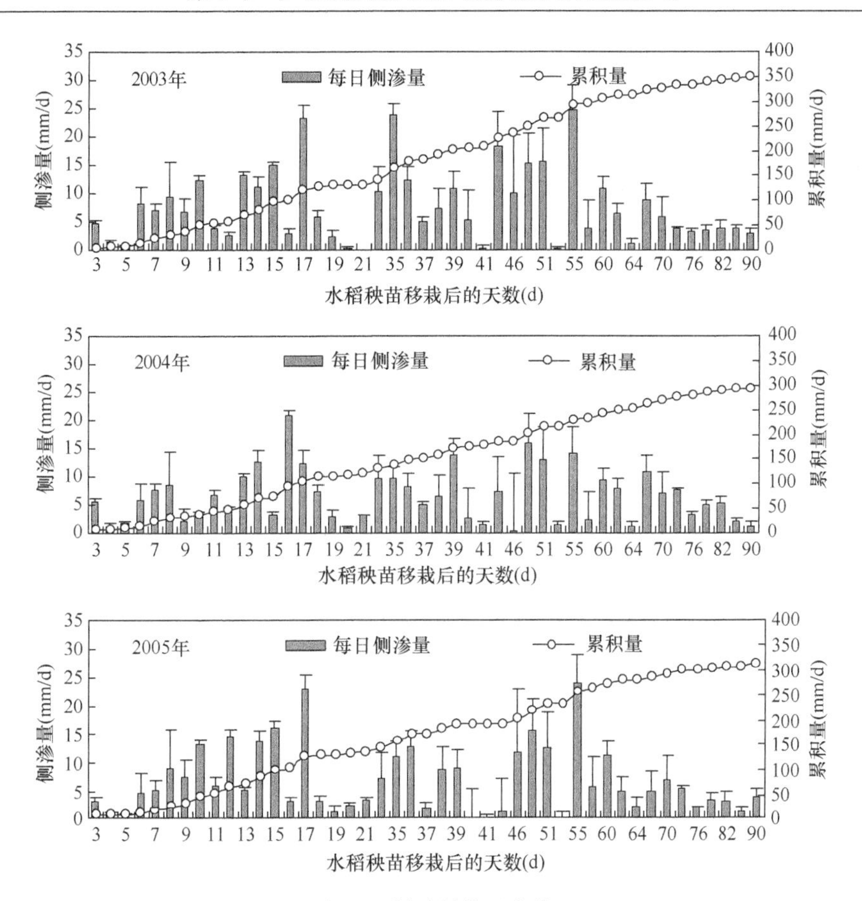

图 3.4　侧渗量的日变化

图 3.5 表明侧渗量与田面水深度之间存在显著线性关系，公式表征如下：

$$L_{\text{seepage}} = 0.34 \times F_{\text{water level}} - 12.6 \tag{3-2}$$

该公式说明三点：①约 34%田面水成为了侧渗水的来源；②侧渗水的产生需要有一定的水势，即一定的田面深度，本试验需要近 40 mm；③本试验田面水起始深度维持在 50 mm，即使不降雨，侧渗水率也有 4.4 mm/d。

田面水势是侧渗产生的驱动力。一般稻田农作习惯保持 50～70 mm 的田面水深度，在这种情况下容易诱导浅表层土壤水的侧渗。Walker 和 Rushton（1984）发现侧渗水量与田面水深度关系密切，在田面水较浅时能大大减少侧渗量；Chen 和 Liu（2002）也发现不同田面淹水深度会产生不同的侧渗水。本试验表明，维持田面水深度 40 mm 能使侧渗量降低到较小的水平。

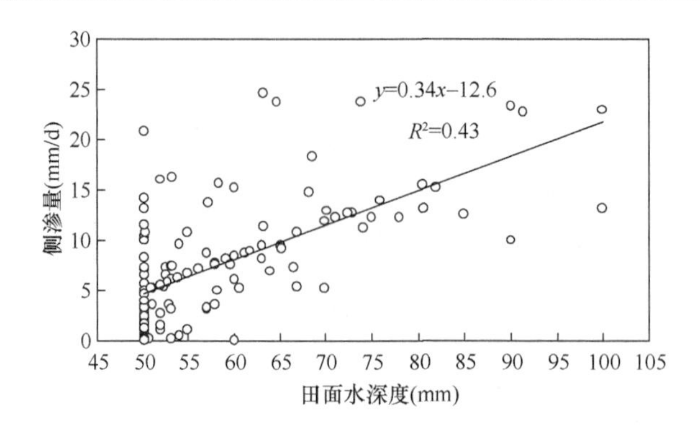

图 3.5 侧渗量与田面水深度的关系

3.2.3 稻田侧渗水赋氮浓度

侧渗水中总氮、氨氮和硝氮浓度随着三次施肥出现不同程度波动。三氮（总氮、氨氮和硝氮）的出峰时间距施肥 2～3 天，这与 Wang 等（2003）在本地区研究中发现的稻田田面水三氮浓度变化的规律较为相似，这一点也可以推断侧渗水中赋氮浓度的变化受田面水影响。同时发现，侧渗液中三氮浓度随着施肥量的增加明显增加，例如在 2003 年，0、180 kg/hm^2、360 kg/hm^2 三个施肥处理中总氮浓度变化范围分别为：0.1～5.1 mg/L、0.2～26.8 mg/L、0.3～47.6 mg/L，2004 年和 2005 年尽管总体侧渗氮素浓度有所下降，但是，其出峰时间和变化趋势与 2003 年是类似的。

表 3.10 是关于 NH_4^+-N 与 TN 比值的统计描述。该表显示 NH_4^+-N 是侧渗水氮素的主要存在形态，5 个施肥水平下，2003 年、2004 年和 2005 年侧渗水样 NH_4^+-N 与 TN 的平均比值分别为 0.61～0.65、0.57～0.66 和 0.61～0.64。这一点也恰好说明了侧渗水中氮素主要来自田面水，田面水中施氮后出现的转化及氮浓度的变化影响了侧渗水中氮浓度的变化。田面水中尿素水解是一个快速反应过程（Zhou et al.，2006），在施肥后一天田面水中尿素水解率就能达到 40%～80%。试验结果也表明，只要控制氮肥在田面水中转化速率就能有效地减少氮素的侧渗水平。氮肥转化率的控制可以通过包膜施肥、化肥深施等方法实现。Du 等（2004）发现尿素表面添加黏结剂等物质后可控制尿素释放率。Liang 和 Liu（2006）认为田面水中氨氮含量可以通过尿素包膜来调整，其自制的包膜尿素能使尿素释放率在施肥后第 2、5 和 30 天分别控制在 10%、16%和 69%左右。此外，化肥深施也可作为减少田面水氮素损失的一个有效方法，研究发现氮肥施入稻田犁底层上能使氮素流

失最小化（Bautista et al.，2001）。

表 3.10　侧渗水 NH_4^+-N 与 TN 之比的统计描述

统计量	2003 年					2004 年					2005 年				
	N_0	N_{90}	N_{180}	N_{270}	N_{360}	N_0	N_{90}	N_{180}	N_{270}	N_{360}	N_0	N_{90}	N_{180}	N_{270}	N_{360}
样本量	46	46	46	46	46	45	45	45	45	45	47	47	47	47	47
平均值	0.61	0.62	0.64	0.64	0.65	0.57	0.58	0.60	0.62	0.66	0.61	0.62	0.63	0.63	0.64
中间值	0.66	0.66	0.69	0.69	0.71	0.62	0.62	0.63	0.67	0.70	0.65	0.67	0.67	0.67	0.68
标准差	0.14	0.12	0.12	0.12	0.11	0.22	0.16	0.17	0.18	0.19	0.03	0.13	0.21	0.08	0.18
方差	0.02	0.02	0.02	0.02	0.01	0.05	0.02	0.03	0.04	0.03	0.04	0.04	0.02	0.03	0.02
最小值	0.39	0.40	0.35	0.38	0.37	0.10	0.11	0.23	0.18	0.09	0.15	0.11	0.09	0.21	0.23
最大值	0.81	0.80	0.81	0.81	0.80	0.86	0.90	0.95	0.83	0.93	0.93	0.87	0.97	0.89	0.91

3.2.4　稻田氮素侧渗通量

2003 年、2004 年和 2005 年，在 5 个施肥水平下，氮侧渗通量的差异均较显著（表 3.11），年际平均为 6.8～25.8 kg/hm^2；氮侧渗量与施肥量之间存在显著的线性关系（图 3.6），这与侧渗水主要来源于田面水有关。4 个施肥处理 90 kg/hm^2、180 kg/hm^2、270 kg/hm^2、360 kg/hm^2 年际平均净损失量分别为 5.5 kg/hm^2、9.3 kg/hm^2、13.8 kg/hm^2 和 19.0 kg/hm^2，各占施肥量的 6.1%、5.2%、5.1% 和 5.3%，施肥量控制在 180 kg/hm^2 能减少氮素侧渗流失。

表 3.11　不同施肥水平下和不同年份间稻田氮素侧渗通量比较

处理	稻季氮损失（kg N/hm^2）			年均（kg N/hm^2）	标准差（S.D.）	净损失（kg N/hm^2）	损失百分比（%）
	2003 年	2004 年	2005 年				
N_0	9.5a_1	6.1a_2	4.7a_2	6.8a	2.5	—	—
N_{90}	16.6b_1	10.9b_2	9.4b_2	12.3b	3.4	5.5	6.1
N_{180}	20.7c_1	13.5c_2	14.1c_2	16.1c	4.5	9.3	5.2
N_{270}	26.0d_1	16.7d_2	19.0d_2	20.6d	5.8	13.8	5.1
N_{360}	31.3e_1	23.5e_2	22.7e_2	25.8e	5.0	19.0	5.3

注：不同小写字母代表数据存在显著差异。

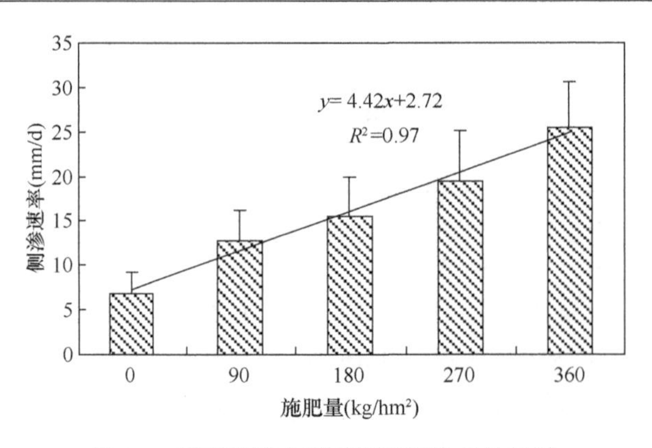

图 3.6　不同施肥水平下侧渗流失量的比较

稻田侧渗量及其氮流失量较为可观的原因除了稻田边界存在水势梯度外，也与稻田犁底层效应有很大关系。犁底层厚度大约 50～100 mm，位于田面以下约 200～300 mm 处，致密，饱和导水率仅为 0.34～0.83 mm/d（Chen and Liu，2002），该层的存在阻挡了部分水下渗的趋势，却增加了水分水平运移的程度。已有的报道中指出，稻田氮素存在一定量的下渗损失，在本地区的稻田氮流失研究中发现，在施肥水平 300 kg/hm^2 下，单季氮和双季稻种植条件的氮素下渗通量分别为 5.5 kg/hm^2 和 7.0 kg/hm^2，流失系数相当于 3.1%和 4.3%（Zhu et al.，2000），约为本试验侧渗流失的一半。稻田地表径流的产生需要“逾越”田埂的障碍，因此，在非强暴雨天气条件下，氮素侧渗的潜力将超过地表径流。

年际间，2003 年的氮侧渗通量明显高于 2004 年和 2005 年，但是 2004 年和 2005 年之间差异不显著，尽管 2005 年降雨量显著高于 2004 年，这可能与年复一年耕作增加了稻田边界土埂紧实度有关。

3.2.5　稻田氮素侧渗的影响因素

稻田氮素侧渗水平主要取决于土壤质地、田埂宽度和年限、稻田边界条件和水肥管理方式。

本试验土壤为青紫泥，质地黏重，黏粒含量高达 36.64%，容重为 1.23 g/cm^3，导致侧渗速率约为 4.4 mm/d，小于 Huang 等（2003）在台湾稻田中发现的侧渗速率（12.4 mm/d）。此外，黏重土壤含有大量黏土矿物，能对侧渗液中的氨氮产生一定的吸附和固定，因此，尽管氨氮在侧渗液总氮中占有主要优势，但是与田面水相比往往较低。相反，由于受到整个体系还原条件的限制，侧渗液中硝氮含量并不高，但与田面水相比却有可能会增加，这主要归因于侧渗层根系的泌氧功能。Schneiders 和 Scherer（1998）曾经报道根系泌氧会增加根区氧化还原电位，因此，侧渗液中硝氮浓度随着水平侧渗距离的增加很可能会增加，而且在很大程度上，增加程度取决于侧渗液在泌氧层停留的时间。

田埂宽度直接决定氮素的侧渗水平，因为侧渗液在经过田埂时会被部分截留。Zhou 等（2006）在本试验所在点截取了多个田埂侧渗层的原位水平小柱，并作了不同田埂宽度对氮素截留的模拟试验，发现在田埂宽度 20 cm、30 cm 和 40 cm 下，侧渗液氨氮截留率分别达 30.1%、40.8%和 50.0%，而田埂对硝氮截留效应较弱，即使在 40 cm 宽度下也仅截留 18.4%。

田埂的年限决定了侧渗液进入田埂的走向以及渗出田埂的通量。Huang 等（2003）认为田埂的年限大小赋予了侧渗液进入田埂后两种流态：第一种流态是进入田埂后渗入田埂深层，这种情况一般是稻田耕作年代较长的老田埂，因为稻田中经过多年耕作后会产生坚硬犁底层，这一层不会延伸进入老田埂；第二种流态是进入田埂后继续水平侧渗出田埂，最终进入沟渠，这种情况一般是稻田多年耕作后重新平整建立的新田埂，因为此时的新田埂底部仍然有犁底层。显然，本试验中稻田侧渗应该是属于第二种流态，因为试验点是在 2003 年新建起来的，并且我们发现随着年份的延长，田埂的紧实度在增加，侧渗潜力有所下降。

3.2.6　小结

本章试验证实了侧渗是稻田水分运移的重要环节，也是氮素流失的关键途径；田面水势梯度是稻田侧渗的驱动力，田面水也是侧渗水中氮的主要来源；侧渗水中 TN、NH_4^+-N 和 NO_3^--N 浓度随施肥水平的提高明显增加，侧渗氮通量与施肥量存在显著线性关系；控制田面水深 40 mm 以下和施肥量不超过 180 kg N/hm^2 可有效控制氮素侧渗损失。

3.3　产径流控制对稻田氮素截留的影响

稻田氮素主要以地表径流、排水、地下径流和渗漏等水分运动途径流失。这些水分运动既提供了氮素迁移的能量，又提供了迁移的载体，是影响稻田氮素流失强度和流失量的一个重要因素。草地或灌木林地等旱地氮素流失往往通过一种或多种途径流失。例如，草地氮素径流流失年均为 0.25 kg/hm^2，灌木林氮素径流流失年均为 0.43 kg/hm^2（Schlesinger et al.，1999）。由降雨径流引起的氮素流失是较难预测的，施肥后短期降雨径流流失的氮素一般能占旱地全部氮素流失的 60%（Guo et al.，2004）。

稻田水分运移与旱地不同，很大程度上受灌排条件的控制。在中国，一个水稻生长季（三个月）需水量约为 260～622 mm（Mao，2002）。理论上，稻田排水的时间应该取决于水稻生长状况而不是降雨情况。因此，暴雨期间，稻田田面水中受田埂包围的氮素长期以来被认为是一个氮素流失的风险源。然而，最近研究表明稻田排水可以通过烤田结合水稻生理需水规律进行部分或全部控制（Mao，2002；Belder et al.，2004；Won et al.，2005）。这样一种新型水分管理模式能有效降低稻田排水的频率和强度，减少稻田氮素的流失。

旱地中，农田氮素输出以颗粒态氮为主（Liang et al.，2004），而草地或灌木地以水溶态氮为主。设立植被过滤带或缓冲带的方法可以增加土壤氮素的转化吸附时间，目前被广泛用于减少径流中沉积物和氮素等营养物质的流失（Li et al.，2005）。稻田长期处于淹水状态，其氮素变化与旱地有很大差别，因此获取稻田氮素在田面水中的转化规律是合理开发稻田水分管理模式的首要前提。

本节将以田间定位试验为基础，研究稻田氮素优化管理模式以及该模式下氮素转化特征。该模式根据水稻生理需水量和雨情实现整个生长期排水最小化。

3.3.1 研究设计

1. 试验点基本概况

长期稻田定位试验建立于 2003 年 5 月，位于南太湖流域嘉兴市双桥农场（120°40′E，30°50′N）。该试验点所在区域具有亚热带季风性气候（夏季平均气温 28℃），年均降雨量 1200 mm，主要土壤类型为青紫泥。当地农民水稻季化肥或有机复合肥施入量约为 180 kg/hm^2。

2. 田间试验设计

田间小区（4 m×5 m）共 40 个，随机选取 12 个作为本节研究小区。小区田埂底部宽 250～300 mm、高 200 mm，用塑料薄膜包被，薄膜入深 150 mm 以阻隔小区间串水（图 3.7）。

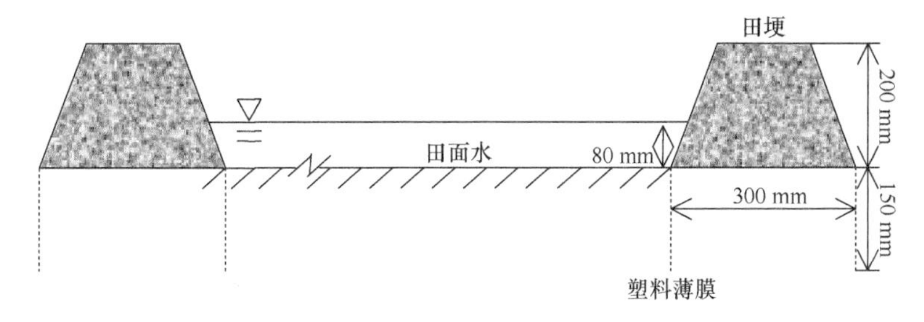

图 3.7　田间小区示意图

试验采用完全随机区块设计方法设计，三个重复、五个处理。2006 年设置三个尿素氮肥水平分别为 0 kg/hm^2（N-0）、180 kg/hm^2（N-180）、360 kg/hm^2（N-360），一个猪粪有机肥水平为 180 kg/hm^2 [N-180（M）]。肥料分三次施入，基肥 60%（7 月 6 日），两次追肥均为 20%（7 月 16 日和 8 月 22 日）。各小区磷肥和钾肥在插秧前一天一次性施入，施入量分别为 40 kg/hm^2 和 150 kg/hm^2。25 天秧龄的秧苗以间距 150 mm×150 mm 插入，10 月 31 日收割。

3. 小区灌溉与水样采集

为了尽量避免被迫性排水的发生，根据天气预报以及水稻的需水情况小心灌入水量 80 mm，待自然落干一些天后继续灌入相同水量。图 3.8 显示试验期间的田面水深、降雨量、灌水量以及灌水时间的情况，一共完成了 7 个“淹水-落干”循环。每个小区内采集 6 个水样组成一个混合样，施肥后两周采样频率较高，两周后频率放宽。田面水深用固定于小区内的标准尺测量。灌水水质如表 3.12 所示。

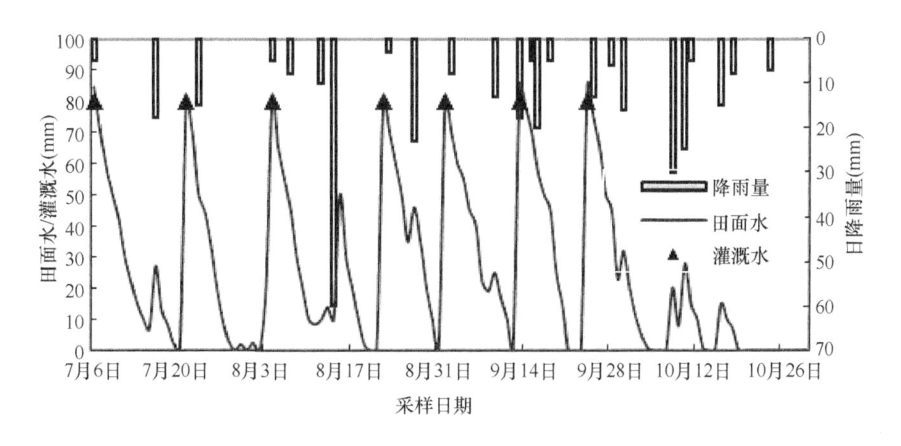

图 3.8　降雨量、田面水深及灌水情况记录

表 3.12　稻田耕作层（200 mm）土壤基本理化性质和试验期灌水水质情况

处理	土壤样品					
	pH	有机碳（g/kg）	总氮（g/kg）	NH_4^+-N（mg/kg）	NO_3^--N（mg/kg）	氮吸附能力（mg/kg）
N-0	6.7 a[†]	34.5 b	2.72c	54.5 c	10.7 c	196.7 a
N-180	7.1 a	33.4 b	3.03 b	62.3 b	12.3 b	190.3 b
N-180（M）	6.5 a	43.8 a	3.14 b	65.2 b	12.8 b	186.3 b
N-360	6.8 a	36.2 b	3.50 a	70.7 a	14.2 a	176.5 c
项目	灌溉水样					
	总氮（TN）（mg/L）	溶解性无机氮（DIN）（mg/L）	溶解性有机氮（DON）（mg/L）	颗粒氮（TPN）（mg/L）		
平均	2.911	2.061	0.441	0.309		
标准差	0.676	0.421	0.113	0.098		

†：p<0.05，Duncan 检验方法。

注：不同小写字母代表数据存在显著性差异。

4. 样品分析

水样分成两份，一份保持原样，另一份用 0.45 μm 滤膜过滤。水样中氮素各形态，包括 NH_4^+、NO_3^-、NO_2^- 和 TN，用流动分析仪（BRAN+LUEBBE，AA3，Germany）测定。溶解性无机氮（DIN）是过滤水样的 NH_4^+、NO_3^-和 NO_2^-之和；非过滤样品和过滤样品的氮含量分别为总氮（TN）和总水溶氮（TDN）含量，两者之差为颗粒态总氮（TPN）含量，总水溶氮与溶解性无机氮之差为溶解性有机氮（DON）含量。

土样于基肥施入前 2 天采集，深度 0～200 mm。土样总氮测定采用 Kjeldahl 消解法测定，NH_4^+和 NO_3^-（先用 2 mol/L KCl 溶液提取）用流动分析仪测定。

5. 数据分析

田面水氮浓度与田面水量乘积为田面水氮素负荷量，然后用其减去累积灌水含氮量作为田面水净氮负荷量。统计量组间差异采用 SPSS 软件中最小显著差异法分析（Duncan，$p < 0.05$）。

3.3.2　水稻田田面水中氮素浓度特征

图 3.9 显示了水稻生长季内（7 月 6 日～10 月 31 日）田面水中 TN、DON、DIN 和 TPN 的浓度动态变化。基肥施入后第一天，N-180 和 N-360 两个处理的 TN 水平升至 18.22 mg/L 和 36.43 mg/L，对照为 2.79 mg/L，说明新施入尿素明显

提升了田面水赋氮浓度，特别是水溶态氮浓度，增加了流失风险。第一次追肥施入后第一天，施肥处理的小区TN浓度又再一次出现了峰值，接下来的20天各处理的TN浓度与施肥量成正相关，且均以准指数趋势下降。类似变化特征在第二次追肥后也有出现，至9月14日已经完成了5个淹水-落干周期，因此9月14日以后各处理的TN浓度降至1 mg/L。对照处理中，整个观察期TN浓度变化幅度仅为7.0 mg/L。此外，各处理的DIN、DON和TPN变化特征与TN类似。

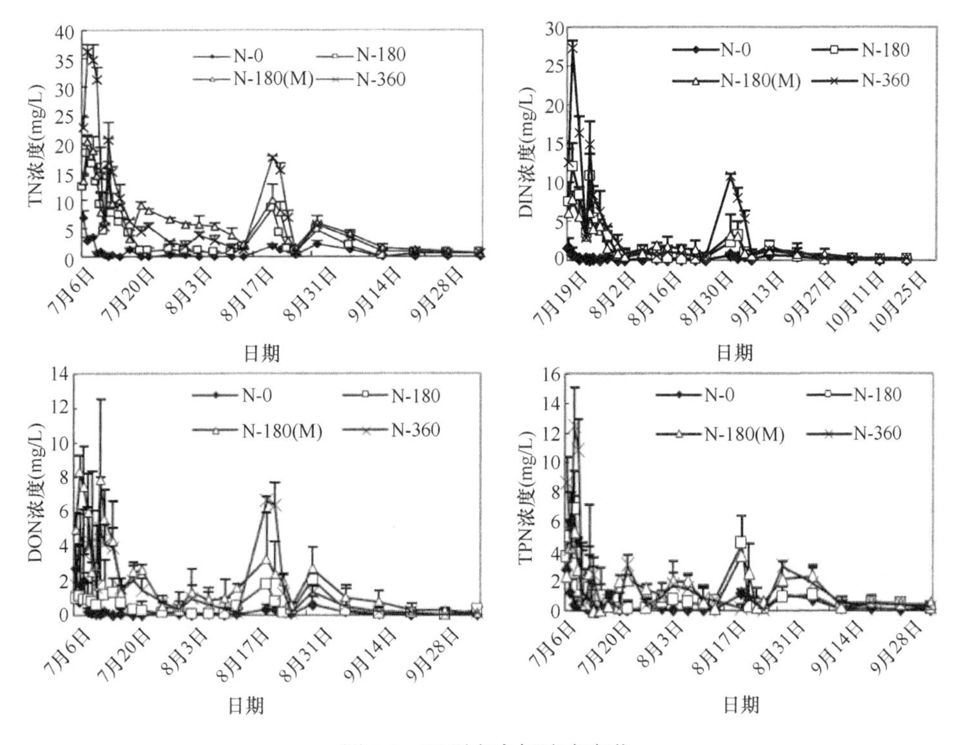

图3.9　田面水中氮浓度变化

三次施肥后3～5天，N-180处理中TN浓度高于N-180（M），此后直到9月14日，N-180（M）处理中TN浓度均高于N-180，甚至N-360；从9月14日开始施肥对田面水TN浓度的影响逐渐消失。观测期内，其他各形态氮素的变化趋势与TN是类似的，不同的是N-180（M）处理下DON和TPN浓度高于N-180。其原因主要有以下几个方面：①有机肥的生物降解向田面水不断提供氮源，使得田面水无机氮浓度在较长的时间内能维持相对较高的水平；②尿素施入稻田后在田面水中水解的速度高于有机肥（Li et al.，2005），意味着有机肥施入能减少氨挥发的水平；③有机肥中大量存在腐殖酸等大分子量复合物（Dong et al.，2005），会竞争抑制土壤对氨氮的吸附，提高解析能力。因此，施肥后两个月有机肥处理氮素流失风险大于尿素处理。

3.3.3 水稻田田面水中氮素形态变化

图 3.10 显示了生长期内田面水中 DIN、DON 和 TPN 的比例变化。尽管图中很难看出整体变化规律，但可以看出施肥后经历一个灌水–落干循环后 DON 和 DIN 都明显下降，这与其他研究中发现的施肥后短期氮素流失风险主要是可溶态氮是一致的（Guo et al.，2004）。

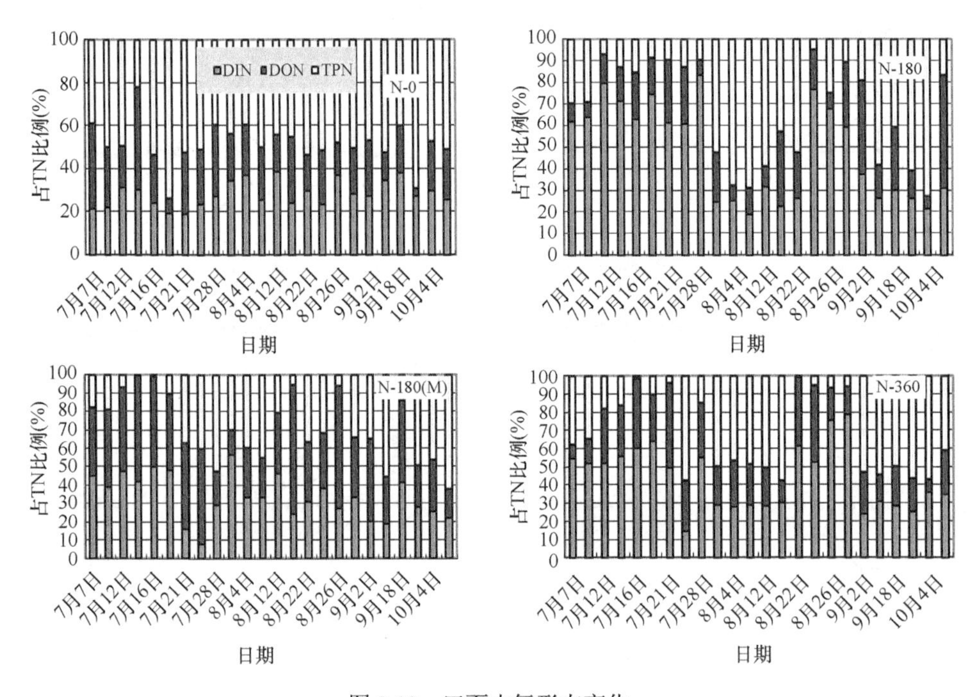

图 3.10　田面水氮形态变化

每次施肥第一个灌水–落干循环的结束可以认为是氮素形态比例变化的一个转折点。例如，第一次追肥后第一个灌水–落干循环的结束时间为 7 月 20 日，统计分析表明，该阶段 DIN 在 N-180（66.8%）和 N-360（56.2%）的比例明显高于其他两个处理，DON 则在 N-180（M）处理中最高（42.1%），而 TPN 的比例在不施肥处理中最高（47.2%）（表 3.13），可以认为，施肥后尿素处理的氮素流失主要以 DIN 存在，有机肥处理主要以 DON 存在，对照不施肥处理则主要以 TPN 存在；

表 3.13　不同施肥处理下田面水中氮素形态比例变化（%）

	溶解性无机氮（DIN）		溶解性有机氮（DON）		颗粒氮（TPN）		溶解性无机氮（DIN）		溶解性有机氮（DON）		颗粒氮（TPN）	
	平均	标准差	平均	标准差	平均	标准差	平均	标准差	平均	标准差	平均	标准差
	第一次落干前[a]（7 月 7～20 日）						第一次落干前[b]（8 月 22～31 日）					
N-0	24.6b[†]	4.9	28.2b	11.3	47.2a	15.9	30.7b	9.7	34.0a	11.2	35.3a	9.5
N-180	66.8a	8.1	15.7c	8.0	17.5c	11.0	59.8a	13.8	23.7b	8.9	16.5c	3.6
N-180（M）	37.7b	15.9	42.1a	8.8	20.2b	9.1	32.8b	8.9	37.9a	7.6	29.3b	8.5
N-360	56.2a	15.6	25.4b	11.8	18.4c	17.9	54.9a	15.6	24.2b	9.8	20.9c	7.4
	第一次落干后[a]（7 月 20 日～8 月 21 日）						第一次落干后[b]（9 月 1 日～10 月 31 日）					
N-0	30.8a	5.5	21.6a	7.8	47.6a	8.0	33.9a	6.8	24.9a	8.1	41.2a	9.2
N-180	31.6a	17.0	20.9a	15.7	47.5a	21.7	34.5a	8.7	22.9a	7.4	42.6a	10.2
N-180（M）	26.4a	7.6	27.5a	17.7	46.1a	18.1	31.7a	7.8	26.7a	7.8	41.6a	17.9
N-360	31.6a	8.2	20.1a	6.3	48.3a	11.5	29.8a	9.8	27.2a	9.6	43.0a	10.8

a 相对于第一次追肥；b 相对于第二次追肥。

† $p<0.05$，Duncan 检验方法。

注：不同小写字母表示数据存在显著性差异。

而第一个灌水–落干循环结束以后，4 个处理的氮素形态差异性不显著（表 3.13）。第二次追肥后可观测到类似的现象。显然，在经历了几个灌水–落干循环周期以后，氮源以及氮肥施入水平对田面水中氮形态变化影响不大，这与旱地土壤相同（Carpenter et al.，1998）。

3.3.4 水稻田田面水中氮素负荷

基肥和第一次追肥施入的时间间隔仅为 10 天，因此第一次追肥施入后第一个星期，田面水中氮素表现出了较大的流失潜能，且与施肥水平呈正相关（图 3.11），之后逐渐降低至零，期间由于田面水深度的变化产生了一些波动。当第二次追肥施入后，净氮负荷又开始增加。与 TN 浓度变化类似，TN 净负荷 N-180（M）高于 N-180。因为整个生长季内排水达到了有效的控制而灌水一次输入（表 3.13，图 3.11），所以 TN 净负荷不论在哪种施肥处理下均表现逐渐下降并在观测期末降至负值。田面水中 DIN、DON 和 TPN 的净负荷变化趋势与 TN 一致。在观测期末，TN、DIN、DON 和 TPN 的净负荷分别达到了–15.8 kg/hm^2、–11.6 kg/hm^2、–2.5 kg/hm^2 和 –1.7 kg/hm^2，接近于 7 个灌水–落干循环中灌水带入的氮量。因此，稻田在优化灌排方式下成为了氮素截留库，改变了其成为源的角色，排水对氮素流失的影响受到了有效抑制。

3.3.5 优化灌排管理方式减少氮素流失

从以上分析中可以看出，施肥后的烤田落干替代直接排水的灌排方式可以促进土壤与肥料氮之间的结合，减少氮素的流失，特别是施尿素肥。对于施有机肥处理，灌水–落干可以加速有机肥的降解，减少有机肥直接进入农田附近的水体。有研究表明，在落干期保持田面水势–30 kPa 以上不会影响水稻的产量（Li et al.，2004）。本试验中由于落干期有降雨，田面水势都保持在–30 kPa 以上，因此灌水–落干灌排方式没有影响水稻产量。但是，这种灌排方式会促进土壤生物矿化氮的淋溶，因此今后研究过程必须进一步研究这种灌排方式对浅层地下水水质的影响。

基本上，稻田田面水的运动状况是可以通过降雨灌水的调配以及排水的阻控来调节的。在太湖流域，已有的报道指出稻田年均输入太湖的氮素达 14.7 kg/hm^2（Gao et al.，2004；Yan et al.，1999），如果施肥后 2～3 天遇到暴雨，稻田氮素径流损失将达 34.1 kg/hm^2（Guo et al.，2004）。本研究中，灌水–落干方式改变了氮素迁移的方向，使得稻田土壤成为了氮库而非氮输出的源。在日本，稻田排水循

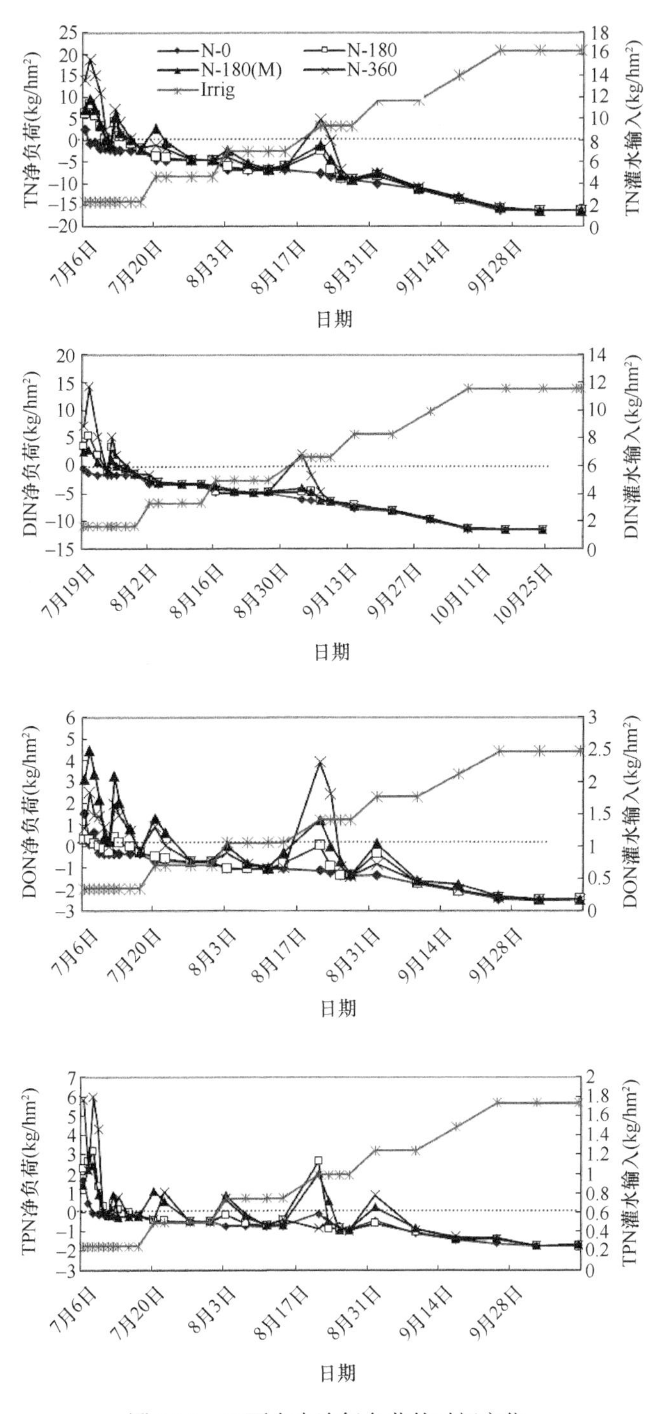

图 3.11　田面水中净氮负荷的时间变化

环灌溉试验表明稻田具有氮净化的功能（Takeda and Fukushima，2006）。在我国巢湖流域，利用稻田周围的多塘系统可实现对稻田排水中氮素的净化，发现排水滞留率达 85.5%时氮素流失可以减少 98.1%（Yan et al.，1999）。本试验灌溉方式是在一个典型的稻田中操作的，因此该方式可以为太湖全流域的稻田提供技术支撑，减少农田面源污染。

土壤对氮素的吸附能力受土壤理化性质的影响（Dontsova et al.，2005），过多氮肥施入可能引起氮素的大量流失。本研究中提出的灌排方式是否对长期施用高剂量肥料的稻田仍具有截氮的功能没有进行表述。因此，必须对稻田氮素吸附量阈值进行界定，才能最终确定本试验灌排方式的可持续性。

3.3.6　小结

氮肥施入水平的增加会增加田面水中各个形态氮素的浓度以及负荷。从氮肥施入到田面水分第一次落干结束前约两周的时间，氮素浓度明显下降，期间 N-0、N-180（N360）和 N-180（M）处理的田面水氮素主要赋存形态分别为 TPN、DIN 和 DON，两周以后则均以 TPN 为主。

根据雨情预报和作物生理需水变化进行合理灌溉与烤田，可以实现稻田排水的有效控制，甚至零排放，使得稻田具有截留氮素的功能。本试验估测典型水稻生长期 TN 可截留 15.8 kg/hm^2，其中 DIN、DON 和 TPN 分别为 11.6 kg/hm^2、2.5 kg/hm^2 和 1.7 kg/hm^2，接近于灌水带入的氮量。

本试验可为太湖流域稻田革新水肥管理、控制面源污染提供一定的技术支撑和理论指导。

参 考 文 献

高效江, 胡雪峰, 王少平, 等. 2001. 淹水稻田中氮素损失及其对水环境影响的试验研究. 农业环境保护, 20(4): 196-198.

李定强. 1998. 广东省东江流域典型小流域非点源污染物质流失规律研究. 土壤侵蚀与水土保持学报, 4(3): 12-18.

Bautista E U, Koike M, Suministrado D C. 2001. Mechanical deep placement of nitrogen in wetland rice. J Agri Engi Res, 78(4): 333-346.

Belder P, Bouman B A M, Cabangon R, et al. 2004. Effect of water-saving irrigation on rice yield and water use in typical lowland conditions in Asia. Agr Water Manage, 65(3): 193-210.

Carpenter S R, Caraco N F, Correll D L, et al. 1998. Nonpoint pollution of floodwaters with phosphorus and nitrogen. Ecol Appl, 8(3): 559-568.

Chen S K, Liu C W. 2002. Analysis of water movement in paddy rice fields. (I) Experimental studies. J Hydrol, 260: 206-215.

Chen S K, Liu C W, Huang H C. 2002. Analysis of water movement in paddy rice fields (II) simulation studies. J Hydrol, 268: 259-271.

Chowdary V M, Rao N H, Sarma P B S. 2005. Decision support framework for assessment of non-point source pollution of groundwater in large irrigation projects. Agr Water Manage, 75: 194-225.

Dong Y H, Ouyang Z, Liu S H. 2005. Nitrogen transformation in maize soil after application of different organic manures. J Environ Sci-China, 17(2): 340-343.

Dontsova K M, Norton L D, Johnston, C T. 2005. Calcium and magnesium effects on ammonia adsorption by soil clays. Soil Sci Soc Am J, 69(4): 1225-1232.

Du C W, Zhou J M, Wang H Y, Li S T. 2004. A preliminary study on natural matrix materials for controlled release nitrogen fertilizer. Pedosphere, 14(1): 45-52.

Gao C, Zhu J G, Zhu J Y, et al. 2004. Nitrogen export from an agriculture watershed in the Taihu Lake area, China. Environ Geochem Hlth, 26: 199-207.

Guo H Y, Zhu J G, Wang X R, et al. 2004. Case study on nitrogen and phosphorus emissions from paddy field in Taihu region. Environ Geochem Hlth, 26(2): 209-219.

Guo H Y, Wang X R, Zhu J G, Li G P. 2003. Quantity of Nitrogen from non-point source pollution in Taihu Lake catchment. J Agro-Environ Sci (In Chinese), 22(2): 150-153.

Huang H C, Liu C W, Chen S K, Chen J S. 2003. Analysis of percolation and seepage through paddy bunds. J Hydrol, 284: 13-25.

Li J M, Xu M G, Qin D Z. 2005. Effects of chemical fertilizers application combined with manure on ammonia volatilization and rice yield in red paddy soil. Plant Nutr Fertilizer Sci, 11(1): 51-56.

Li Y L, Cui Y L, Li Y H, et al. 2004. Research on water saving irrigation by using soil water potential as irrigation criterion. J Irrig Drain, 23(5): 14-17.

Liang T, Wang H, Kung H T, et al. 2004. Agriculture land-use effects on nutrient losses in West Tiaoxi watershed, China. J Am Water Resour Ass, 40(6): 1499-1510.

Liang R, Liu M Z. 2006. Preparation and properties of a double-coated slow-release and water-retention urea fertilizer. J Agric Food Chemistry, 54(4): 1392-1398.

Mao Z. 2002. Water saving irrigation for rice and its effect on environment. Eng Sci, 4(7), 8-16.

Norse D. 2005. Non-point pollution from crop production: Global, regional and national issues. Pedosphere, 15(4): 499-508.

Schlesinger W H, Abrahams A D, Parsons A J. 1999. Nutrient losses in runoff from grassland and habitats in Southern New Mexico: I. Rainfall simulation experiments. Biogeochemistry, 45: 21-34.

Schneiders M, Scherer H W. 1998. Fixation and release of ammonium in flooded rice soils as affected by redox potential. Eur J Agron, 8(3-4): 181-189.

Takeda I, Fukushima A. 2006. Long-term changes in pollutant load outflows and purification function in a paddy field watershed using a circular irrigation system. Water Res, 40(3): 569-578.

Walker S H, Rushton K R. 1984. Verification of lateral percolation losses from irrigated rice fields by a numerical model. J Hydrol, 71: 335-351.

Wang G H, Zhang Q C, Huang C Y. 2003. SSNM-A new approach to increasing fertilizer N use efficiency and reducing N loss from rice fields (In Chinese). J Zhejiang Univ (Agric & Life Sci), 29: 67-70.

Wang X, Zhang W, Huang Y, Li S. 2004. Modeling and simulation of point-non-point source effluent trading in Taihu Lake area: perspective of non-point sources control in China. Sci Total Environ, 325: 39-50.

Won J G, Choi J S, Lee S P, et al. 2005. Water saving by shallow intermittent irrigation and growth of rice. Plant Prod Sci, 8(4): 487-492.

Yan W, Yin C, Zhang S. 1999. Nutrient budgets and biogeochemistry in an experimental agricultural watershed in southeastern China. Biogeochemistry, 45: 1-19.

Zhou J B, Xi J G, Chen Z J, Li S X. 2006. Leaching and transformation of nitrogen fertilizers in soil after application of N with irrigation: A soil column method. Pedosphere, 16(2): 245-252.

Zhu J G, Han Y, Liu G, Zhang Y L, Shao X H. 2000. Nitrogen in percolation water in paddy fields with a rice/wheat rotation. Nutr Cycl Agroecosys, 57: 75-82.

第 4 章　稻田氮素多维通量模型开发及验证

稻田氮素流失模型的构建必须考虑以下几个关键点：①模型参数选取必须具有合理性，以符合水田氮素转化的特点；②模型需要综合考虑氮素流失的全部过程和途径，尽量明细氮素流失的分配；③模型需要充分利用现有的或易获取的田间数据进行建模及验证；④模型的建立必须既简单又综合，以增强其实用性。

本章以氮素一级动力学转化理论和水氮耦合平衡理论为基础，构建尿素氮施入稻田后的过程模型，主要氮素转化过程包括尿素水解、氨挥发、硝化、反硝化、固定、矿化、吸收等，流失途径包括下渗淋溶、侧渗、径流（含排水），目标是建立一个能用少量参数却能综合模拟氮素在水田中转化迁移及对水环境影响的模型。

4.1　模型构建及组成

4.1.1　模型主要结构

SWNRICE 模型的主要结构分为三部分，即数据输入部分、氮迁移转化系数率定部分以及氮流失通量计算部分（图 4.1）。其中，数据输入部分包括了气候数据、作物生长数据、土壤性质以及水肥管理数据等，氮迁移转化系数率定部分包括了尿素的水解系数、氨挥发系数、下渗淋溶系数、侧渗淋溶系数以及径流系数等，氮流失通量计算部分则根据水氮耦合平衡的原理将上述两部分进行综合，从而计算各个途径中的氮损失通量。

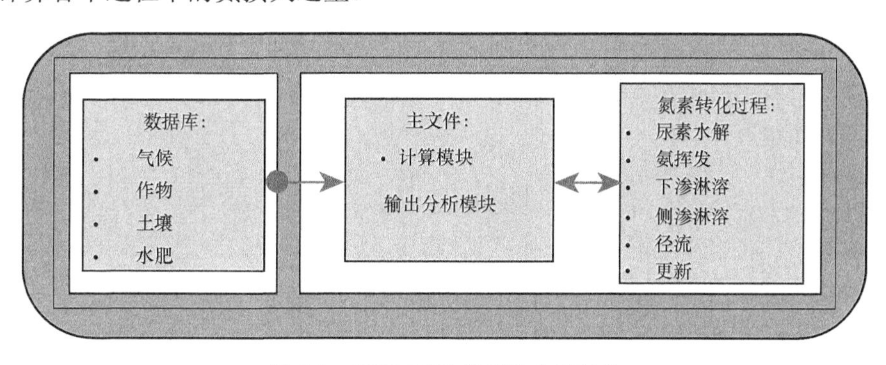

图 4.1　SWNRICE 模型的主要结构

4.1.2 水平衡模块

稻田水平衡可以用公式（4-1）表示：

$$\mathrm{FD}=R+\mathrm{IR}-\mathrm{ET}-\mathrm{VL}-\mathrm{LS}-\mathrm{AD}-\mathrm{SR} \tag{4-1}$$

式中，FD 表示田面水深度，R 表示降雨量，IR 表示灌水量，VL 表示下渗淋溶量，SR 表示地表径流，ET 表示蒸腾量，LS 表示侧渗淋溶，AD 表示人为排水。以上各项单位采用深度单位：mm，时间步长为 1 天（因稻田长期淹水，淹水水势大于土壤深层的毛细管作用，所以平衡中未考虑毛细管力对地下水的提升作用。）。

1）地表径流（SR）

稻田中地表径流属于蓄满产流，即只有降雨量超过田埂高度时才能产生地表径流。因此，地表径流量可表示为

$$\mathrm{SR}=R-\mathrm{BH} \tag{4-2}$$

式中，BH 表示田埂高度。

2）下渗淋溶（VL）

稻田下渗淋溶一般指土壤水垂直运移出水稻根层的过程，下渗量的大小主要取决于土壤饱和导水率（与土壤质地和结构相关）和田面淹水的深度。下渗量一般用达西定律进行计算：

$$\mathrm{VL}=-k_{\mathrm{s1}}\frac{\mathrm{d}h}{\mathrm{d}z} \tag{4-3}$$

式中，k_{s1} 表示土壤垂直饱和导水率，$\frac{\mathrm{d}h}{\mathrm{d}z}$ 表示土壤垂直方向上的水势梯度。

本模型根据前期田间多点试验结果，取土壤垂直饱和导水系数值 5.4 mm/d。

3）侧渗淋溶（LS）

稻田长期淹水以及耕作层扰动，使得在耕作层底部形成了致密的犁底层，该层虽极大地阻碍了土壤水的下渗运移，却增加了水平侧渗潜能。因此，在稻田边界透水性较好的状况下，稻田侧渗水的量是比较可观的。理论上，侧渗量也可以用达西定律进行计算：

$$\mathrm{LS}=-k_{\mathrm{s2}}\frac{\mathrm{d}h}{\mathrm{d}y} \tag{4-4}$$

式中，k_{s2} 表示侧渗率，即土壤水平饱和导水率；$\frac{\mathrm{d}h}{\mathrm{d}y}$ 表示土壤水平方向上水势梯度。

本模型根据前文所述，建立了侧渗率与田面水深度和降雨量之间的统计关系：

k_{s2}=0.34×(田面水深度+日降雨量)–12.6，mm/d。

4）人为排水（AD）

水稻生长期内需要进行人为排水以促进水稻生长，稻田当天人为排水量为前一天田面水剩余量。

5）蒸腾量（ET）

蒸腾量 ET 值是土壤水分蒸发和作物叶面水分蒸腾之和。对水稻而言，该值大小主要取决于气候条件，维持一定量的 ET 有助于确保水稻的产量。本书试验中真实 ET 值用潜在 ET 值（PET）表示：

$$PET = k_c \times ET_0 \tag{4-5}$$

式中，k_c 表示作物系数；ET_0 表示作物参考蒸腾量，由修正的 Penman-Monteith 方法求得。

根据联合国粮食及农业组织（FAO）确定的作物 k_c 值（表 4.1），水稻 k_c 值定为：种植后前 14 天取 1.05，第 15～80 天取 1.20，80 天以后取 0.90。

表 4.1　谷类作物系数参考用表

谷物类别	初期系数 $k_{c\ ini}$	中期系数 $k_{c\ mid}$	晚期系数 $k_{c\ end}$
平均值	0.3	1.15	0.4
大麦		1.15	0.25
燕麦		1.15	0.25
春小麦		1.15	0.25～0.4
冬小麦			
冻土	0.4	1.15	0.25～0.4
非冻土	0.7	1.15	0.25～0.4
玉米（field corn）		1.20	0.60～0.35
甜玉米（sweet corn）		1.15	1.05
粟		1.00	0.30
高粱		1.00～1.10	0.55
水稻	1.05	1.20	0.90～0.60

4.1.3　氮平衡模块

氮平衡模块中涉及氮素在稻田土壤-水-植物-气之间各个界面的迁移转化关

系。稻田土水系统可以明显分为：①田面淹水层（50～70mm），该层是氮素发生水解、硝化和氨挥发的关键层；②土水界面氧化层（小于 10 mm），该层主要发生硝化反应，但由于厚度较小，一般不予考虑；③土壤淹水层（30 mm），该层主要涉及有机氮矿化、氨氮固定、硝氮反硝化、氮素淋溶和作物的吸收。

稻田氮平衡公式可表示为

肥料 N+土壤矿化氮=氨挥发+硝化氮（反硝化损失+流失氮+土壤硝氮残留）+氮固定+氮吸收+土壤氨氮残留

基于肥料去向的氮平衡可表示为

肥料 N（尿素水解）= 氨挥发+硝化氮（反硝化损失+流失氮+土壤硝氮残留）+氮吸收+土壤氨氮残留

假设上述转化过程均在水相中进行，且属于一级或准一级动力学反应。

尿素水解：$\mathrm{UNH_4} = U\left[1-\exp(-K_{\mathrm{h}}t)\right]$

氨挥发：$\mathrm{UNH_3} = \mathrm{UNH_4}\left[1-\exp(-K_{\mathrm{v}}t)\right]$

硝化作用：$\mathrm{UNO_3} = \mathrm{UNH_4}\left[1-\exp(-K_{\mathrm{n}}t)\right]$

反硝化作用：$\mathrm{DNI} = \mathrm{NO_3}\left[1-\exp(-K_{\mathrm{d}}t)\right]$

作物吸收：$\mathrm{UTNH_4} = \mathrm{ET} \times \mathrm{NH_4}$

下渗淋溶：$\mathrm{VLNO_3} = \mathrm{VL} \times \mathrm{NO_3}$

侧渗淋溶：$\mathrm{LSNO_3} = \mathrm{LS} \times \mathrm{NO_3}$

地表径流：$\mathrm{SRN} = \mathrm{SR} \times (\mathrm{Urea} + \mathrm{NH_4} + \mathrm{NO_3})$

人为排水：$\mathrm{ADN} = \mathrm{AD} \times (\mathrm{Urea} + \mathrm{NH_4} + \mathrm{NO_3})$

4.1.4 模型输入参数

模型所需输入参数包括两部分，即基本参数部分和氮转化速率常数部分（表 4.2 和表 4.3）。基本参数部分由以下几块组成。

表 4.2 SWNRICE 模型所需输入参数

参数	所需数据
气候	日降雨量、日最高气温、日最低气温、日照时数
水分管理	日灌溉量、日排水量、田面水深度
施肥管理	施肥量、施肥时间
作物	种植时间、收获时间、作物生长系数
土壤	土壤可矿化氮、田间持水量、土壤饱和导水率（横向和纵向）

表 4.3　氮素转化过程可取参数

转化	速率常数	常数范围（d^{-1}）	影响因素
尿素水解	K_h	0.40～0.80	土壤 pH（+） 土壤温度（+） 土壤水分（+） 土壤黏粒量（+）
氨挥发	K_v	0.02～0.07	土壤 pH（+） 阳离子交换量（CEC）（–）
硝化反应	K_n	0.02～0.08	土壤氧化还原电位 E_h（+） 土壤低 pH，有抑制
反硝化反应	K_d	0.10～0.18	土壤低 pH，有抑制，高于 7 时促进 土壤温度（+）

1）气象、水文资料

包括：日降雨量、日最高气温、日最低气温、日灌水量、日排水量。

2）土壤性质

包括：田间持水量、土壤饱和导水率、田面淹水深度、土壤可矿化氮。

3）施肥情况

包括：施肥量、施肥时间（模型以插秧日期为起始日期）。

4）作物参数

包括：种植收获时间、作物生长系数（取生长初期、中期和成熟期三个系数）。

5）氮转化速率常数

包括：尿素水解速率常数、氨挥发速率常数、硝化速率常数、反硝化速率常数。表 4.3 是根据文献报道获取的各系数的可选择范围。

4.2　模型验证方法

4.2.1　田间验证数据的获取

以嘉兴综合试验点第 3 年田间观测数据为模型的验证数据。

1. 小区设计

小区单位面积 20 m^2，共计 15 个，随机排列，以田埂相隔，田埂用防水薄膜包被，溢出口超高 25 mm。

2. 施肥方案

以尿素为氮肥，参照当地施肥量 180 kg N/hm^2，设计对照（0）、90 kg N/hm^2、

180 kg N/hm^2、270 kg N/hm^{2}和 360 kg N/hm^{2}五个处理，分三次施入，设三个重复。磷肥为过磷酸钙，一次性施入 40 kg P/hm^2。

3. 样品采集

氨挥发量采用密封室法测定，具体采集装置见图 4.2，原理是用抽气减压的办法将田面挥发到空气中的氨吸入装有 2%硼酸的洗气瓶使其吸收固定于硼酸溶液中，再用标准酸滴定硼酸所吸收的氨量，即为氨挥发损失量。稻田采气时调节挥发室体积和抽气流量，使换气频率控制在 15～20 r/min。施肥后每天上午、下午各抽气两小时，将吸收液用标准 酸滴定以计算挥发的氨，直到各处理与对照间无明显差异为止。各施肥处理扣除对照处理的氨挥发量，即可以是化肥氮的氨挥发损失。

反硝化损失测定采用密封箱法（图 4.3）。将密封箱放在底座上并将内置风扇通电，使密封箱内的气体与挥发出的氧化亚氮等气体均匀混合。采样时记录下当时的环境温度和土壤温度。每次采样时间间隔为 10 分钟，用真空瓶和双通针管进行采样并记录下采样时的箱内温度，连续操作三次，并取一个空白作为背景值。

图 4.2 田间采集氨气装置

图 4.3 反硝化损失测定密封箱

4.2.2 模型的验证方法和灵敏度分析

1）验证方法

以 180 kg N/hm^{2}处理下获得的信息作为率定氮转化速率常数的基础，然后用其他几个施肥处理进行验证，验证目标定为一个生长季内水稻氮的吸收量、下渗-侧渗-径流-排水等流失通量、氨挥发量、土壤残留量和剩余损失量。

2）灵敏度分析

调节各转化速率常数，分析硝氮淋溶量的变化来判定灵敏度大小。

4.3　模型主要界面

模型有三个主要界面：主界面、参数输入界面和计算结果界面。

主界面主要介绍模型名称、模型建立者和单位以及模型的主要功能、特点和优势。本模型名称定为 SWNRICE 模型，由英文名 Soil Water and Nitrogen Balance for Assessing Nitrogen Transformation and Transportation in Flooded Rice Fields 缩写得来。模型主要利用水氮耦合平衡理论以及氮素一级动力学转化理论，建立稻田尿素氮肥输入与氮素环境输出之间的关系，输出途径包括了土壤、植物、气体、水体部分，并根据稻田生态系统的特殊性，将水环境去向的氮素细分为径流（含排水）、侧渗、下渗三个途径的流失量。

模型的分界面中参数输入界面涵盖了表 4.2 和表 4.3 中的所需参数，这些参数输入后与另一分界面计算结果输出界面进行关联，在计算结果输出界面中嵌套了关联计算式。输出结果以日为步长，并成图显示各输出量的时间变化趋势，生长季总量输出结果以日输出累计计算而得。

4.4　模型参数校准

图 4.4 是 2005 年嘉兴双桥农场水稻季日降雨量和日蒸腾量的变化图，将这些数据输入到模型中，调整并率定氮转化速率常数，率定依据是对比模拟结果与实际监测结果。本试验中采用常规施肥量 180 kg/hm^2 处理下的实测数据进行率定，表 4.4 为最终氮转化速率常数率定结果。从一季累计量看（表 4.5），模型模拟结果较符合实际监测结果。

图 4.5 是模型模拟的氨挥发量、硝氮淋溶量、侧渗量以及作物吸收量的变化趋势图。氨挥发量占施肥量的 24.1%［图 4.5（a）］，且 75%以上发生在施肥后 7 天以内，挥发过程持续 15 天左右，在施肥后 3～5 天有明显的峰值出现，这与宋勇生等（2004）、田光明等（2001）的结果一致。这可能是与尿素水解初期增加了田面水 pH 有关。硝氮下渗淋失量占施肥量的 5.0%左右［图 4.5（b）］，也主要发生在施肥后 7 天以内，淋失持续时间 15 天左右，所不同的是峰值出现时间与氨挥发量相比迟 1 天左右。这可能与硝化作用完成时间需要 1 天左右有关。Rodriguez

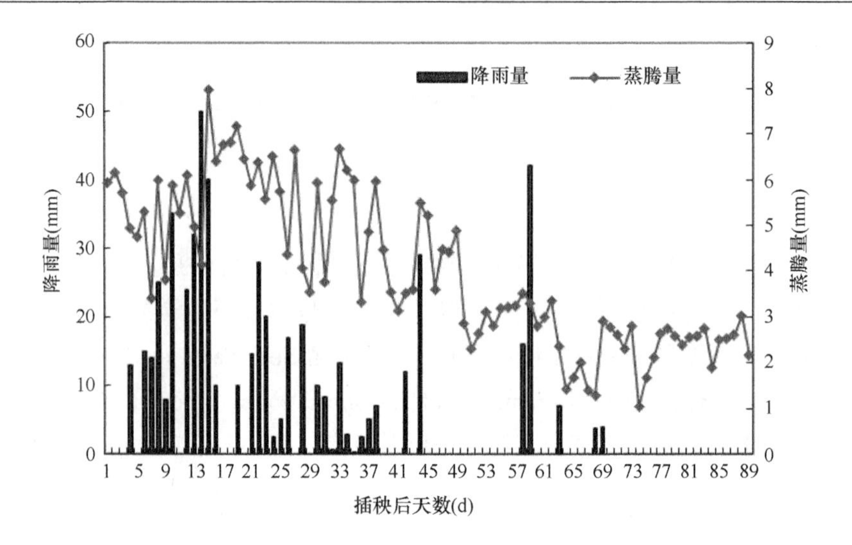

图 4.4　嘉兴双桥农场 2005 年水稻季日降雨量和日蒸腾量

表 4.4　稻田氮转化速率常数率定结果

氮素转化过程	速率常数（d^{-1}）
尿素水解，K_h	0.576
氨挥发，K_v	0.070
硝化，K_n	0.078
反硝化，K_d	0.150
矿化，K_m	0.002
固持，K_i	0.150

表 4.5　180 kg/hm² 施肥处理下稻田氮素各平衡项观测值与模拟值比较

项目	稻田氮素平衡项						
	作物吸收	氨挥发	径流	侧渗	下渗	反硝化	土壤残留*
观测值（kg/hm²）	80.7	47.8	11.8	9.4	8.7	7.3	14.4
损失比（%）	44.8	26.6	6.5	5.2	4.8	4.0	8.0
模拟值（kg/hm²）	80.0	44.6	14.7	9.8	8.5	7.2	15.1
损失比（%）	44.5	24.8	8.2	5.4	4.7	4.0	8.4
误差（%）	0.8	6.7	−24.9	−4.5	2.1	0.6	0.5

*土壤残留由减差法得到，下同。

等（2005）的试验已证明尿素水解后完成硝化作用的时间为1～2天。氮素侧渗淋失量与下渗淋失量相当，占施肥量的5.8%［图4.5（c）］，但趋势变化的构形略显复杂。这可能是由于侧渗水与田面水的关系更密切，其硝氮的变化量受田面水氮转化作用的累积效应更为明显。图4.5（d）中的作物吸收量是一个累积变化，从图中可知，施肥后水稻吸收氮量迅速增加，在水稻种植后50天后基本停止吸收氮素，累积吸收量达83.6 kg/hm^2，占施肥量46.4%。这一结果与Chrowdary等（2004）的结果基本一致。施肥后水稻吸氮量增加的原因可能与根际可供吸收的氮量增加和作物蒸腾作用增加有关，而50天后呈现吸氮停滞状态则可能与此时离最后一次施肥时间较长、根际溶液中可吸收氮量较少有关。此外，从图4.5可以看出，两次施肥间隔时间较短时，第二次施肥过程中氨挥发量、硝氮淋溶量、侧渗量以及作物吸收量的变化均受上一次施肥的影响。

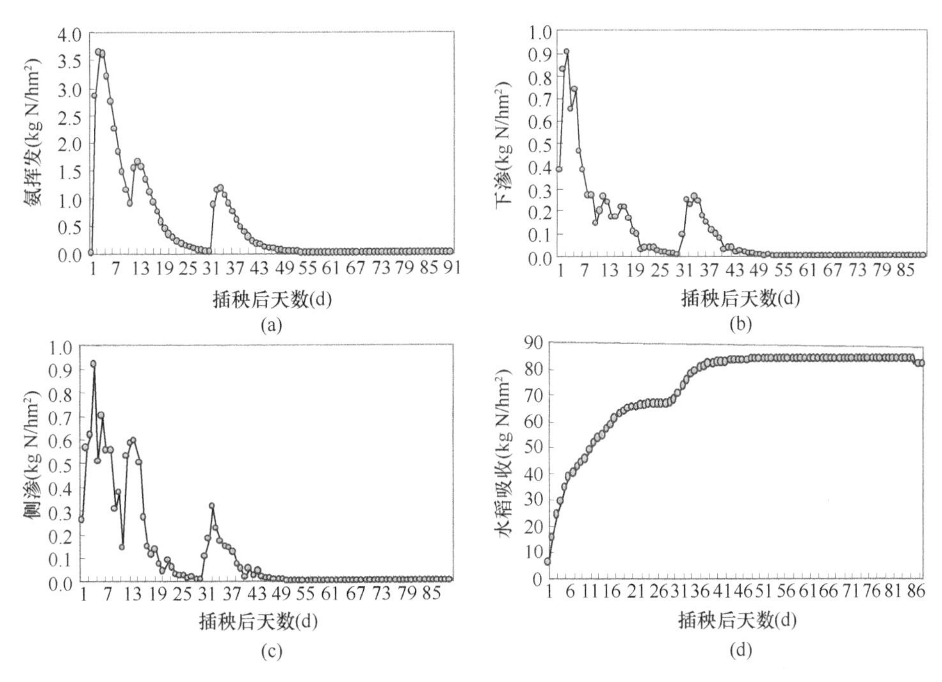

图4.5　嘉兴双桥农场稻田氮转化模拟结果

（a）氨挥发；（b）硝酸盐淋溶；（c）氮素侧渗；（d）植物吸收氮

图4.6显示稻田径流的氮流失时间上不具有连续性，产径流次数共4次，其中有3次是由于被迫排水产生的。单次的氮径流流失量在2～7 kg/hm^{2}之间，

其大小与降雨施肥之间的间隔以及降雨量大小有关。4 次径流累积氮流失量为 15.6 kg/hm^2，占施肥量的 8.7%。稻田产径流的不连续性与产径流次数、稻田田埂排水口的高度有关，仅当短时降雨量超过排水口高度时，降雨径流才会形成。同时，为了水稻生长需要，田面水深度必须维持一定的深度，一般在 5～7 cm 左右，若降雨后淹水过深则需要进行人为的被迫性排水。

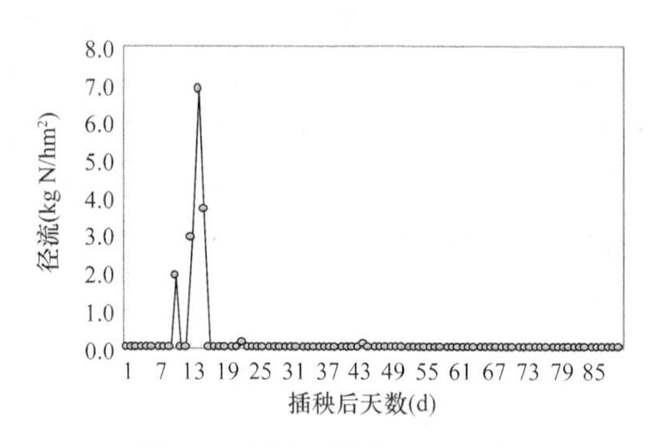

图 4.6　径流（排水）氮损失

稻田反硝化损失量占施肥量的 3.7%，这与李新慧（1994）、Zou 等（2005）的结果一致，稻田反硝化量的大小与稻田土壤水分保持条件密切相关。

4.5　模型结果验证

根据一级反应动力学规律，反应速率常数不受起始反应物浓度的变化而变化，因此，本节中用其他施肥处理条件的模拟值与实际测定值进行对比来验证模型的准确性。

表 4.6 显示了实测值与模拟值之间的误差大小。误差分析表明，在施肥量 90 kg/hm^2 条件下，作物吸收、氨挥发、径流损失、侧渗损失、下渗损失、反硝化损失以及土壤残留量的误差分别为 10.8%、–18.6%、5.8%、4.6%、–3.7%、–9.1% 和–2.5%，均小于 20%，模拟值与实测值吻合性较好；在施肥量 270 kg/hm^2 和 360 kg/hm^2 条件下，除土壤残留一项外，其他各项的误差值也在 20%以内，土壤残留项分别为–33.9%和–29.3%，其较大的原因可能与土壤残留项由减差法得到有关，其误差值相当于是其他各项的累积误差。

因此，对于高低不同施肥水平，SWNRICE 模型对氮肥平衡去向的模拟估算值与实测值相比是合理的，能对稻田尿素氮迁移转化过程作出定量的评估。

表 4.6　不同施肥水平下稻田氮素平衡结果

项目		稻田氮素平衡项						
		作物吸收	氨挥发	径流	侧渗	下渗	反硝化	土壤残留
90 kg/hm^2	观测值（kg/hm^2）	35.7	26.5	5.1	4.7	4.4	3.9	9.8
	损失比（%）	39.7	29.4	5.6	5.2	4.9	4.4	10.9
	模拟值（kg/hm^2）	40.0	22.3	5.4	4.9	4.2	3.6	9.6
	损失比（%）	44.5	24.8	6.0	5.4	4.7	4.0	10.6
	误差（%）	10.8	–18.6	5.8	4.6	–3.7	–9.1	–2.5
270 kg/hm^2	观测值（kg/hm^2）	108.6	72.7	19.3	14.3	10.7	10.1	34.4
	损失比（%）	40.2	26.9	7.1	5.3	4.0	3.7	12.7
	模拟值（kg/hm^2）	120.1	66.9	22.1	14.7	12.7	10.8	22.7
	损失比（%）	44.5	24.8	8.2	5.4	4.7	4.0	8.4
	误差（%）	10.5	–7.9	14.6	3.1	18.4	7.5	–33.9
360 kg/hm^2	观测值（kg/hm^2）	137.7	103.6	27.9	17.9	15.4	14.9	42.8
	损失比（%）	38.2	28.8	7.7	5.0	4.3	4.1	11.9
	模拟值（kg/hm^2）	160.1	89.2	29.4	19.6	16.9	14.4	30.3
	损失比（%）	44.5	24.8	8.2	5.4	4.7	4.0	8.4
	误差（%）	16.3	–13.8	5.6	9.8	10.2	–2.8	–29.3

4.6　模型灵敏度分析

一般，模型灵敏度分析能够看出一个模型的主要控制过程和关键参数。本试验中模型灵敏度分析主要是为了找出稻田尿素氮的主要迁移转化过程以及需要关注的一些特别参数。为此，选择了施肥量 180 kg/hm^2 处理氮素下渗通量和侧渗通量作为目标值。从表 4.7 中发现，尿素水解速率常数与两个通量之间均呈现较弱的正相关关系，氨挥发速率常数和反硝化速率常数与两个通量之间均呈现较弱的负相关关系，而硝化速率常数与两个通量之间均呈现较强的正相关关系，说明硝化速率常数的大小在稻田氮素下渗和侧渗淋失通量中起着关键作用。

表 4.7　模型参数的灵敏度分析

尿素水解常数			氨挥发常数			硝化常数			反硝化常数		
K_h	N_{VL}[a]	N_{LS}[b]	K_v	N_{VL}	N_{LS}	K_n	N_{VL}	N_{LS}	K_d	N_{VL}	N_{LS}
0.2	7.87	9.58	0.02	10.60	12.54	0.02	2.99	3.56	0.06	9.67	11.26
0.3	8.46	10.20	0.03	10.17	11.98	0.03	4.27	5.06	0.08	9.48	11.04
0.4	8.76	10.41	0.04	9.77	11.47	0.04	5.43	6.41	0.10	9.30	10.82
0.5	8.93	10.48	0.05	9.41	11.00	0.05	6.49	7.64	0.12	9.11	10.61
0.6	9.04	10.50	0.06	9.08	10.58	0.06	7.46	8.74	0.14	8.93	10.40
0.7	9.13	10.51	0.07	8.78	10.19	0.07	8.36	9.76	0.16	8.75	10.19
0.8	9.2	10.51	0.08	8.50	9.83	0.08	9.18	10.68	0.18	8.58	9.99

a 硝氮下渗速率（kg N/hm^2）；b 硝氮侧渗速率（kg N/hm^2）。

4.7 小 结

SWNRICE 模型是一个既简单又综合的工具模型，可以用来描述尿素氮施入稻田后的迁移转化行为，有效地评估不同施肥量、不同施肥时间与次数对稻田氮转化过程的影响，为稻田水肥管理优化措施的制定提供了科学依据。

本章试验利用该模型定向定量估算了尿素氮施入稻田经过转化后进入水-土-气-植的通量，发现在常规施肥水平 180 kg N/hm^2 处理条件下，径流（排水）、侧渗、下渗途径的氮流失分配各占施肥量的 8.7%、5.8%、5.0%左右；另外，氨挥发比重较大，占施肥量 24.1%，作物吸收占 46.4%，反硝化损失占 3.7%，土壤残留占 6.2%；氮素流失和挥发损失主要发生在施肥后一周以内，损失持续时间在 15 天左右。

通过 3 个不同施肥水平下尿素氮去向通量的验证，发现模型能较为准确地完成各通量的模拟计算，各损失通量误差均能控制在±20%范围内，土壤残留量由于由减差法所得，误差较大，在 30%左右。

本模型参数的选取上除作物生长参数使用了生长初期、中期和成熟期三个不同参数外，其他参数在整个生长期内采用了单一值，没有考虑稻田土壤及田面水中诸多环境因子（pH，E_h，DOC 等）和作物的生长因子（如作物郁闭度对氨挥发）的影响，因此，建议今后在模型的改进过程中，在不改变模型主结构的前提下进行参数的优化，提高模型的准确性。

本模型创新之处在于将氮素流失通量作了三维的分配，即对径流、侧渗和下渗通量分别作了估算，为农田氮素流失控制提出了更为针对性的参考数据。今后的研究中应充分发挥本模型的优势，在其他稻田生产区进行应用，并利用“3S”技术将空间数据嵌套进入本模型，实现模型的空间计算功能，这也是农田氮素迁移转化一般模型的一个重要发展方向。

参 考 文 献

李新慧.1994. 稻田土壤中硝化-反硝化机制的研究. 南京：中国科学院南京土壤研究所.

宋勇生，范晓晖，林德喜，等. 2004. 太湖地区稻田氨挥发及影响因素的研究. 土壤学报，41(2): 265-269.

田光明，蔡祖聪，曹金留，等. 2001. 镇江丘陵区稻田化肥氮的氨挥发及其影响因素. 土壤学报，38(3): 324-332.

Chowdary V M, Rao N H, Sarma P B S. 2004. A coupled soil water and nitrogen balance model for flooded rice fields in India. Agr Ecosyst Environ, 103, 425-441.

Rodriguez S B, Alonso-Gaite A, Alvarez-Benedi J. 2005. Characterization of nitrogen transformations, sorption and volatilization processes in urea fertilized soils. Vadose Zone J, 4(2): 329-336.

Zou J W, Huang Y, Lu Y Y, et al. 2005. Direct emission factor for N_2O from rice-winter wheat rotation systems in southeast China. Atmos Environ, 39(26): 4755-4765.

第 5 章　基于 SCS 修正模型的区域稻田氮素流失负荷估算

5.1　区域基本概况

5.1.1　地理位置

研究区域位于浙北杭嘉湖平原，太湖南岸。考虑到区域的完整性和管理的独立性，研究范围具体包括湖州市、嘉兴市以及杭州市区（萧山区除外），东经 119°14′～121°16′，北纬 30°5′～31°11′，总面积为 11638 km^2。境内主要土地利用类型为：水田 642095 hm^2（55.2%）、林地 301359 hm^2（25.9%）、城镇（村庄）用地 109764 hm^2（9.4%）、水域 75089.7 hm^2（6.5%）、旱地 35412.6 hm^2（3.0%）。

5.1.2　自然环境特征

1）气候

杭嘉湖平原水网区地处亚热带南缘，是典型的季风性气候，四季分明，气候温和湿润、干湿季明显，光照充足，雨量充沛。该地区年平均气温在 16 ℃左右，最冷月 1 月的平均气温在 3 ℃左右，最热月 7 月的平均气温在 28 ℃左右；大于 0 ℃平均积温为 5620～5988 ℃，大于 10 ℃活动积温为 4950～5039 ℃；年日照 2077 小时，无霜期 224～240 天；全年降水天数 130～140 天，多年平均降雨量 887～1905 mm，西部山区明显高于东部平原水网区，海拔 200 m 以上地区年降水量超过 1400 mm，其中位于天目山北坡的冰坑等地，年降水量达 1800 mm；由于受到夏季季风影响，全年水量分配差异较大，春夏交替、夏季、夏秋交替等时期降雨量较大，雨热同步，光温互补的气候条件，为植物生命活动创造了适宜环境。

2）地形地貌

研究区域地势西高东低，西部为山地、丘陵地区，东部则是平原水网地区。

山地、丘陵区主要由龙王山区、莫干山区、安吉低山丘陵区及黄茅岭低山丘陵等板块组成，主要位于安吉、长兴、德清以及余杭等地区。平原地区主要由东西苕溪河谷平原、中东部水网平原组成，其中西苕溪河谷平原是西苕溪由南向北流经安吉报福镇以下形成的宽度几百乃至上千米的河谷平原，由此向北平原继续延伸，直至荆湾才逐渐过渡到水网平原；东苕溪由余杭流入湖州市德清县境内，由湘溪和源于莫干山的莫溪、埠溪冲积成为河谷小平原，在湖州城郊区，沿埭溪也发育一片河谷平原及阶地；东苕溪以东全部为中东部水网平原区，该区水网密布，河流纵横，河塘密度高，约为 2.6～3.8 km/km^2，地势低平坦荡。

3）水系

杭嘉湖平原地区属长江下游太湖流域，水系发达，水资源丰富。境内主要河流有西苕溪、东苕溪、京杭大运河、泗安港、乌溪、双林塘、练市塘、兰溪塘、芦墟塘、平湖塘、红旗塘、长山河、海盐塘等。河流流向可分为 3 类，第 1 类河流主要排入太湖，主要有西苕溪、东苕溪、泗安港等；第 2 类河流通过汇入大运河而后向北排入黄浦江，主要有京杭大运河、乌溪、双林塘、练市塘、兰溪塘、芦墟塘、平湖塘、红旗塘等；第 3 类为排海水系，主要有长山河、海盐塘等。

4）土壤

根据第二次土壤普查资料，湖州市全市土壤分属 10 个土类，15 个亚类，48 个土属，123 个土种；而嘉兴市全市土壤类型有 6 个土类，12 个亚类，21 个土属、63 个土种；杭州市区（除萧山区外）没有进行单独的统计，不过由 1∶25 万浙江省土壤类型图可知，该区所有土壤类型均可以从嘉兴和湖州地区土壤类型中找到。整个区域土壤类型以青紫泥田、黄斑田等水稻土，以及黄泥砂土、黄泥土等山地土壤为主，在平原水网地（非山地、丘陵）区，以青紫泥田、黄斑田、堆叠土等土壤类型为主，分别占整个区域土壤面积的 17.1%、10.8%和 8.3%。

5.2　区域氮磷流失空间分析平台构建

为了了解杭嘉湖地区农田氮磷在降雨径流过程中流失的特征，从而为区域尺度流失负荷的估算提供参考系数，本研究选择了典型农田进行大田试验，通过记录降雨量、径流量、氮磷径流浓度等数据来模拟其流失过程；同时通过定点观测降雨径流产生过程和模拟降雨试验，对已有产流模型进行验证和修改；为了得到杭嘉湖地区化肥施用情况，进行了一次面上实地调查。

5.2.1　大田定位试验

1. 嘉兴试验地概况

试验地点设在嘉兴王江泾镇双桥农场，地处杭嘉湖平原北端，离嘉兴市区 8 km，京杭大运河穿越嘉兴市区自王江泾镇进入江苏境内，试验地距京杭运河不到 2 km，地理坐标为东经 120°40′，北纬 30°50′。该地年平均气温 15.7℃，年均降雨量在 1200 mm 左右，年均日照在 2000 小时以上，年均无霜期在 230 天左右，土壤的有机质含量平均为 3.6%。双桥农场是国营农场，耕作制度 50 年不变，土质比较稳定；同时农场及周边地区水网密布，河庵众多，因此，不论从农事管理还是自然地理特征来讲，该农场在杭嘉湖平原水网区都具有一定的代表性。

2. 嘉兴试验地设计

各试验小区（4 m × 5 m）南北宽、东西长，呈两行排列，试验大田西端设有试验保护区（面积约 0.4 亩），小区田埂筑高 20 cm，除保护区一侧外其余三侧用塑料薄膜包被，以减少串流、测流。设有相互独立的单排单灌的排灌系统，小区南端设有 4 m^3 高位水箱 2 个，以保证有足够的水压对各小区进行灌水，各小区灌水以水表计量；除水稻生产需要进行排水烤田外，通过灌水维持不低于 8 cm 左右的田面水，紧贴田底设有 PVC 两通排水口，平时下部排水口塞住，略高于田面水 2.5 cm 的排水缺口可将遇暴雨而外溢的田面水输入径流收集桶。

水稻田氮磷素化肥试验以当地农事习惯为参考，氮肥共设 5 个水平，磷肥设 3 个水平，见表 5.1。氮磷交叉试验，共 15 个小区，1～15 号小区的施肥情况见表 5.2。

表 5.1　氮磷肥试验水平

氮肥处理	尿素（kg/hm^2）	折合纯氮（kg/hm^2）	磷肥处理	过磷酸钙（kg/hm^2）	折合 P_2O_5（kg/hm^2）
N_0	0	0	P_0	0	0
N_1	196	90	P_1	286	40
N_2	392	180	P_2	429	60
N_3	588	270			
N_4	784	360			

表 5.2　1～15 号小区施肥方案

序号	基肥（公斤/小区）尿素		第一次追施尿素（公斤/小区）	第二次追施尿素（公斤/小区）	合计 折合纯氮（kg/hm²）	合计 折合纯磷（kg/hm²）
	尿素	过磷酸钙				
1. N_2P_0	0.48	0	0.15	0.15	180	0
2. N_0P_1	0	0.7	0	0	180	40
3. N_1P_1	0.24	0.7	0.075	0.075	90	40
4. N_0P_0	0	0	0	0	0	0
5. N_3P_1	0.71	0.7	0.24	0.24	270	40
6. N_3P_2	0.71	1	0.24	0.24	270	60
7. N_4P_2	0.94	1	0.315	0.315	360	60
8. N_4P_1	0.94	0.7	0.315	0.315	360	40
9. N_1P_0	0.24	0	0.075	0.075	90	0
10. N_0P_2	0	1	0	0	0	60
11. N_3P_0	0.71	0	0.24	0.24	270	0
12. N_2P_2	0.48	1	0.15	0.15	180	60
13. N_4P_0	0.94	0	0.315	0.315	360	0
14. N_1P_2	0.24	1	0.075	0.075	90	40
15. N_2P_1	0.48	0.7	0.15	0.15	180	40

注：基肥时间为 7 月 6 日，磷肥全部作为基肥施入；第一次追肥在插秧后 10 天 7 月 16 日上午，追施尿素；第二次追肥在分蘖期 8 月 10 日，追施尿素；KCl 按当地常规施肥用量 150 kg/hm² 作为基肥施入各个小区。

定期采集径流水样和下渗水样，遇施肥或降雨则集中采集，其中下渗水样通过预先埋设的原位渗漏计收集。

3. 湖州定点观测

该试验主要是为了对所选降雨径流模型进行验证。本研究中对于天然降雨产生径流的模拟选用了美国水土保持局提出的 SCS 模型（Novotny and Chesters，1981；McCuen，1982）及其修正模型（贺宝根，2001），为了验证其在杭嘉湖地区水稻田的适用性，选择在湖州市善琏镇进行记录天然降雨径流的定点观测试验，见图 5.1。同时为了验证和修改旱田产流 SCS 模型，本节进行了模拟降雨试验。

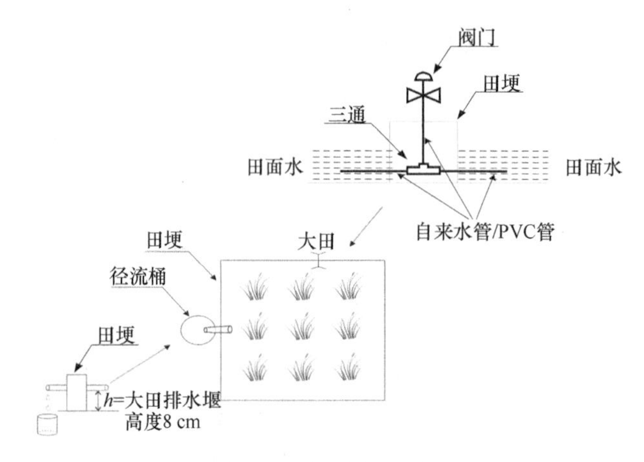

图 5.1　定点试验简图

4. 湖州试验地设计

观测试验设一区块种植水稻，面积都为 1 m × 1 m，在其周围筑起 30 cm 高的田埂，并用塑料膜侧封，以减少侧渗的影响，在区块一侧埋设径流桶收集径流样。为了保持和大田一样的水分状态，在试验区块和大田之间通过埋设一根带阀门的 PVC 管控制两侧水位的平衡，而径流桶和区块之间通过径流管连通，径流管高度设置和大田排水堰高度一致，区块水稻和大田一样实行当地的农作制度。

本试验在降雨初期每隔 1 分钟记录一次径流量，待产流速率稳定后每隔 5 分钟记录一次，等雨止后记录本场降雨累计产径流量，用来验证所选模型的适用性。每次记录径流量时，用直尺量取径流桶中水深，通过面积换算得到径流量。

5.2.2　面上调查

为了了解杭嘉湖地区稻田的施肥情况，对该区域的嘉兴、杭州市区、余杭以及湖州的吴兴、德清、长兴和南浔共 28 个点进行了实地的调查，其位置分布见图 5.2。调查时间为 2005 年 7 月 29 日～7 月 31 日，调查项目主要包括施肥量、施肥次数、水稻亩产量，并采集了田面水样和耕作层泥样。本节中用到的施氮数据调查情况见表 5.3。

5.2.3　“3S”技术应用

氮磷径流流失负荷的估算涉及降雨、土壤类型、土地利用、地形、高程等多

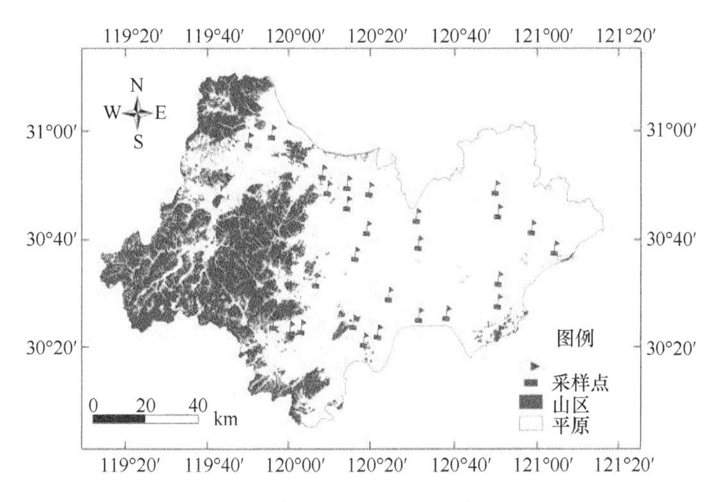

图 5.2 杭嘉湖平原水网区调查点分布

表 5.3 施氮水平调查

地点	经度（°）	纬度（°）	施氮量（kg/hm^2）
杭州余杭瓶窑镇长命	120.01	30.39	172.50
杭州余杭瓶窑镇毛元岭	119.94	30.41	228.00
湖州德清埭溪镇	119.97	30.63	159.75
湖州长兴雉城镇	119.93	31.00	300.00
湖州长兴林城镇	119.84	30.97	138.00
湖州吴兴八里店镇	120.14	30.88	342.75
湖州吴兴织里镇	120.24	30.84	257.25
湖州吴兴八里店镇南	120.16	30.83	442.13
湖州吴兴和孚镇	120.24	30.78	461.33
湖州南浔善琏镇	120.32	30.70	300.00
余杭乔司镇	120.31	30.35	517.50
嘉兴海宁许村镇塘桥村	120.36	30.38	537.00
嘉兴海宁盐官镇	120.53	30.43	379.50
嘉兴海宁丁桥镇	120.64	30.44	464.25
嘉兴海盐通元镇	120.84	30.47	300.00
嘉兴海盐于城镇	120.85	30.54	375.00
嘉兴平湖乍浦镇	121.07	30.64	343.13
嘉兴平湖曹桥镇	120.98	30.70	189.00
嘉兴秀城大桥	120.54	30.75	199.50
嘉兴嘉善杨庙镇	120.84	30.83	276.00

续表

地点	经度（°）	纬度（°）	施氮量（kg/hm^2）
余杭临平新桥	120.26	30.41	279.45
嘉兴桐乡崇福	120.41	30.50	386.25
嘉兴桐乡市郊	120.52	30.66	406.13
嘉兴桐乡乌镇	120.52	30.74	276.00
湖州南浔双林镇	120.33	30.82	264.00
湖州德清新市镇	120.27	30.62	186.75
湖州德清乾元镇	120.11	30.54	244.88
余杭良渚镇	120.05	30.39	228.75

种参数，而在区域尺度这些参数又存在空间分异性，数据量非常大。因此，能否获取准确大量的参数数据将影响到区域尺度氮磷径流流失负荷估算的准确性。“3S”技术是近20年来快速发展起来的一组高新技术，即地理信息技术（GIS）、遥感（RS）和全球定位系统（GPS）的统称，它们的组合使用能高效地提取海量的各种地理信息，并对其实行迅捷的管理和分析，是进行面源污染负荷估算的一种有效的工具。

1. GPS为搜集数据工作提供精确定位

全球定位系统（GPS）技术是美国国防部在20世纪80年代推出的以卫星为基础的无线电导航系统，可为航天、陆地、海洋等用户提供三维的导航、定位和定时。自美国对GPS卫星系统终止执行SA政策，用户GPS单点定位精度将从100 m提高到30 m。目前我国的差分GPS（DGPS）定位精度已可以达到米级。另外，GPS与现代通信相结合，使测定地球表面三维坐标的方法从静态发展到动态，从数据后处理定位发展到了实时定位与导航，在精度、效率、速度、成本等方面都显示出了巨大的优越性。GPS应用于面源污染定量模型研究，特别是面源污染源调查阶段，可以发挥以下功能：①监测站点（如大气、水等）的地面或地面上空的空间定位；②动态、实时处理和采集面源污染数据，数据连续性和准确性较好；③与摄影测量组合，确定面源污染研究流域，动态测量各类面源污染源的范围和空间关系。GPS技术是面源污染数据野外采集和信息化的基础。

本研究中，利用GPS仪进行面上采样点地理坐标及高程数据的记录，然后把在这些点位调查所得施肥量及其他属性数据输入地理数据库，用以Kriging插值处理。

2. RS 技术是数据搜集的强大手段

遥感（RS）即在不直接接触的情况下，对目标或自然现象远距离感知的一种探测技术，狭义上是指在高空和外层空间的各种平台上，运用各种传感器（如摄影仪、扫描仪和雷达等）获取地表信息，通过数据的传输和处理，来研究地面物体形状、大小、位置、性质及其与环境相互关系的一门现代化科学技术。它目前正经历着从定性向定量、从静态向动态的发展变化。遥感技术作为面源污染数据获取的重要手段，具有许多优点：①通过地球观测卫星或飞机从高空观测地球，可进行大面积同步监测，获取环境信息数据快速准确，并具有综合性和可比性，如能及时发现陆地淡水或海水的污染，大面积空气、土壤污染等；②利用遥感技术获取面源污染信息，具有可获取大范围资料，获取信息手段多、信息量大，获取信息速度快、周期短和获取信息受条件限制少等特点；③遥感的费用投入与所获取的效益，与传统方法相比，可以大大节省人力、物力、财力和时间。

在具备多源遥感数据的前提下，通过遥感图像处理、目视解译与制图、遥感数字图像计算机解译等工作，可以容易地获得流域面源污染各影响因子的空间分布和差异规律，确定一定流域范围和主要面源污染因子，并根据一定面源污染定量模型对遥感数据处理结果进行定量分析，宏观上把握预测结论。

本研究利用杭嘉湖区域 2004 年 TM 数据，通过选取适当的波段组合，采用监督分类和非监督分类相结合的办法，对已有土地利用现状数据进行了订正和更新，得到新的土地利用类型资料。

3. GIS 技术为数据管理和模型运算提供了良好的平台

地理信息系统（GIS）是一项以计算机为基础的新兴技术，围绕着这项技术的研究、开发和应用形成了一门交叉性、边缘性的学科，是管理和研究空间数据的技术系统。概括来说，GIS 在面源污染定量模型中能发挥如下作用：①利用 GIS 强大的数据库创建和管理功能，建立和管理有关的面源污染信息数据库，有效地对流域面源污染数据进行属性数据和空间数据查询、更新、提取。②利用 GIS 强大的空间分析功能（如空间叠置分析、网格分析、邻近分析、DEM 等），可对面源污染监测网络进行科学设计，从而有效地表征面源污染状况，适时储存和显示并对所选面源污染类型和因子进行详细的场地监测和分析。③直观的图形界面可根据用户的要求而输出各种分析和预测结果报表图形，并与 AO 系统、Internet、Intranet 等进行数据通信，利用现有的表格数据与数据库管理系统连接和查询使用各个部门的信息。④GIS 提供的快速反应决策能力，可以模拟和预测面源污染风险。利用其强大的数据管理更新和跟踪能力，可以对面源污染监测信息进行分析，来检查和督促产生污染单位履行环境职责。⑤利用 GIS 的空间搜索方法，多种信息的叠加处理、回归分析、投入产出计算模型、加权评价 0～1 规划模型、系统动力学模型等可以有效管理一个大流域复杂的面源污染信息及其有关方面的信息并能统计分析流域环境影响因素如水、大气、河流等的变化情况及主要面源污染的地理属性和特征等。⑥利用 GIS 的叠加地理对象属性功能，分析同一流域不同时段的多个面源污染影响因子及特征，如人口、经济水平、产业结构、景观生态、地貌地质等，还可以叠加分析流域面源污染因子与其他影响因子之间的相关关系，对流域的面源污染状况进行中长期预测。⑦利用 GIS 将流域的面源污染数据库和环境特征数据库如地形（DEM 等）、气象、水文等与各种面源污染预测模型相关联，采用模型预测法对流域的面源污染进行预测。

本研究利用 GIS 技术对研究区域基础地理数据（1∶25 万 DEM、土地利用现状、土壤类型、水系分布，1∶40 万土壤全氮、全磷、有机质等）以及降雨空间分布资料、化肥施用空间分布资料等进行入库管理，并利用 GIS 空间叠置分析、DEM 分析等方法进行了氮磷径流流失负荷估算。

5.2.4 地学统计方法

1. 基本概念及其应用

地学统计（geostatistics），亦称地质统计学，于 20 世纪 50 年代初开始形成，60 年代，在法国著名统计学家 G. Matheron 的大量理论研究工作基础上形成一门新的统计学分支。由于它首先是在地学领域，如采矿学、地质学等中发展和应用，因此得名地学统计（王政权，1999）。

地学统计方法是将变量观测值的空间坐标结合到数据处理过程，通过半变异函数、多种插值方法来预测区域化变量在空间上变化的结构性，预测未采样点处的取值以及评价预测结果的不确定性。正因为地学统计方法能通过已知数据预测未知采样点数据的功能，因此它的出现解决了传统统计分析无法对具有空间相关性的变量进行全面描述的难题。

20 世纪 70 年代以前，地学统计的应用基本局限于地质学领域，从 70 年代以后，鉴于其在描述、模拟和预测自然现象空间变异方面所具有的优势，地学统计被广泛应用于气象学、土壤学、水资源学、生态学和环境学等领域。

2. 克立金插值运算

克立金法（Kriging）也称空间局部估计或空间局部插值，是地统计学的核心之一。它是建立在变异函数理论及结构分析基础上，在有限区域内对区域化变量的取值进行无偏最优估计的一种方法。从数学角度讲就是一种对空间分布的数据求线形最优无偏内插估计量的一种方法。更具体地讲，它是根据待估样点（或待估块段）有限领域内若干已测定的样点数据，在认真考虑了样点的形状、大小和空间相互位置关系，它们与待估样点相互空间位置关系，以及变异函数提供的结构信息之后，对该待估样点值进行的一种线形无偏最优估计（王政权，1999）。与普通的估计不同，克立金法最大限度地利用了空间取样所提供的各种信息，这使得它比其他传统估计方法更为准确，更符合实际情况，并且避免系统误差的出现，给出估计误差和精度。

根据待估计区域化变量样本的特征，克立金法可以分为点克立金法（puctual Kriging）、块段克立金法（block Kriging），这两种方法统称普通克立金法（ordinary Kriging，OK）；泛克立金法（universal Kriging）；协同克立金法（co-Kriging）；对数正态克立金法（logistic normal Kriging）；指示克立金法（indicator Kriging）；析取克立金法（disjunctive Kriging）等。

本研究中采用普通克立金法进行各种空间变量插值，运算环境为 ArcGIS 自带地统计模块。

5.2.5 工作环境和数据源

1. 硬件环境

主机：IBM Intel Pentium IV 2.40 GHz CPU，512MB RAM，80GB Disk Capacity，17 inch SAMSUNG Monitor。

外设：MICROTEX ScanMaker XL9800 彩色扫描仪；HP 5500 激光打印机。

外部环境：Windows NT 4 局域网，Windows 2000，DEC Prioris XL 6200 服务器，HP NetServer LH3000 服务器；SGI NT 320 图形工作站，Intel Pentium IV 1.7 GHz CPU，1024 Mb 内存，40G 硬盘，SGI 图形加速卡，21 英寸显示器。

2. 软件环境

软件平台：Microsoft 公司的 Windows 2000 操作系统。

专业软件：ESRI ArcGIS 8.1，具有强大的空间输入、编辑、分析和表达功能，作为本研究数据处理和分析的主要工作平台；ESRI ArcView GIS 3.2 for windows，具有 3D Analyst、Spatial Analyst、Geoprocessing、Digitizer、IMAGINE Image Support 等多种扩展模块，作为数据处理和分析的辅助工作平台；ERDAS IMAGINE 8.6，作为专业处理遥感图像软件，本研究中在该平台进行 TM 遥感影像的解译工作；Able Software R2V for windows，作为专业矢量化软件，在本研究中进行土壤类型、土壤养分含量等栅格图像的矢量化工作；Corel DRAW 12，对于不能进行自动矢量化的栅格图件，利用该软件进行手动矢量化，相比 ArcGIS 和 ArcView，能大大提高矢量化工作的效率，同时最后的出图也在该软件中进行；Adobe Photoshop，作为专业图像处理软件，本研究对扫描图像和 TM 影像进行对比度、亮度等的预调整，为矢量化和遥感解译提供清晰图像源；Mapinfo Professional 7.0 SCP，Auto CAD 2004，这两个软件在本研究中作为不同格式数据转换的过渡软件，负责把 Corel DRAW 中生成的矢量数据转换成 ArcGIS/ArcView 环境中能识别的数据格式。

统计软件：Microsoft Excel，SPASS 11.0 for Windows，用来进行数据的统计分析。

3. 数据源

本书中用到的地理数据有：2004 年杭嘉湖地区 Landsat TM 影像、杭嘉湖地区 1∶25 万土地利用现状图、杭嘉湖地区 1∶25 万土壤类型图、杭嘉湖地区 1∶25 万地形图、杭嘉湖地区 1∶25 万基础地理数据（边界线、水系等）、嘉兴地区 1∶40 万土壤全氮含量分布图、嘉兴地区 1∶40 万土壤全磷含量分布图及嘉兴地区 1∶40 万土壤有机质含量分布图等。其中遥感影像数据和土地利用现状数据由浙江大学农业遥感与信息技术应用研究所提供，在此深表感谢；土壤类型、土壤养分等含量资料来自于第二次土壤普查结果。除此之外，所用气象数据来源于区域及周边 9 个气象站。

5.2.6 数据预处理

1. 数据矢量化

由于所用数据部分是纸质资料，因此需先对其进行矢量化。本研究采用 MICROTEX ScanMaker XL9800 彩色扫描仪先对其进行扫描，获取其电子栅格图像，然后把该图像数据导入 ArcGIS 平台，根据已有标准基础地理数据，利用 ArcGIS 中的地理参考模块（Georeferencing）对其进行地理参考变换，使其具有和标准数据一样的地理坐标和投影系统，以便进行与其他数据层之间的相关分析。得到已进行地理参考变换的栅格图像之后，原本可以直接在 ArcGIS 平台进行矢量化，不过为了提高工作效率，本研究将其导入 Corel DRAW 12.0 中进行矢量化工作，矢量化工作完成之后，矢量数据保存成 AutoCAD 识别的*.dxf 格式，然后通过 Mapinfo 中的通用转化器（Universal Translator）将*.dxf 数据转换成*.shp 格式，该格式数据是 ArcGIS 格式数据。由于新转换得到的*.shp 格式投影和坐标系统都已经在矢量化的过程中消失，因此需对其重新进行投影和坐标的定义，其中投影和坐标定义要结合使用 ArcGIS 和 R2V 软件。不直接在 ArcGIS 平台中进行矢量化工作使得整个过程显得比较复杂，但是由于 Corel DRAW 软件在完成图像矢量化上有着明显的优势，相比直接用 ArcGIS 进行矢量工作，工作效率要提高好几倍。整个矢量化工作具体流程参见图 5.3。

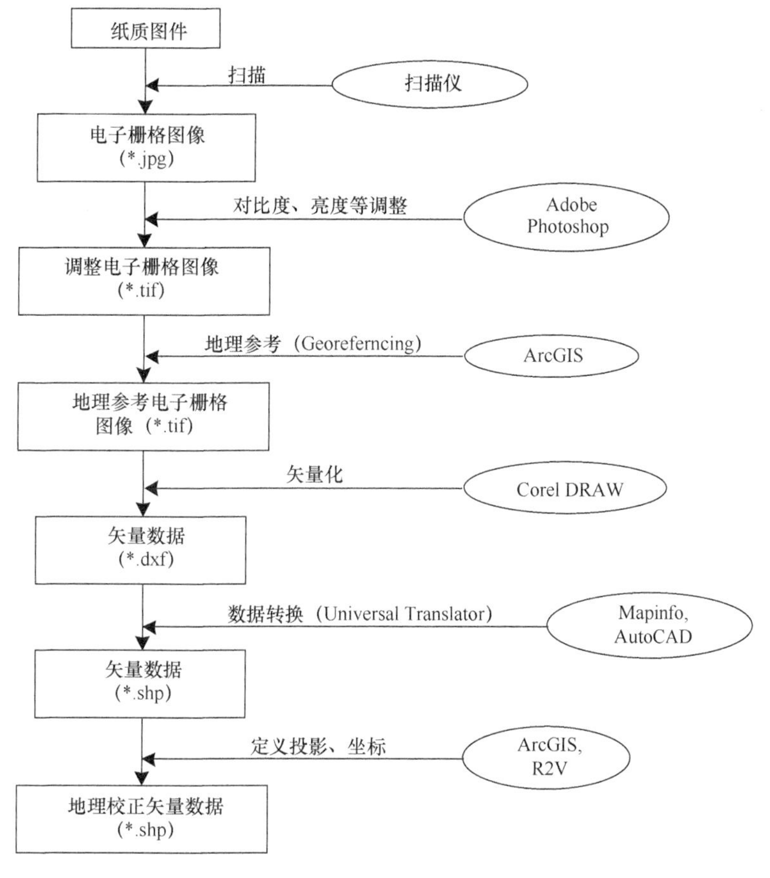

图 5.3　数据矢量化流程图

2. 数据投影、坐标

本研究中各数据源的原投影和坐标系统都不尽相同，为此将其统一成相同的地图投影和坐标系统。本研究中为使各要素面积保持不变，选用 Albers 等面积圆锥投影。坐标和投影系统的具体参数如下：

Alias：

Abbreviation：

Remarks：

Projection：Albers

Parameters：

False_Easting：0.000000

False_Northing：0.000000

Central_Meridian：110.000000

Standard_Parallel_1：25.000000

Standard_Parallel_2：47.000000

Latitude_Of_Origin：12.000000

Linear Unit：Meter（1.000000）

Geographic Coordinate System：

Name：GCS_Clarke_1866

Alias：

Abbreviation：

Remarks：

Angular Unit：Degree（0.017453292519943295）

Prime Meridian：Greenwich（0.000000000000000000）

Datum：D_Clarke_1866

Spheroid：Clarke_1866

Semimajor Axis：6378206.400000000400000000

Semiminor Axis：6356583.799998980900000000

Inverse Flattening：294.978698200000000000

5.3 杭嘉湖地区稻田氮素径流流失研究

径流过程的模拟一般分为径流量和径流过程的确定。径流量的确定一般有美国水土保持局于 20 世纪 50 年代提出的 SCS 法以及根据蓄满产流、超渗产流及综合产流等理论提出的方法。降雨径流过程包括枝叶截流、填洼、下渗、蒸发等损失过程，以及地下水流、壤中流、坡面汇流、河槽集流等径流过程。按照有关理论对这些因素进行研究，则研究工作须应用 8 种以上的模型，涉及几十个参数，但是最后，测试、分析和统计误差的累计将不能符合小流域径流研究的要求，实际应用几乎为不可能。

对于杭嘉湖地区农田来讲，其径流一般具有汇水面积小、难以实行测试、研究统计分析的点位数量较大等特点，因此选择的模型不仅需要适合上述特征，而且利用的参数较少，资料获得容易，数据较准确。同时，淹水稻田与一般农田径流产生机理还存在显著差别，即由于有人为排水堰因素的影响，降雨还需克服排水堰高度才能产生径流（晏维金等，1999）。本研究在贺宝根等（2001）提出的修正 SCS 模型基础上，考虑排水堰高度的影响，提出适合杭嘉湖地区淹水稻田的径流产流模型，用来确定径流量。

5.3.1　淹水稻田降雨径流研究

1. SCS 模型

美国水土保持局提出的降雨径流关系方法（又称 SCS 法）是根据土壤和降雨因素来确定径流总量的，土壤因素主要由土壤的下渗特征、土壤的前期含水量和土地利用方式等三种因子确定。

在一次降雨过程发生后，流域的水量平衡可以表示为

$$S(t)=P(t)-Q(t) \tag{5-1}$$

式中，P 为降雨量，mm；Q 为净雨量，即径流量，mm；S 为流域储水量，相当于降雨径流过程中的损失水量，包括截流、蒸发、填洼、下渗的水量，mm。

由式（5-1）可知，径流量（Q）取决于降雨量和流域储水量，在降雨初期有部分降雨量不会形成径流，这部分水量称为前期损失量（I_a）。降雨经过一段时间后，流域储水量达到饱和值 S'，S'值与流域的土壤性质、地形和植被条件等因素有关。

当 S 值趋向于饱和值 S'时，Q 趋向于（$P-I_a$），两者之间形成的比例关系为

$$S/S'=Q/(P-I_a) \tag{5-2}$$

因 $S=(P-I_a)-Q$，代入式(5-2)得

$$(P-I_a-Q)/S'=Q/(P-I_a) \tag{5-3}$$

这样，为了确定径流量 Q 值，只需确定 I_a 和 S'值就可以了。

前期损失量 I_a 受土地利用、耕作方式、灌溉条件、枝叶截留、下渗、填洼等因素的影响，它与土壤饱和储水量呈一定的正比关系，美国水土保持局提出最合适的比例系数为 0.2，即采用下式来估计 I_a：

$$I_a=0.2\ S' \tag{5-4}$$

为了估计流域饱和储水量 S'，SCS 提出一个指标，即径流曲线数（runoff curve number，CN）来综合反映土壤、土地利用、农业耕作方式、水力条件等因素。CN 的确定分为 2 个步骤：①按照土壤水分的最小渗透速率将土壤分为 4 类，即 A（透水）、B（较透水）、C（较不透水）、D（接近不透水）；②SCS 在归纳了 3000 多种土壤资料的基础上，按照土地利用方式和 4 类土壤特征，提出了 CN 的具体数据（Novotny and Chesters，1981；McCuen，1982）。

SCS 提出了用 CN 计算 S'的模型，为

$$S'=(25400/\mathrm{CN})-254 \tag{5-5}$$

式中，S'为流域饱和储水量，mm；CN 为径流曲线数，无量纲。

由式（5-3）、式（5-4）和式（5-5）可知，只要知道 CN 值和降雨量 P 就可以计算径流量，降雨量数据是易于获得的，而 CN 值的确定是计算的关键。

2. 贺宝根修正 SCS 模型

贺宝根等利用香花桥径流试验站实测资料验证和修正了 SCS 模型，使之符合当地农田的产流特点。香花桥径流试验站位于上海青浦，是从事农田径流研究的专门机构，贺宝根等采用水量平衡法进行测试，多次测试的误差都在 2%～3%以下，因此其数据具有较高的科学性和可靠性。

贺宝根等利用香花桥径流试验站的实测资料，采用两种方法对 SCS 模型进行修正，即①对前期损失量的修正，包括式（5-4）中的比例系数，以及饱和土壤 CN 值修正两部分；②在直接采用 SCS 模型的基础上采取一次反馈的方法，来缩小两者间的差距。未修正 SCS 模型在上海郊区农田应用时，由于该地区水旱轮作的农田渗透速率刚超过下限数值，被归为 C 类，在旱作农田方式下 CN 值为 78，而在土壤水分饱和的稻田情况下，CN 值应该是 93。

1）I_a 的修正

在降雨径流过程中，下渗补给的土壤含水量、壤中流和地下径流流失的主要前期损失量，与美国情况不同。由于上海农村地区农田田块很小，排水沟密布，土壤犁底层的壤中流将迅速转化为地表径流。

另外，在气候方面，上海郊区的气候特征表现为降雨的季节变化很大，而且有集中性的大暴雨；而美国的降水年内分布比较均匀。这是形成美国降水量平均有 70%以上通过下渗进入土壤（周乃晟和贺宝根，1995），而上海附近平均为 40%左右的重要原因。

以上两个原因使得 SCS 法对前期损失量的估计在上海郊区明显偏大，导致计算径流量偏小，使相对误差出现负数的机会大大增加，这符合实际情况：利用香花桥多年的实测资料来验证 SCS 计算结果，发现存在较大误差，误差范围为–74.2%～+8.9%，平均值为–30.4%。

为了修正明显偏大的前期损失量 I_a，贺宝根等采用试算法，通过改变式（5-4）中的比例系数，得到相应的误差和标准差值。研究得出，当系数由 0.2 调整为 0.05 时，标准差最小，为 15.2%，因此认为 I_a 为 $0.05S'$是对 SCS 较好的修正。尽管当系数调整为 0.05 时标准差最小，但是此时相对误差仍有–17.6%，为此，贺宝根等对前期损失量进行了再次修正。他们发现，按照 SCS 法 C 类土壤的前期土壤含水量，S'为 17.6 mm，大大超过试验站稻田渗漏水量的实测数据 3 mm（无暗管）或 6 mm（有暗管）。经计算，当稻田的 CN 值调整为 98 时，则相应的饱和储水量为 5.2 mm，基本符合试验站的实测数据。

通过以上两步调整，完成了 SCS 模型中前期损失量的修正，得到适合上海郊区农田的 SCS 模型基本参数，即 $I_a=0.05\,S'$，旱作农田方式下 CN 值为 78，稻田的 CN 值为 98。采用香花桥试验站的资料，经计算对比，径流量的相对误差分布为–26.9%～+27.3%，接近于正态的对称分布，标准差为 12.0%，也可以接受，误差的平均值仅为–0.4%，即多次计算后，径流量非常接近于实际径流值。

2）径流量的修正

径流量的修正是将根据 SCS 模型直接计算获得的数据与实测数据之间的比值作为参数，采取一次反馈的方法，来缩小两者之间的差距。假定，$K=Q_s/Q_y$，则

$$Q_y= Q_s/K \tag{5-6}$$

式中，Q_s 为直接采用 SCS 法计算获得的径流量，mm；Q_y 为实测的径流量或预报径流量。经过相关分析，得到 K 与降雨量 P 的关系，见表 5.4。

表 5.4　上海郊区农田径流量修正的指标和误差

类型	相关系数	斜率	截距	预报值标准差（%）
旱作农田	0.890229	0.01606	–0.14712	10.1
水旱轮作	0.817903	0.005298	0.423325	11.9

注：上述修正的方法全部通过了方差检验，模式被认为是极显著的。

3. 淹水稻田降雨径流模型

考虑到杭嘉湖平原地区和上海郊区同属长江三角洲，而且地理距离也很近，在气候、土壤、土地利用条件、农田田块特征以及农事管理习惯等各方面都非常类似，因此本研究把贺宝根修正的 SCS 模型应用到杭嘉湖平原淹水稻田降雨径流的计算中来。同时，由于其对于 SCS 模型的修正没有考虑人为排水堰因素的影响，因此本研究在杭嘉湖平原选择典型点进行定点试验，目的是验证修正 SCS 模型在考虑人为排水堰因素影响后是否符合杭嘉湖淹水稻田实际的产流情况。

当 I_a=0.05 S'，稻田的 CN=98 时，贺宝根修正的 SCS 模型可用以下方程表示：

$$y=0.994x-3.9598 \quad (5\text{-}7)$$

式中，x 为降雨量，mm；y 为径流量，mm。

试验设计：

定点观测点设在湖州市善琏镇，观测区块面积为 1 m×1 m，在其周围筑起 30 cm 高的田埂，并用塑料膜侧封，以减少侧渗，在区块和大田之间通过埋设一根带阀门的 PVC 管控制里外水位的平衡，在区块另一侧埋设径流桶，采集径流样，径流桶和区块之间通过径流管连通，径流管高度设置和大田排水堰高度一致。区块和大田一样实行当地的农作制度。降雨量通过雨量计测量。

定点观测期为 2005 年 6 月中旬至 9 月初，期间共记录了 4 次产生径流的降雨，考虑到排水堰这一因素，每次降雨前记录田面水和径流溢出口的高度差ΔH。对每次降雨实际产生的径流量进行观测，把它和贺宝根模型［式（5-7）］计算值以及在此基础上为了克服排水堰高度而产生径流的修正值［式（5-7）– ΔH］进行对比（表 5.5）。由表 5.5 可知，进行排水堰因素扣除之后，发现经贺宝根修正 SCS 模型的计算值和实测值比较接近，误差在–19.9%～+18.0%之间，基本符合实际情况，这说明对贺宝根模型进行排水堰因素修正之后能用于杭嘉湖地区的降雨径流估算。淹水期不同时段和区域田面水距排水堰距离都不一样，通过实地调查和参考相关资料（吴炳方，1991），本研究把ΔH 定为 25 mm，用于计算杭嘉湖平原区稻田淹水期降雨径流产生量，最后实际应用降雨径流模型为 y=0.994x–28.9598。

5.3.2　淹水稻田径流氮素浓度研究

淹水稻田径流中氮素浓度的高低不仅直接影响氮素的径流流失负荷，而且也

表 5.5　四次降雨实测值与模型计算值的比较

降雨时间	ΔH① (mm)	降雨量 (mm)	实测径流量 (mm)	R_HE② (mm)	误差 (%)	R_ΔH③ (mm)	误差 (%)
6 月 26 日	22.7	40.5	11.5	36.27	215.4	13.57	18.0
7 月 15 日	32.0	63.8	24.6	59.42	141.5	27.42	11.5
8 月 5 日	19.8	29.8	10.2	27.97	174.2	8.17	–19.9
8 月 6 日	25.4	69.2	38.2	64.80	69.6	39.40	3.1

① 每次降雨前田面水距径流溢出口的高度差；② 通过贺宝根修正模型 y=0.994x–3.9598 计算的径流值；③ 在 R_HE 的基础上减掉ΔH所得值，即为了克服排水堰高度产生的径流值。

是影响周围水体水质的重要因素。显然，径流水氮素浓度越高，则周围环境水的浓度增加越多；反之，则径流水对周围水体起了稀释作用。张大弟等（1997）的研究表明，水稻田径流中氨氮和总氮的平均浓度为 1.82 mg/L 和 4.32 mg/L，普遍高于周围水体和灌溉用水中相应氮素浓度；《地表水环境质量表标准》（GB 3838—2002）中规定农业用水区执行 V 类水质标准，即总氮和氨氮浓度为 2 mg/ L，而水稻田面水浓度在一般情况下都高于这一值，因此稻田径流流失是地表水污染的贡献源。

影响水稻田氮素径流流失的因素很多，主要有施肥、降雨。Smith（1988）提出径流中硝态氮浓度偏高与施肥方式和时期有关。晏维金（1999）则对水稻田氮素径流流失进行了定量研究，发现施肥后流失量达到 1.2 kg/hm^2，是不施肥情况下的 10～30 倍。邱卫国等（2004）研究表明施用有机肥会显著降低田水中总氮的浓度，从而可以有效降低氮素径流的风险。高效江等（2001）通过动态监测表发现施碳铵后水稻田田面水，氨氮为氮素的主要存在形式，施肥后 5 h 达到峰值，以后逐渐变小，1 周后，仍维持 17 mg/L 的水平，未达到安全水平，不过随降雨和施肥间隔时间的延长，稻田氮素径流损失就会大大降低。相对于碳铵来讲，尿素尽管含氮量较高，但它是有机氮，转换为水稻易吸收的氨氮需要一定的时间，也无形中增大了降雨径流流失的风险。降雨影响氮素径流流失可以从两个方面理解：第一，雨量、雨强等直接影响了径流量的大小，雨量、雨强越大，径流量也越大；第二，雨强的大小也直接影响了土水界面氮素的转化，导致径流中氮素浓度发生变化。

综上所述，降雨和施肥是影响氮素径流浓度的两大主要因素，为了确定杭嘉湖地区淹水稻田径流中氮素浓度，本研究利用观测天然降雨条件下不同施氮水平稻田径流氮素浓度来模拟其流失规律，以期利用该规律和降雨、施肥资料来求得氮素径流流失负荷。同时，考虑到水稻田径流中氮的主要形态由于降雨施肥间隔时间、化肥种类等因素不同有着不确定性，因此，本研究以总氮作为研究对象。

1. 试验设计

试验在嘉兴王江泾农场进行，在 15 小区选取 5 个不同施氮水平小区，利用雨量桶测量降雨量，并埋设 PVC 管和径流桶，PVC 管口略高于田面水 25 mm 左右。

2. 结果与分析

试验期间形成径流的降雨共有 3 次，按我国气象部门规定的降雨强度标准，两次属于大雨，一次属于暴雨。对每次降雨形成的径流样进行采集测定，结果见表 5.6。

表 5.6　试验各处理降雨径流氮素浓度

降雨时间	施肥状况	降雨量（n=5）（mm）	径流中总氮浓度（mg/L）					
				N_0	N_1	N_2	N_3	N_4
7月22日	第一次追肥后第6天	26.1±3.7	TN	3.82	4.01	4.32	4.261	7.26
			NO_3^--N	1.83	3.20	3.02	3.02	6.08
			NH_4^+-N	0.31	0.60	0.17	0.42	0.58
8月17日	第二次追肥后第7天	37.4±4.5	TN	5.05	11.10	12.42	14.31	22.15
			NO_3^--N	3.87	6.04	7.77	7.41	12.39
			NH_4^+-N	0.30	0.72	0.42	2.22	1.30
8月29日	第二次追肥后第19天	26.6±2.9	TN	4.28	6.00	7.99	9.52	11.86
			NO_3^--N	2.36	3.45	4.53	3.81	7.23
			NH_4^+-N	0.69	0.55	1.69	2.58	2.40

由表 5.6 可以看出，降雨强度和径流氮素浓度最为密切，第二次暴雨过程中径流氮素浓度最高；而施肥量的增加也较为明显地促进了径流氮素浓度的提高，尽管发生在第二次追肥后第 19 天［一般认为施肥后 10 天内存在流失风险（单艳红，2005)］，但总氮流失浓度在 5 个处理水平下仍有 4.28～11.86 mg/L 的变化。同时发现，硝氮、氨氮等可溶性氮占了流失氮的大部分，此外可能还有一些有机态氮。笔者对降雨强度、施肥量以及径流氮素浓度运用 SPSS（V11.0 for Windows）软件进行二元一次方程拟合，其中第一次降雨事件由于发生在氮肥的

第一次施用之后第二次施用之前，因此拟合时施氮量只取第一次追肥的施氮量。结果表明，径流中各形态氮和降雨强度以及施肥水平均存在着明显的相关关系，其中总氮、硝氮和降雨强度及施肥量呈明显的正相关，而氨氮和这两者的相关关系趋势不一致，同时从变量的系数可知，氨氮受这两者的影响较小，这可能与降雨距施肥的时间间隔较长，田面水中氨氮浓度较低等因素有关。考虑到总氮才是本研究的重点，因此以回归方程 $y=0.483x_1+0.02979x_2-10.433$ 作为污染物输出模型（表 5.7）。

表 5.7　径流氮素浓度、降雨量及施氮量相关性分析

项目	样本数	回归方程	相关系数 R
TN	15	$y=0.483x_1+0.02979x_2-10.433$	0.948**
NO_3^--N	15	$y=0.265x_1+0.01533x_2-5.197$	0.921**
NH_4^+-N	15	$y=-2.03E-3x_1+5.347E-3x_2+0.804$	0.777**

**表示 $p<0.01$。

注：y 为径流氮素浓度（mg/L）；x_1 为降雨量（mm）；x_2 为施肥量（kg N/hm^2）；$n=15$，$r_{0.05}=0.497$，$r_{0.01}=0.623$。

5.3.3　淹水稻田氮素径流流失负荷估算

通过定点观测，已经对贺宝根提出的 SCS 修正模型进行了可行性验证，得到了考虑人为排水堰因素的杭嘉湖淹水稻田降雨径流模型，即 $y=0.994x-28.9598$，其中 y 为径流量（mm），x 为降雨量（mm）；同时利用嘉兴王江泾试验基地的大田试验，得到氮素径流浓度模型，即 $y=0.483x_1+0.02979x_2-10.433$，其中 y 为径流氮素浓度（mg/L），x_1、x_2 分别为降雨强度（mm）和施肥量（kg/hm^2）。由以上这两个模型可知，为了估算整个水稻田淹水期氮素的径流流失负荷，需要得到这段时期形成径流的降雨的雨强、累计降雨量以及施氮量的空间分布资料。

对于降雨强度，根据降雨径流模型 $y=0.994x-28.9598$ 可知，单场降雨大于 29 mm 才能形成径流，因此对该地区这段时间内单场雨量（24 h）29 mm 的降雨进行统计插值，得到雨强（24 h）空间分布图，见图 5.4。

累计降雨量是用来计算累计径流量的，因此该累计降雨量也指能形成径流的那部分降雨（>29 mm）的累计降雨量。通过对研究区域及周边 9 个气象站 30 年逐日降雨资料的统计分析，29 mm 以上的单场降雨的累计量约占总累计降雨量的 65%左右，而本研究收集的是总累计降雨量的空间分布资料，因此要对该数据层

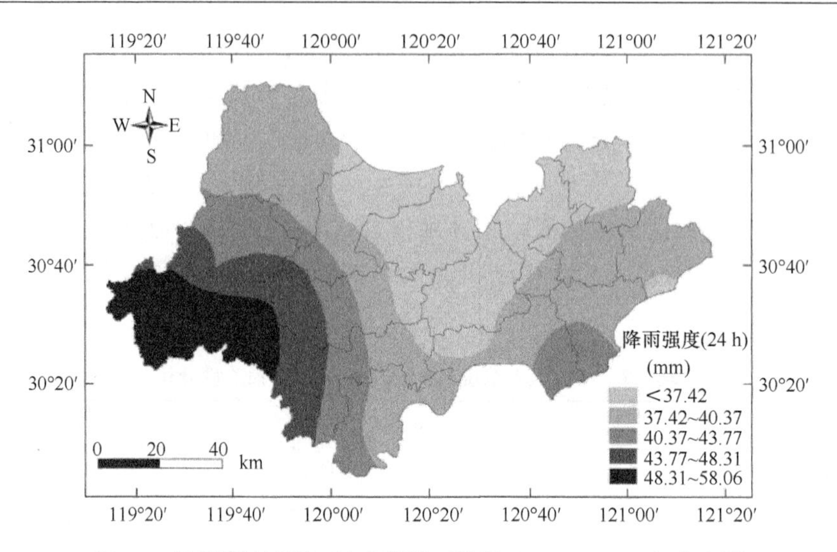

图 5.4　杭嘉湖地区稻田淹水期降雨强度（>29 mm/24 h）分布图

先进行系数校正，再代入降雨径流模型计算。同时淹水期各时间段施肥量不同，其径流氮素浓度也将有所区别，为了和施肥阶段统一，分别对 6 月后半月，7 月、8 月、9 月共四个阶段数据进行插值预测，得到各阶段有效累计降雨量分布图，见图 5.5。

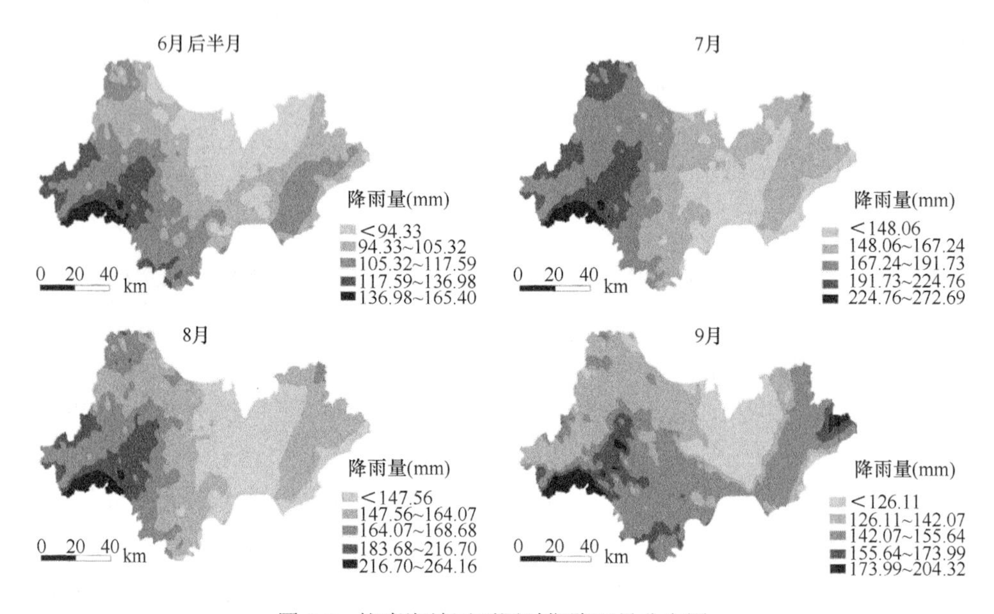

图 5.5　杭嘉湖地区不同时期降雨量分布图

施氮量数据在整个稻季施氮水平分布图（图 5.6）的基础上，根据杭嘉湖地区农田施肥习惯，6 月后半月，7 月、8 月、9 月份四段时期施肥量分别取总量的 1/4、1/2、3/4 和全部。

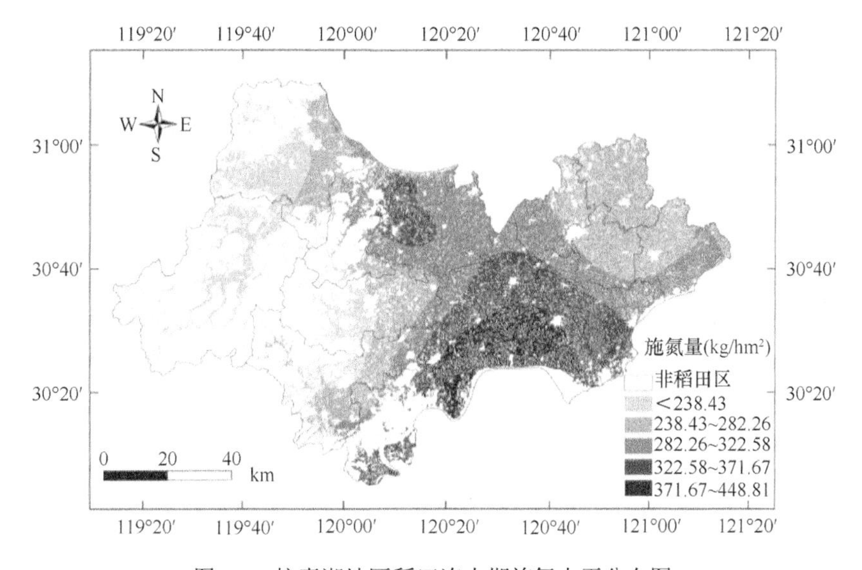

图 5.6　杭嘉湖地区稻田淹水期施氮水平分布图

根据以上两个模型，利用 Arcinfo 的栅格计算模块（Raster Calculator），对校正降雨量、降雨强度和氮素施用量的空间分布图进行叠层计算，最后得到杭嘉湖地区稻田淹水期氮素径流流失负荷和流失率（径流流失负荷占所施氮素的比例）的空间分布图（图 5.7）。

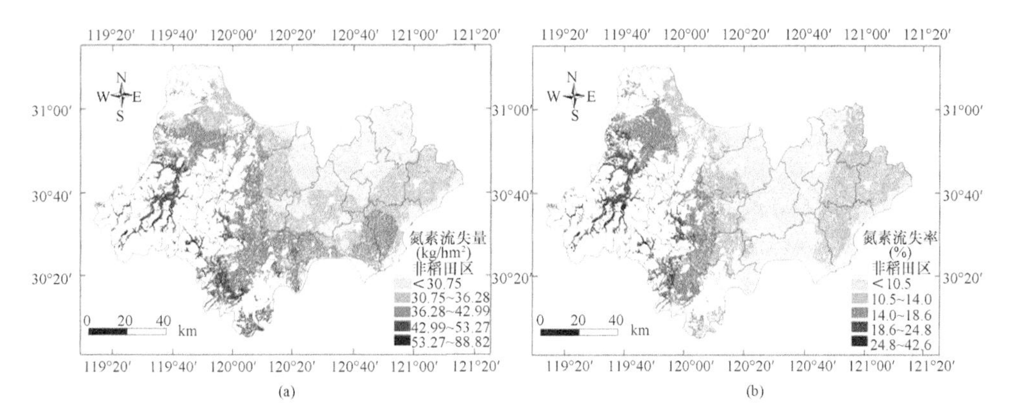

图 5.7　杭嘉湖地区淹水稻田氮素径流流失负荷（a）和流失率分布图（b）

5.3.4 小结

杭嘉湖地区水稻田在 3 个半月的淹水期内氮素径流流失负荷较大，平均为 35.26 kg N/hm^2，约占水稻生长季氮肥施入量的 12.69%。通过观察图 5.7 还发现，不管是径流流失负荷还是流失率，在空间上均存在着明显的变化。靠近西部山区的稻田尽管施肥量不高，但由于降雨量和强度都较大，其氮素径流流失负荷明显高于东部平原地区，其中安吉的流失负荷最高，为 48.41 kg N/hm^2，余杭和杭州市区也相对较高，分别为 43.35 kg N/hm^2 和 41.21 kg N/hm^2；而在东部平原地区，沿海的海盐、平湖等地尽管降雨量高于海宁地区，但是由于施肥量因素，海宁的氮素径流流失负荷还是高于沿海地区；而中北地区由于降雨量、降雨强度和施肥量均较小，因此流失负荷也明显小于其他地区。流失率的空间变化趋势和流失负荷基本一致，西部地区明显高于东部地区，安吉、余杭和长兴的氮素径流流失率分别为 23.5%、16.3%和 15.4%，而东部地区的海宁由于施氮总量偏高，其流失率反而小于其他地区。

5.4 杭嘉湖地区油菜田氮磷径流流失研究

农田处于非淹水期时，降雨径流的产流过程和淹水期不一样：淹水期土壤本来就处于一个饱和状态，降雨发生后将很快使得田面水升高，当超过排水堰时便产生径流；而非淹水期土壤处于不饱和状态，因此降雨初期不会产生径流，土壤要先吸收一部分降雨，称为前期损失量，由于农田是一个开发系统，因此当土壤达到饱和后将马上产生地表径流，所以在非淹水期的降雨径流产流模型中则不需要考虑排水堰因素。

对于非淹水期油菜田的降雨径流，本研究仍旧在 SCS 模型的基础上，对其中的部分参数进行率定和修正，然后确定其一季的总径流量。

5.4.1 降雨径流及其氮磷流失估算

1. 降雨径流估算

1）参数率定

根据贺宝根等（2001）的研究，旱作农田的前期损失量 I_a=0.05 S'，CN 值取 78。根据公式（5-5），得其饱和储水量 S'为 71.64 mm，前期损失量 I_a 为 3.58 mm。

根据笔者于兴修等（2002）的研究结果，菜地的产流时间相比于其他土地利用类型都要长，在降雨强度为 1.8 mm/min 条件下，其产流时间为 12 min，前期损失量为 21.6 mm。这主要是由于菜地是耕作土壤，翻耕频率与程度很高，土壤较为疏松，降水的入渗速率高，所以产流时间较长，前期损失量较大。杭嘉湖地区旱作油菜田是经翻耕的土壤，其和菜地地面条件类似，因此相比稻田系统，旱作农田径流产生须重新率定 SCS 参数。

为了得到油菜田的前期损失量，本研究利用喷雾器（有效容积 15 L）自制模拟降雨期，在湖州市善琏镇进行人工降雨试验。试验样方为 1 m×1 m。四周设置塑料挡板，挡板插至土壤约 0.5 m 深，以防止侧渗、壤中流等损失，在土表面以上四周挡板只开一径流口。试验共进行 6 次重复，每次试验地都不同，以保证不受前一次降雨的影响。设计雨强为 1 mm/min（暴雨强度），每次降雨尽量以这种强度控制喷水的速度，每次降雨的总雨量为 30 mm（两桶喷雾器水量）。每次产流情况如表 5.8 所示。

表 5.8　油菜田产流试验

试验序号	状态	降雨量（mm）	产流量（mm）
1	开始产流	14.2	0
	降雨结束	30.0	2.0
2	开始产流	12.1	0
	降雨结束	30.0	3.2
3	开始产流	14.0	0
	降雨结束	30.0	2.2
4	开始产流	12.8	0
	降雨结束	30.0	4.2
5	开始产流	11.5	0
	降雨结束	30.0	4.5
6	开始产流	12.0	0
	降雨结束	30.0	5.0

由表 5.8 看出，6 次平行试验开始产流时降雨量的相对误差界于–10%～11%之间，为此本研究以 6 次开始产流降雨量数据的平均值 12.8 mm 作为油菜田的前期损失量。相比于菜地 21.6 mm 的前期损失量，油菜田的前期损失量要相对较小，这可能因为油菜田土壤为水稻土，持水性能比较好，前期含水量较高，比起菜地土更易形成径流。对于旱作油菜田类型，本研究中关于前期损失量和饱和储水量的比例系数还是参照美国水土保持局提出的最合适值 0.2，根据 12.8 mm 的前期损

失量以及公式（5-4）、（5-5）反推 CN 值，得其值为 80。因此，本研究关于油菜田径流产生所选 SCS 模型的参数重新率定为 I_a=0.2 S'，CN=80。根据重新率定参数，利用公式（5-3），计算当降雨量 P=30 mm 时，径流量 Q=3.7 mm，用实测数据平均值来验证该值，误差仅为 5%，说明重新率定的参数比较符合实际油菜田的产流过程。

2）径流量估算

由于油菜田系统的前期损失量为 12.8 mm，即单场降雨量小于该值的降雨将不能产生径流，因此先对油菜季累计降雨量空间分布层进行系数校正。通过对研究区域及周边 9 个气象站 30 年逐日降雨资料的统计分析，油菜季 12.8 mm 以上的单场降雨的累计量约占该期总累计降雨量的 54%左右，为此把 54%作为校正系数对油菜季总累计降雨量进行校正，得到有效总累计降雨量分布图，再根据修正 SCS 模型进行径流量的估算。在 Arcinfo 平台上利用 GRID 模块进行油菜季径流量的估算，结果如图 5.8 所示。

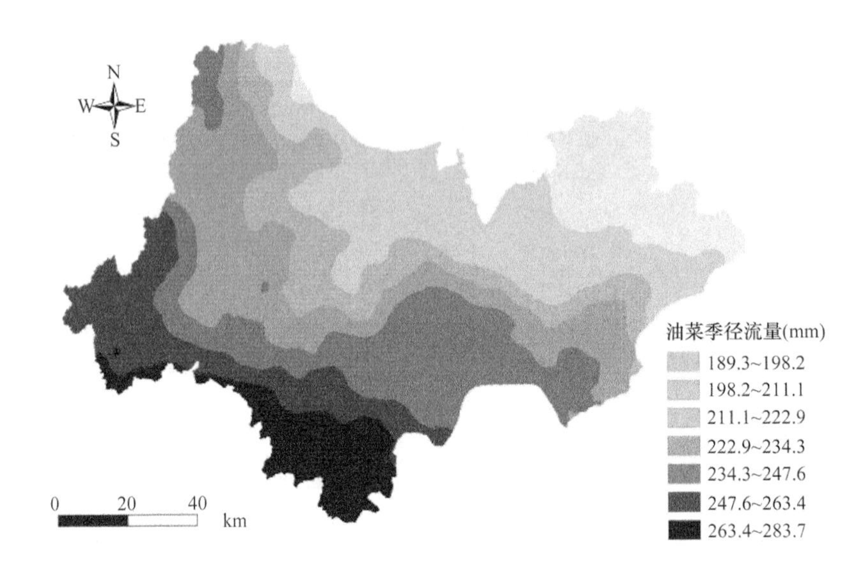

图 5.8　杭嘉湖地区油菜田径流量分布图

对图 5.8 进行统计可知，杭嘉湖地区油菜季多年平均径流量为 226.73 mm，其中分布呈西南高东北低的趋势，嘉兴地区该段时期内多年平均径流量为 212.57 mm，低于杭嘉湖地区的平均水平。

2. 氮磷径流流失浓度研究

径流中氮磷的浓度受很多因素影响，如降雨（降雨强度、降雨时间和降雨分布）、施肥（施肥种类、施肥时间、施肥数量）、地形地貌特征、植被覆盖、土壤条件和人为管理等，是一个非常复杂的过程。

降雨是影响径流氮磷浓度的一个重要因素。以磷素为例，大部分以颗粒态的形式结合土壤颗粒流失，降雨量、降雨强度及降雨时间等因素对土壤扰动和流失的影响很大（Sharpley et al.，1992；张光辉，2001），从而也是影响磷素径流流失的主要因素。单保庆等（2001）利用控制不同雨强、植被覆盖等条件来研究磷素的径流流失，结果表明，不论是哪种植被覆盖，表面径流中磷素的浓度高雨强条件要明显大于中雨强条件。周俊等（2000）研究表明，旱地表土和有机质的流失与雨强基本呈正相关，以径流冲刷作用为主，氮磷钾养分的流失则以径流溶蚀为主，与雨强的正比关系则比较复杂。笔者课题组在嘉兴试验基地通过观测天然降雨条件下农田径流中氮磷浓度的试验也发现，各形态 N、P 浓度和降雨强度的关系极为密切（梁新强等，2005）。

除降雨外，施肥也是影响氮磷流失浓度的一个关键因子。孙彭力和王慧君（1995）的研究表明在相同的径流条件下，每增施 1 kg/hm^2 的氮素，通过径流损失的氮即增加 0.56～0.72 kg/hm^2，其中肥料氮流失所占比重也随施氮量而增加，即每增施 1 kg/hm^2 的氮素，肥料氮的流失增加 0.086%～0.091%。张焕朝等（2004）研究表明，冬季小麦田径流平均磷素浓度随着施肥量的增加呈明显上升的趋势，对两个年份两个地点共四批数据进行统计表明，平均磷素径流浓度和施肥量呈明显的线性正相关，R^2 最低为 0.9831。除施肥水平外，肥料种类对 N、P 等物质的流失也有重要的影响。陈国军等（2003）的研究表明，有机肥和碳铵混施后短时间内田面水的 NH_4^+-N 浓度要明显小于单施碳铵，这说明施肥初期掺入有机肥后氮素径流流失的潜能要减小；不过单施碳铵的田面水 NH_4^+-N 浓度在第 2 天就减少了 75%，而施有机肥的田面水 NH_4^+-N 浓度的变化要明显减缓，说明流失风险持续时间比较长。

除此之外，地形地貌特征、植被覆盖、土壤条件及人为管理等均会影响氮磷的径流流失浓度。坡度是影响水土流失、土壤侵蚀的一个非常重要的因子，而氮磷尤其是磷素的径流流失浓度和土壤流失程度有着直接的关系，因此坡度等地形条件也将很大程度地影响氮磷的径流流失浓度。地貌特征不同，氮磷流失差别也很大，我国广东东江流域农田的磷素流失量为 1.16 $kg/(hm^2·a)$（李定强，1998），四川涪陵地区农田中磷流失量为 1.17 kg/(hm^2·a)（陈西平和黄时达，1991），而在黄土高原的府谷县、米脂县农田中磷流失量分别为 9.9 kg/(hm^2·a)和 8.7 kg/(hm^2·a)（余存祖，1987），这说明尽管黄土高原区降雨量没有另两个地方大，但由于氮磷流失浓度大，流失总量要明显高于另两个地区。植被覆盖对氮磷径流流失浓度影响也很大，张兴昌和邵明安（2000）研究表明植被覆盖度增加了径流中矿质氮的浓度，其原因为 NH_4^+-N 主要存在于土壤颗粒表面，而 NO_3^--N 主要存在于土壤溶液中，其流失量主要取决于径流量大小，以及径流与表层土壤颗粒相互作用的强度和时间；植被覆盖度增加了径流与表土作用的时间。晏维金等（2000）研究表明，由于不同粒径团聚体对磷的富集机理和富集系数不同，作为径流中磷的主要流失形态，颗粒态磷中 60%～90%随 0.1 mm 以下的颗粒物流失，这说明土壤颗粒组成等土壤性质对磷素的径流流失浓度也有很大影响。梁涛等（2003）通过模拟天然大暴雨的试验发现，在相同的降雨条件下，径流中主要形态磷的流失浓度以桑林为最高，而松林由于土壤中磷素含量较低，其径流中形态磷的流失浓度也较低，这说明不同土地利用类型氮磷的径流流失浓度存在很大差别。

综上所述，农田尤其是旱作农田氮磷的径流流失浓度受到多种因素的影响，其过程非常复杂，如果要通过模型模拟其流失则须选择很多参数和积累大量实测资料，难度很大。张大弟等（1997）于 1993 年和 1994 年，对上海市郊稻田、旱田、村、镇 4 种地表径流及稻田渗漏水和田面水共 6 类水样进行全年采集，径流样采集在降雨产流过程中进行，避开始流期和终流期，6 类水样共计 400 多个，每类 50 个以上，具有一定的代表性。对于总氮、总磷的测定，分未过滤和过滤两类进行，其中未过滤水样测定结果包括了沉积态氮磷含量。旱田径流总氮、总磷平均浓度的最后结果为 5.90 mg/L、0.85 mg/L。杭嘉湖地区和上海市郊距离很近，地理上是连续的，且自然和农事管理状况都非常相似，因此本研究以张大弟等的结果进行杭嘉湖地区一季油菜田氮磷径流流失负荷的估算。

3. 降雨径流氮磷流失负荷估算

根据张大弟等研究结果，旱田总氮、总磷径流平均浓度为 5.90 mg/L、0.85 mg/L，以及径流量的估算结果（图 5.8），估算得到杭嘉湖地区降雨径流氮磷流失负荷，见图 5.9。

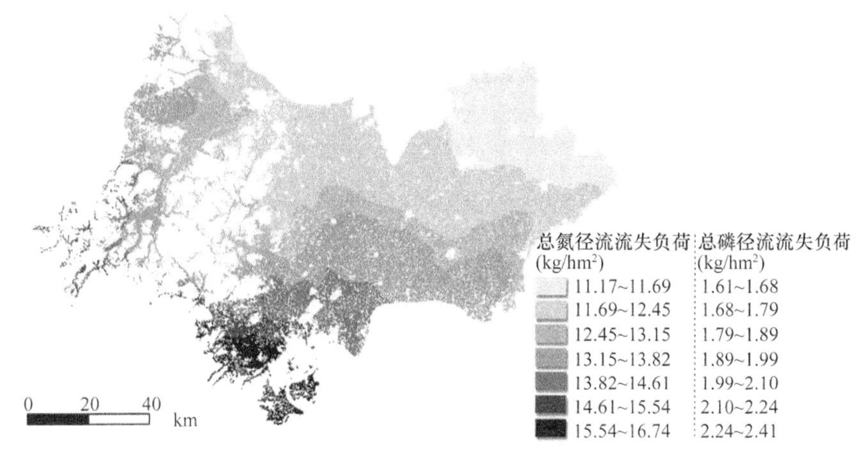

图 5.9　杭嘉湖地区油菜田径流氮、磷流失负荷

由于本研究采用统一的平均氮磷径流浓度进行流失负荷的估算，因此其分布情况和径流量的分布（图 5.8）完全一样。对图 5.9 进行统计分析，杭嘉湖地区一季油菜田总氮、总磷平均径流流失负荷为 12.97 kg/hm^2、1.87 kg/hm^2。尽管杭嘉湖地区自然和耕作等条件相差不多，而且本研究只选油菜田一种土地利用类型，但由于研究区面积在 10000 km^2 以上，同时氮磷径流浓度影响因素很多，各地油菜田氮磷径流平均浓度还是会有差异，因此用统一浓度进行估算会存在一定的误差，并且靠近西部山区地区的误差要比东部的嘉兴地区大，这是因为嘉兴地区各种条件都更接近上海市郊。鉴于此，同时也为了能和通过土壤流失来估算氮磷径流流失的方法进行比较，本研究对嘉兴地区进行单独的统计，结果见表 5.9。

表 5.9　嘉兴地区油菜田氮磷径流流失负荷

地区	油菜田面积（hm^2）	总氮		总磷	
		平均（kg/hm^2）	总量（kg）	平均（kg/hm^2）	总量（kg）
嘉兴	305295	12.48	3810728.49	1.80	548997.47
秀洲	43118	11.89	512499.52	1.71	73834.67
南湖	33376	11.90	397316.38	1.72	57240.49
嘉善	40136	11.12	446377.84	1.60	64302.91
平湖	42396	11.53	488954.42	1.66	70442.59
海宁	49686	13.87	689101.76	2.00	99277.37
海盐	38243	13.20	504968.59	1.90	72749.69
桐乡	58340	13.22	771509.98	1.91	111149.74

5.4.2　土壤流失及其氮磷流失量估算

在非淹水期，降雨径流通过冲刷农田表面带走大量的泥沙，而这部分泥沙也将从农田带走大量的氮磷进入水体，形成农业面源污染。研究表明，美国因地表径流损失的农田氮素每年为 450 万 t，苏联因地表径流造成的土壤全氮损失每年达 300 万 t（冯绍元和郑耀泉，1996），我国全年流失土壤达 50 亿 t，带走的氮、磷、钾及微量元素等养分约相当于全国一年的化肥施用总量（张世贤，1996）。降雨径流造成水土流失的研究很多都集中在山地丘陵地区，而在平原地区则相对较少，但实际研究证明在平原地区农田，尤其是旱作农田也可能存在严重的水土流失。为了估算这部分氮磷流失负荷，首先要得到泥沙量的流失模数，本研究采用通用土壤流失方程（USLE）来估算土壤流失量，在此基础上再利用土壤中氮磷的含量来估算土壤、氮磷流失负荷。

1. 基于 USLE 模型与 GIS 结合预测泥沙侵蚀量

1）USLE 模型与运算基本流程

USLE 是目前预测土壤侵蚀最为广泛使用的方法。

该流失方程的数学表达式为

$$A=R\times K\times L\times S\times C\times P$$

式中，A 为土壤侵蚀模数，即单位面积土壤流失量；R 为降雨径流侵蚀力；K 为土壤可蚀因子；L、S 为坡长坡度因子；C 为植被与经营管理因子；P 为水土保持因子。方程形式非常简单，所需参数较易获得。在应用该模型进行计算时，关键是获取方程各因子指标值，在应用 GIS 和 USLE 模型进行区域侵蚀模数估算时，表现为各因子图的生成。

在运用 ARC/INFO 的空间数据管理和分析功能对模型进行区域土壤侵蚀定量计算时，首先应建立数字高程模型（DEM）、土地利用现状图、土壤类型图、植被覆盖分布图等矢量图，对其属性数据进行相应的数据编码操作，并将其栅格化（Grid），生成各因子图，然后将各层进行叠层相乘，获得整个杭嘉湖平原水网区农田的土壤侵蚀强度等级图，具体工作流程见图 5.10。

2）各因子的确定及因子图的生成

A. 降雨侵蚀因子 R 值的估算

降雨侵蚀因子 R 值与降雨量、降雨强度、历时、雨滴大小及雨滴下降速度有

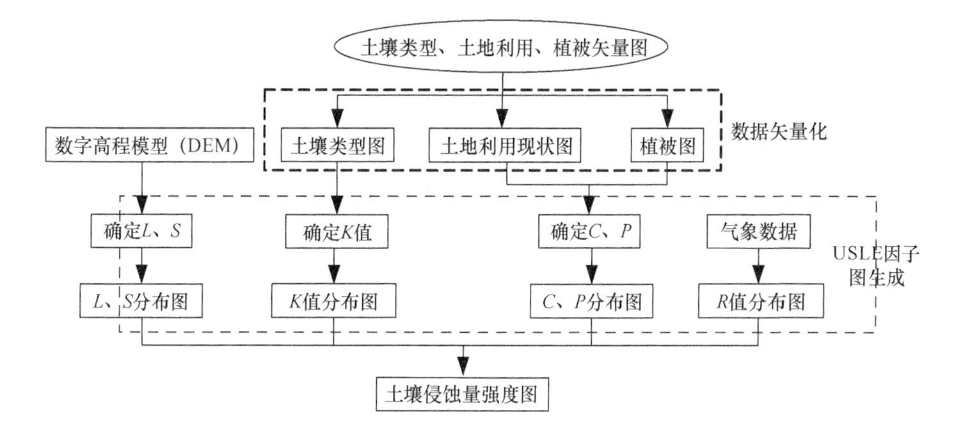

图 5.10　土壤侵蚀强度预测流程图

关，它反映了降雨对土壤的潜在侵蚀能力。R 值难以直接测定，大多用降雨参数，如雨强、雨量等来估算。本研究参考周伏建和黄炎和（1995）据南方实测数据提出的 R 值计算，该方程式为

$$R=\sum_{i=1}^{12}(-1.5527+0.1792P_i)$$

式中，P_i 为月降雨量，mm；R 为全年的降雨侵蚀力，$MJ \cdot mm \cdot hm^{-2} \cdot h^{-1} \cdot a^{-1}$。在本研究中，USLE 用来计算非淹水期的土壤侵蚀量，因此 i 的取值范围为 12 月以及 1～5 月，因此上述方程改写为

$$R_{非}=\sum_{i=1}^{5}(-1.5527+0.1792P_i)+(-1.5527+0.1792P_{12})$$

本研究中搜集了研究区域内及周边范围 9 个气象站 30 年的逐月降雨数据，并结合 1∶25 万水系图和地形图对其进行校正统一，最后采用 Kriging 算法进行空间插值，生成非淹水期各月降雨量图。最后运用上述方程计算得出杭嘉湖地区非淹水期降雨侵蚀力 R 值空间分布图。

B. 土壤可侵蚀因子 K 值估算

K 因子反映了土壤对侵蚀的敏感性及降水所产生的径流量与径流速率的大小，其大小与土壤质地、土壤有机质含量有较高的相关性。K 因子的求取方法一般有小区实测法、查诺谟图法及查表法等。通过小区进行直接测定，需要大量的时间和仪器，而且费用昂贵。因此，对于大多数土壤而言，一般根据那些最初测定的 K 值，将其特性与被测定的土壤相比较，近似估算这些土壤的 K 值，这就出现了查诺谟图法及查表法。

根据土壤性质与实测得到的土壤 K 值，可以建立可蚀性因子 K 与土壤性质之间的关系式，并绘制查算 K 值得诺谟图。不过该方法对参数要求较高，很多参数（如准确的渗透速度级别等）很难获得，同时由于我国一直采用苏联的土质分类系统做了大量土壤颗粒分析，和诺谟图的美制分类系统不同，因此应用起来困难较大。本研究采用查表法，通过土壤质地和有机质含量来查 K 值，各种土质和有机质含量所对 K 值见表 5.10（蔡崇法等，2000）。由于表中土壤有机质含量最高为 4%，当大于 4%时，先按 4%查出 K 值，再乘以一个修正系数，修正系数取值范围见表 5.11。土壤类型、土质及有机质含量的资料来自于浙江省第二次土壤普查。

表 5.10　USLE 中的可蚀性因子 *K* 值

土壤质地	土壤有机质含量			土壤质地	土壤有机质含量		
	0.5%	2%	4%		0.5%	2%	4%
沙	0.11	0.07	0.04	壤土	0.85	0.76	0.65
细沙	0.36	0.31	0.22	粉砂质黏壤土	1.08	0.94	0.74
极细沙	0.94	0.81	0.63	粉土	1.34	1.16	0.94
壤质砂土	0.27	0.22	0.18	砂质黏壤土	0.60	0.56	0.47
壤质细砂土	0.54	0.45	0.36	黏壤土	0.63	0.56	0.47
壤质极细砂土	0.99	0.85	0.67	粉质黏壤土	0.83	0.72	0.58
水砂质壤土	0.60	0.54	0.43	砂质黏土	0.31	0.29	0.27
细砂质壤土	0.78	0.67	0.54	粉质黏土	0.56	0.52	0.43
极细砂质壤土	1.05	0.92	0.74	黏土	0.65	0.47	0.29

表 5.11　高有机质含量土壤的 *K* 值修正系数

有机质含量（%）	*K* 值修正系数
4.1～6.0	0.9
6.1～8.0	0.8
8.1～10.0	0.7
10.1～12.0	0.6
≥12.1	0.5

C. 坡长坡度因子获取

在 ARC/INFO 工作平台，利用其 GRID 模块进行基于 DEM 的地形特征分析，生成坡度坡长图。通用流失方程中的坡长因子 L 直接采用美国的方法计算（Renard et al.，1997），即

$$L=(\lambda/22.1)^m$$

式中，λ 为坡长，m；m 为坡长指数。当坡度 $\alpha \geqslant 5\%$，m=0.5；当 $3\% \leqslant \alpha < 5\%$，$m$=0.4；当 $1\% \leqslant \alpha < 3\%$，$m$=0.3；当 $\alpha < 1\%$，m=0.2。

本研究利用以下方法计算坡长 λ：首先在 ARC/INFO 工作平台上利用 Aspect 模块得出每一栅格的坡向，共 8 个方向，如图 5.11 所示，然后利用以下公式计算像元坡长：

$$\lambda_i = \sum_{1}^{i}\left(D_i / \cos\alpha_i\right) - \sum_{1}^{i-1}\left(D_i / \cos\alpha_i\right) = D_i/\cos\alpha_i$$

式中，λ_i 为像元坡长；D_i 为沿坡向每像元坡长的水平投影距，如果栅格大小为 d，当坡向为 N、E、S 及 W 时，则 D_i 应视为 1.414 d，当坡向为 NE、SE、SW 及 NW 时，则 D_i 应视为 d；α_i 为每个像元的坡度，i 为自山脊像元至该待求像元的个数。

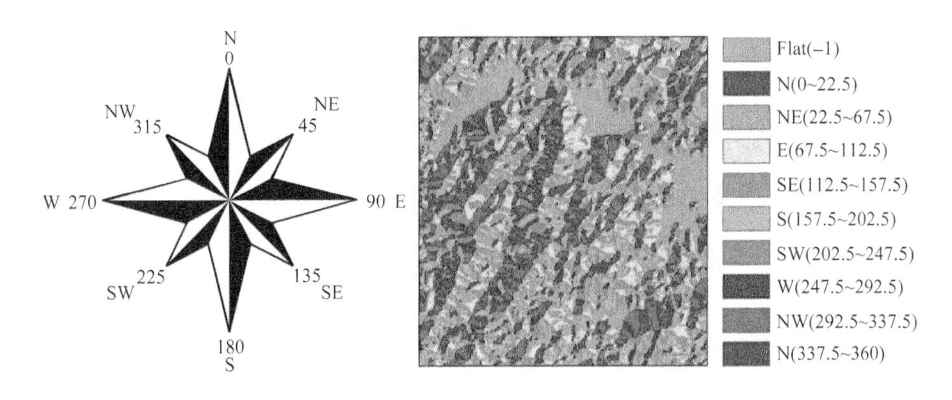

图 5.11　栅格坡向示意图

对于坡度因子 S 的计算，考虑到杭嘉湖平原水网区地势缓平，因此采用适用于缓坡地的 McCool 公式，其表达式为

$$S=10.8\sin\alpha+0.03 \qquad \alpha<5^\circ$$

$$S=16.8\sin\alpha-0.5 \qquad 5^\circ \leqslant \alpha < 10^\circ$$

式中，α 为坡度，(°)。

D. 植被与经营管理因子、水土保持因子（C 因子、P 因子）率定

植被与经营管理因子 C 反映植被、作物和管理因素对土壤侵蚀的综合作用，其值大小主要与植被覆盖和土地利用类型有关。杭嘉湖地区农田在非淹水期主要种植油菜，其和水稻田在管理方式、植被覆盖上存在较大差距。本研究利用 2004 年杭嘉湖地区遥感影像资料提取植被指数信息，根据一定关系转换为植被覆盖信息，并结合 1∶25 万土地利用类型等资料，然后对非淹水期农田进行 C 值率定，

该段时期农田的 C 值定为 0.35。

水土保持因子是采用专门措施后的土壤侵蚀量与顺坡种植时的土壤侵蚀量的比值。水稻田一般是水土保持最好的一种土地利用形式，而自然植被和坡耕地则被认为是最不利于水土保持的土地利用形式。杭嘉湖地区油菜田则应是介于两者之间的一种类型，本研究对于该土地利用类型的 P 值定为 0.45。

2. 土壤氮磷含量研究

氮磷等随着土壤侵蚀从农田中流失，进入水体从而成为污染源，这部分污染负荷是固相流失负荷，它不仅和土壤流失量有关，也和土壤中本身的氮磷含量有关。由于本研究所用资料都是每年秋收冬种这段时间内采样测定获取的数据，而在油菜季由于施肥原因，土壤中氮磷含量要高于采样期，为此进行一定的修正。本研究采用的方法是将采样数据作为土壤氮磷含量的背景值，在此基础上加上所施肥料扣除作物吸收后残留在土壤中的氮磷量作为新的土壤氮磷含量。

根据嘉兴市农业局提供的相关资料，嘉兴地区各县市在冬种季氮磷施用情况如表 5.12 所示。在此基础上，根据我国化肥利用率平均值 30%，杭嘉湖地区耕层水稻土容重约为 1.2 g/cm^3，以及肥料迁移深度等数据，进行施肥增加土壤氮磷含量的计算。肥料迁移深度一般指施肥之后，肥料主要集中的土壤层的深度，它将直接影响流失土壤中氮磷的浓度含量。对于磷来讲，其迁移速度非常慢，根据洛桑试验站的研究结果，每年移动不超过 0.1～0.2 mm，因此可以把新施磷肥看成不动，吸附于表层土壤。而对于氮来讲，施肥后大量氮素以 NH_4^+-N 形式吸附于表层土壤。因此，对于旱作油菜田来讲，氮磷肥料大部分还是集中在表层土壤，经现场相关试验测定和农民经验估计，主要集中在表层 0.5 cm。流失的土壤以沉积物的形式存在于径流中，大量试验表明，沉积物对氮磷还有富集作用，根据晏维金（2000）的研究结果，沉积物对磷的平均富集系数为 1.49；而据黄满湘等（2001）的研究结果，沉积物对氮的富集系数为 1.51。因此，对于土壤氮磷含量还需对其进行富集系数的校正。

3. 土壤、氮磷流失负荷估算

在 Arcinfo 支持下，将 USLE 的各因子图统一为栅格（Grid）数据，栅格大小为 100 m×100 m，正好为 1 hm^2，便于和 USLE 中各因子单位衔接。在此基础上将其进行连乘，从而得到土壤流失量图。在这一过程中由于各因子所使用的单位为英制单位，需进行单位转换，乘以 22.4，转换为 $kg/(hm^2·季)$。在土壤流失量计

表 5.12　嘉兴市油菜田化肥施用情况

地区	化肥施用总量（t）	施用化肥农地面积（hm^2）	单位面积平均施用量（kg/hm^2）	纯氮施用水平（kg/hm^2）	纯磷施用水平（kg/hm^2）
嘉兴市	67938	29773	2281.87	301.86	32.85
南湖区	7626	3032	2515.11	311.49	61.69
秀洲区	7895	3881	2034.32	266.93	20.40
海宁市	19840	7828	2534.45	347.73	27.36
平湖市	4805	2301	2088.40	253.33	34.72
嘉善县	3289	1386	2372.66	229.95	40.49
海盐县	10836	3413	3174.95	462.41	49.34
桐乡市	13647	7932	1720.54	236.28	26.74

算的基础上，结合土壤氮磷浓度分布图（100 m×100 m 的 Grid 图），计算整个嘉兴地区农田非淹水期固相氮磷流失负荷。

4. 结果与分析

1）USLE 模型各因子指标值空间分布

杭嘉湖地区农田（油菜一季）的氮磷流失进行估算时，土地利用类型和管理方式都是单一的，因此 USLE 模型中 C、P 因子取单一值 0.35、0.45，而 R、K、L 和 S 则以空间分异形式存在。

A. 降雨侵蚀因子 R 值空间分布

嘉兴地区在油菜季（12 月以及 1～5 月）降雨侵蚀因子 R 值空间分布如图 5.12 所示。

由图 5.12 可知，在油菜季这段时间，降雨侵蚀因子值 R 呈南高北低的态势，由于其和降雨量呈线性关系，因此和淹水期（6～9 月）情况不同（淹水期降雨量是东高西低）；同时淹水期的降雨量要比油菜季大。

B. 土壤可侵蚀因子 K 值空间分布

根据浙江省第二次土壤普查绘制的全省 1∶25 万土壤类型图，嘉兴地区有青紫泥、黄斑田等 31 种单一土壤类型，同时查阅嘉兴地区土壤理化性质资料，找到各种土壤类型所对应的土壤质地，结果见表 5.13。在此基础上，结合嘉兴地区 1∶40 万土壤有机质含量分布，在 Arcinfo 平台中利用矢量数据栅格化（Features to Raster）和栅格计算（Raster Calculator）得到嘉兴地区土壤可侵蚀因子 K 的空间分布图（图 5.13）。

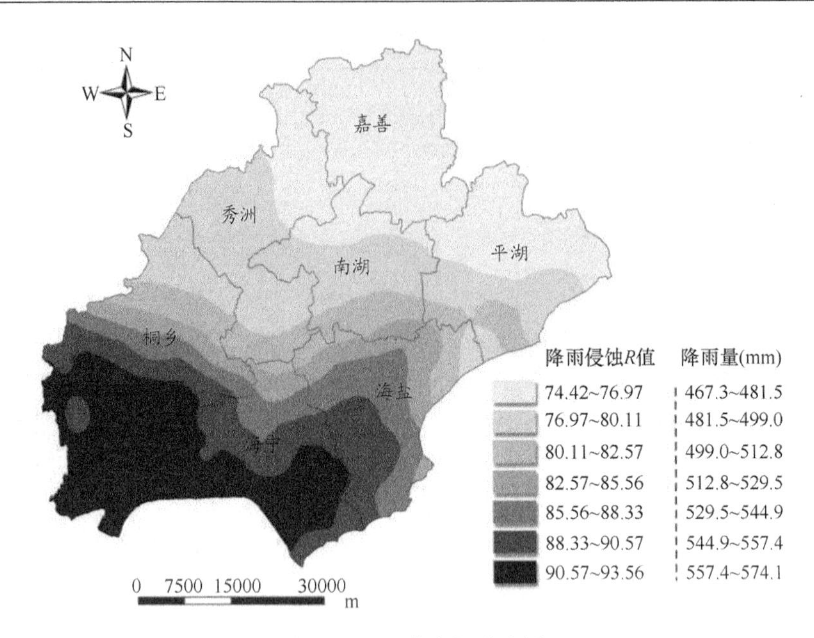

图 5.12　*R* 值空间分布图

表 5.13　嘉兴市土壤质地

土壤名称	质地	土壤名称	质地
并松泥田	黏壤土	黄泥砂土	壤质黏土
黄泥砂田	黏壤土	棕红泥	壤质黏土
黄斑田	壤质黏土	石砂土	重壤土
小粉田	黏壤土	油黄泥	重壤土
黄松田	粉质黏壤土	卵石清水砂	砂质壤土
半砂泥田	黏壤土	潮泥土	粉砂质黏土
粉泥田	砂质黏壤土	堆叠土	粉砂质黏土
黄砂墒田	粉砂质黏壤土	潮闭土	砂质壤土
加土田	壤质黏土	淡涂泥（夜潮土）	中壤土
黄化青紫泥田	粉质黏土	涂砂泥土	粉砂质壤土
青紫泥田	粉质黏土	涂泥土	粉砂质壤土
黄斑心青紫泥田	粉质黏土	咸砂土	黏壤土
粉心青紫泥田	粉质黏土	粗粉砂涂	砂质壤土
青粉泥田	黏壤土	淡涂砂田	黏壤土
黄泥土	壤质黏土	淡涂泥田	黏壤土
潜育型水稻土	粉砂质黏土		

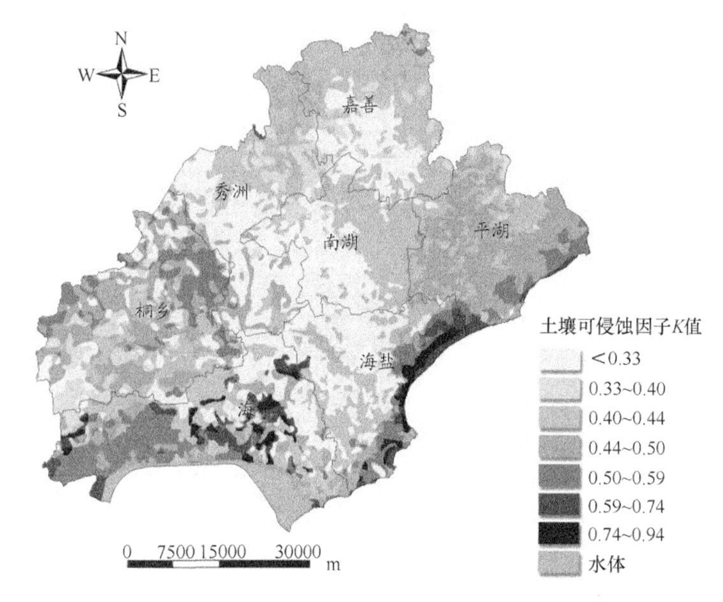

图 5.13　K 值空间分布图

从图 5.13 看出，嘉兴地区土壤易发生侵蚀流失的地方主要集中在平湖、海盐及海宁等沿海（江）地区。该地区土壤属于滨海性土壤，主要由粉泥田、半砂泥田、粗粉砂涂等土壤类型组成，这些土壤有机质含量较低，同时质地均一，以粗粉粒为主，土体淹水易板结，而失水后又很疏松，易受水侵蚀。除此之外，在桐乡部分地区，由于土壤质地和有机质的原因，易侵蚀程度也较高。

C. 坡长坡度因子 L、S 值空间分布

嘉兴地区坡长坡度因子 L、S 空间分布如图 5.14 所示。

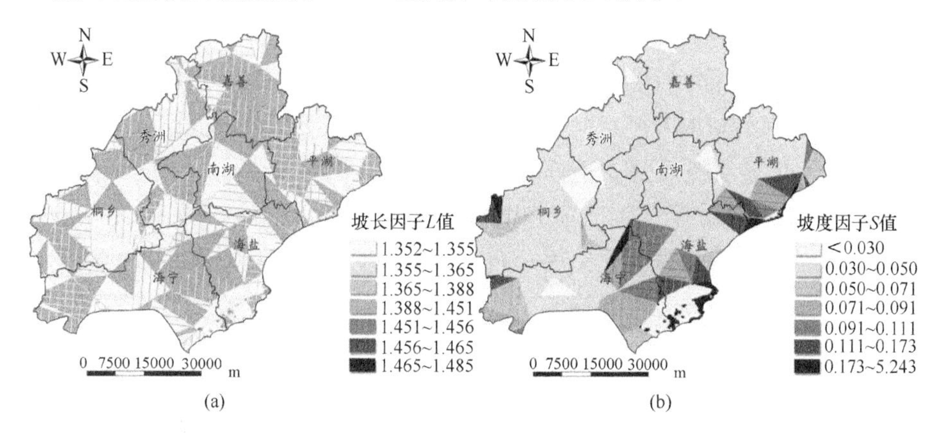

图 5.14　L 值（a）、S 值（b）空间分布图

由图 5.14 可知，L 值变化幅度较小，在 1.352～1.485 之间，而 S 值的变化幅度就比较大，在 0.030～5.243 之间，同时东南沿海（江）地区由于地势较高且变化较大，因此坡度因子也较大。通过比较两张图发现，L 值尽管在表达式上和 S 有直接关系，但由于本研究区域地势平坦，坡度很小，因此其分布和 S 值分布没有显著联系，而和坡向关系密切，图 5.15 为嘉兴地区坡向图。

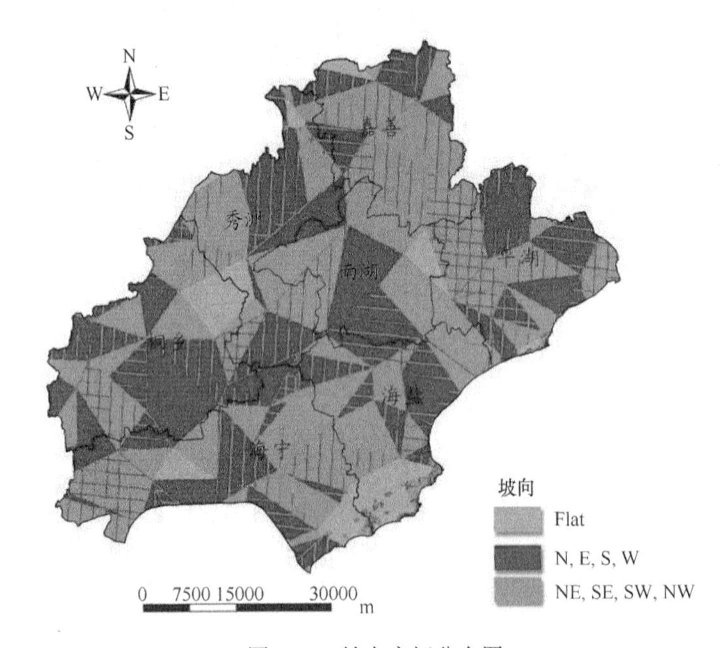

图 5.15　坡向空间分布图

2）沉积物氮磷含量空间分布

A. 沉积物总氮空间分布

油菜季土壤总氮可以看成两部分，其一是水稻收割完之后土壤中本身残留的氮素，第二是油菜季施入肥料除了作物吸收之外，被土壤吸附的部分。本研究对于第二部分的计算如前所述参照嘉兴市农业局提供的资料；而对于第一部分的计算，则直接利用嘉兴市第二次土壤普查编制的嘉兴市土壤全氮分布图（1∶40 万），两者叠加得到嘉兴市土壤总氮空间分布图，在此基础上进行富集系数的校正，得到沉积物总氮浓度空间分布［图 5.16（a）］。

B. 沉积物磷素空间分布

土壤磷素含量同样分水稻收割后土壤背景值和新施肥料两部分考虑，磷素背景值通过把分布在全市 405 个点位所测得数据进行克里金插值得到其分布，新施磷素还是按照嘉兴市农业局提供的相关资料（表 5.12），在此基础上进行富集系数的校正。嘉兴市径流沉积物中总磷含量分布见图 5.16（b）。

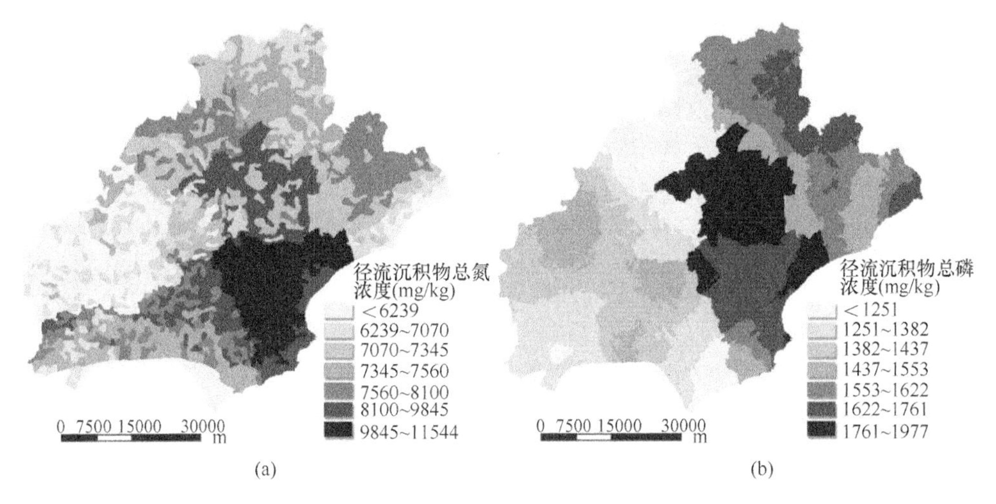

图 5.16　土壤氮磷空间分布图

3）土壤及氮磷流失量

根据以上所得各数据层，通过 USLE 对研究区域油菜季农田土壤流失量进行了估算，并在此基础上结合土壤氮磷含量，估算了土壤氮磷流失负荷，结果如图 5.17 所示。

对以上流失分布图进行具体统计分析，得到研究区域各行政分区土壤及其氮磷的流失情况，结果见表 5.14。

由以上图表结果可知，油菜季农田土壤的径流流失较为严重的地区主要有平湖、海盐、海宁的沿海（江）地区以及桐乡小部分地区，这四个县（市）总的土壤流失量占嘉兴全市的 79.26%，其中单位面积土壤流失以海盐最为严重，达到 1273.04 kg/hm^2，其他地区由于地势平坦、降雨强度较小、土壤有机质含量较高以及质地较黏等原因，土壤流失程度较轻；由于土壤流失而造成的总氮、总磷的流失情况和土壤流失情况基本一致，平湖、海盐、海宁以及桐乡占据全市流失总量的绝大部分，单位面积氮磷流失也以这些地区最为严重。

5.4.3　两种方法的结果比较

通过以上两种方法，即①利用径流量和径流氮磷数据求算一季油菜田氮磷径

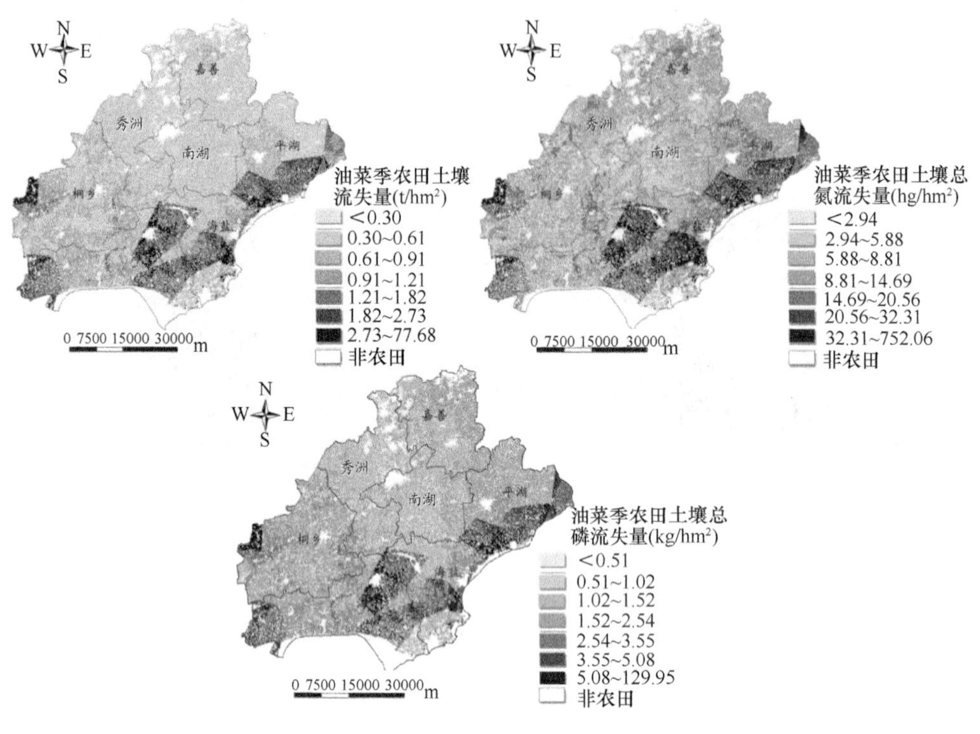

图 5.17　农田油菜季土壤及氮磷流失空间分布图

表 5.14　嘉兴各地区土壤及其氮磷流失

地区	油菜田面积（hm^2）	流失土壤		流失总氮		流失总磷	
		平均（kg/hm^2）	总量（t）	平均（kg/hm^2）	总量（t）	平均（kg/hm^2）	总量（t）
嘉兴	305295	836.22	255294.76	7.69	2346.69	1.50	458.59
秀洲	43118	458.30	19760.89	4.77	205.46	0.75	32.47
南湖	33376	449.52	15003.25	4.39	146.51	0.75	24.98
嘉善	40136	453.16	18188.16	5.18	207.90	0.82	33.07
平湖	42396	1084.62	45983.64	10.57	448.18	2.10	88.96
海宁	49686	1238.68	61545.02	9.04	449.29	2.16	107.30
海盐	38243	1273.04	48684.75	13.85	529.56	2.22	84.85
桐乡	58340	790.69	46129.06	6.17	359.79	1.49	86.95

流流失负荷，②利用土壤流失量及沉积物中氮磷浓度求算一季油菜田氮磷流失负荷，其结果分别①12.48 kg N/hm^2、1.80 kg P/hm^2，② 7.69 kg N/hm^2、1.50 kg P/hm^2。两者存在一定的差异，其中方法②的结果偏小，其中氮素流失负荷的差异比磷素要大，这可能由以下两个原因所致：

方法①中径流氮磷径流浓度既包括沉积物，也包括可溶性部分，而方法②中仅取了沉积相中的部分，尽管氮磷径流的流失大部分是颗粒态形式发生的，但是可溶性部分也不可完全忽略，这就导致了结果②要小于结果①。

磷素在土壤中非常稳定，不易溶解到土壤溶液进行迁移，而氮素较易溶于水相中，当降雨产生径流时，土壤深层吸附在土壤颗粒上的氮素都有可能溶于水相，这就导致可溶态氮的浓度会大大升高。因此，两种方法关于氮素的计算结果的差异要明显大于磷素的计算。

5.4.4　小结

总体来说，考虑到研究范围较大，两种方法的结果差异基本可以接受，尤其是磷素的估算精度更高，这可能与磷素很稳定、不易溶解等因素有关。因此，在平原地区可以利用 USLE 计算土壤流失，并根据土壤磷素浓度资料的方法，来估算磷素的径流流失负荷，而对于氮素径流流失负荷的估算，则须另外进行实测来求算。

参 考 文 献

蔡崇法, 丁树文, 史志华, 等. 2000. 应用 USLE 和地理信息系统 IDRISI 预测小流域土壤侵蚀量的研究. 水土保持学报, 14(2): 19-24.

陈国军, 曹林奎, 陆贻通, 等. 2003. 稻田氮素流失规律测坑研究. 上海交通大学学报(农业科学版), 21(4): 320-324.

陈西平, 黄时达. 1991. 涪陵地区农田径流污染负荷定量化研究. 环境科学, 12(3): 75-79.

冯绍元, 郑耀泉. 1996. 农田氮素的转化与损失及其对水环境的影响. 农业环境保护, 15(6): 277-279.

高效江, 胡雪峰, 王少平, 等. 2001. 淹水稻田中氮素损失及其对水环境影响的试验研究. 农业环境保护, 20(4): 196-198, 205.

贺宝根, 周乃晟, 胡雪峰, 等. 2001. 农田降雨径流污染模型探讨. 长江流域资源与环境, 10(2): 159-165.

黄满湘, 章申, 唐以剑, 等. 2001. 模拟降雨条件下农田径流中氮的流失过程. 土壤与环境, 10(1): 6-10.

李定强. 1998. 广东省东江流域典型小流域非点源污染物质流失规律研究. 土壤侵蚀与水土保持学报, 4(3): 12-18.

梁涛, 王浩, 章申, 等. 2003. 西苕溪流域不同土地利用类型下磷素随暴雨径流的迁移特征. 环境科学, 24(2): 35-40.

梁新强, 田光明, 李华, 等. 2005. 天然降雨条件下水稻田氮磷径流流失特征研究. 水土保持学报, 19(1): 59-63.

邱卫国, 唐浩, 王超. 2004. 水稻田面水氮素动态径流流失特征及控制技术研究. 农业环境科学学报, 23(4): 740-744.

单保庆, 尹澄清, 于静, 等. 2001. 降雨-径流过程中土壤表层磷迁移过程的模拟研究. 环境科学学报, 21(1): 7-12.

单艳红, 杨林章, 颜廷梅, 等. 2005. 水田土壤溶液磷氮的动态变化及潜在的环境影响. 生态学报, 25(1): 115-121.

孙彭力, 王慧君. 1995. 氮素化肥的环境污染. 环境污染与防治, 17(1): 38-41.

王政权. 1999. 地统计学及在生态学中的应用. 北京: 科学出版社: 1, 102-103.

吴炳方. 1991. 水田植物营养素的流失与控制措施. 环境科学, 12(3): 88-91.

晏维金, 尹澄清, 孙濮. 1999. 磷氮在水田湿地中的迁移转化及径流流失过程. 应用生态学报, 10(3): 312-316.

晏维金. 2000. 模拟降雨条件下沉积物对磷的富集机理. 环境科学学报, 20(3): 332-337.

于兴修, 杨桂山, 梁涛. 2002. 西苕溪流域土地利用对氮素径流流失过程的影响. 农业环境保护, 21(5): 424-427.

余存祖. 1987. 水土流失区农田物质循环与改善途径. 中国水土保持, 58(5): 13.

张大弟, 陈佩青, 支月娥, 等. 1997. 上海市郊 4 种地表径流及稻田水中的污染物浓度. 上海环境科学, 16(9): 4-6.

张光辉. 2001. 土壤水蚀预报模型研究进展. 地理研究, 20(3): 274-281.

张焕朝, 张红爱, 曹志洪. 2004. 太湖地区水稻土磷素径流流失及其 Olsen 磷的“突变点”. 南京林业大学学报(自然科学版), 28(5): 6-10.

张世贤. 1996. 三张图表说喜忧——中国面临的严峻挑战与机遇. 中国农村, (5): 6-9.

张兴昌, 邵明安. 2000. 黄土丘陵区小流域土壤氮素流失规律. 地理学报, 55(5): 617-626.

周伏建, 黄炎和. 1995. 福建省降雨侵蚀力指标 *R* 值. 水土保持学报, 9(1): 13-18.

周俊, 朱江, 蔡俊. 2000. 合肥近郊旱地土肥流失与降雨强度的关系. 水土保持学报, 14(3): 92-95.

周乃晟, 贺宝根. 1995. 城市水文学概论. 上海: 华东师范大学出版社: 101.

McCuen R H. 1982. A guide to hydrologic analysis using SCS methods. Englewood, Cliffs: Prentice-Hall, Inc.

Novotny V, Chesters G. 1981. Handbook of nonpoint pollution: Source and management. Van Nostrand Reinhold Company: 4-387.

Renard K G, Foster G R, Weesies G A, et al. 1997. Predicting soil erosion by water: A guide to conservation planning with the revised universal soil loss equation (RUSLE). Handbook NO.703. Washington DC: U. S. Department of Agriculture: 105, 107.

Sharpley A N, Smith S J, Jones O R. 1992. The transportation of bioavailable phosphorus in agriculture in runoff. J Environ Qual, 21: 30-35.

Smith S J. 1988. Nutrient losses from agricultural land runoff in Oklahoma Proc. 22th Okla Agric Chem Conf Oklahoma State Univ Pub Still (Water O K), 13: 23-26.

第 6 章　基于 ArcEngine 的区域稻田氮磷流失负荷估算

6.1 引　言

本章主要通过对不同土壤类型及不同施肥水平下的稻田田面水中氮磷浓度变化进行动态监测，探究田面水中氮磷浓度随施肥量、土壤类型及施肥时间的变化规律，同时以该研究为基础，建立符合研究区域特征的稻田氮磷降雨径流流失负荷估算方法，为该地区农业非点源污染总量控制和水环境管理提供理论基础和科学依据。主要包含以下三项研究内容：

（1）不同土壤类型及施肥水平下稻田田面水中氮磷浓度的动态变化规律研究。

选取杭嘉湖地区典型水稻土作为供试土壤，设计不同的施肥水平，研究化肥施用后的稻田田面水中氮磷浓度动态变化规律，并分别针对不同土壤类型和分次施肥对变化规律进行模式表征。

（2）田间尺度稻田氮磷降雨径流流失负荷估算方法的构建及验证。

以施肥后田面水中氮磷动态变化规律及模式表征方程为基础，结合稻田“蓄满产流”原理，建立田间尺度的稻田降雨径流氮磷流失负荷估算方法。同时，选取具有代表性的试验点建立径流小区，开展长期定点监测，以观测值对该方法估算结果的准确性进行验证。

（3）基于 GIS 的区域尺度稻田氮磷降雨径流流失负荷估算系统构建。

运用 GIS 二次开发技术，以 C#语言和 ArcEngine 二次开发组件为基础，构建区域尺度稻田氮磷降雨径流流失负荷估算系统，并通过面上调查对空间数据库进行搜集和优化。同时，以该系统为平台，对研究区域的稻田氮磷降雨径流流失负荷进行估算和情景分析。

本研究的技术路线如图 6.1 所示。

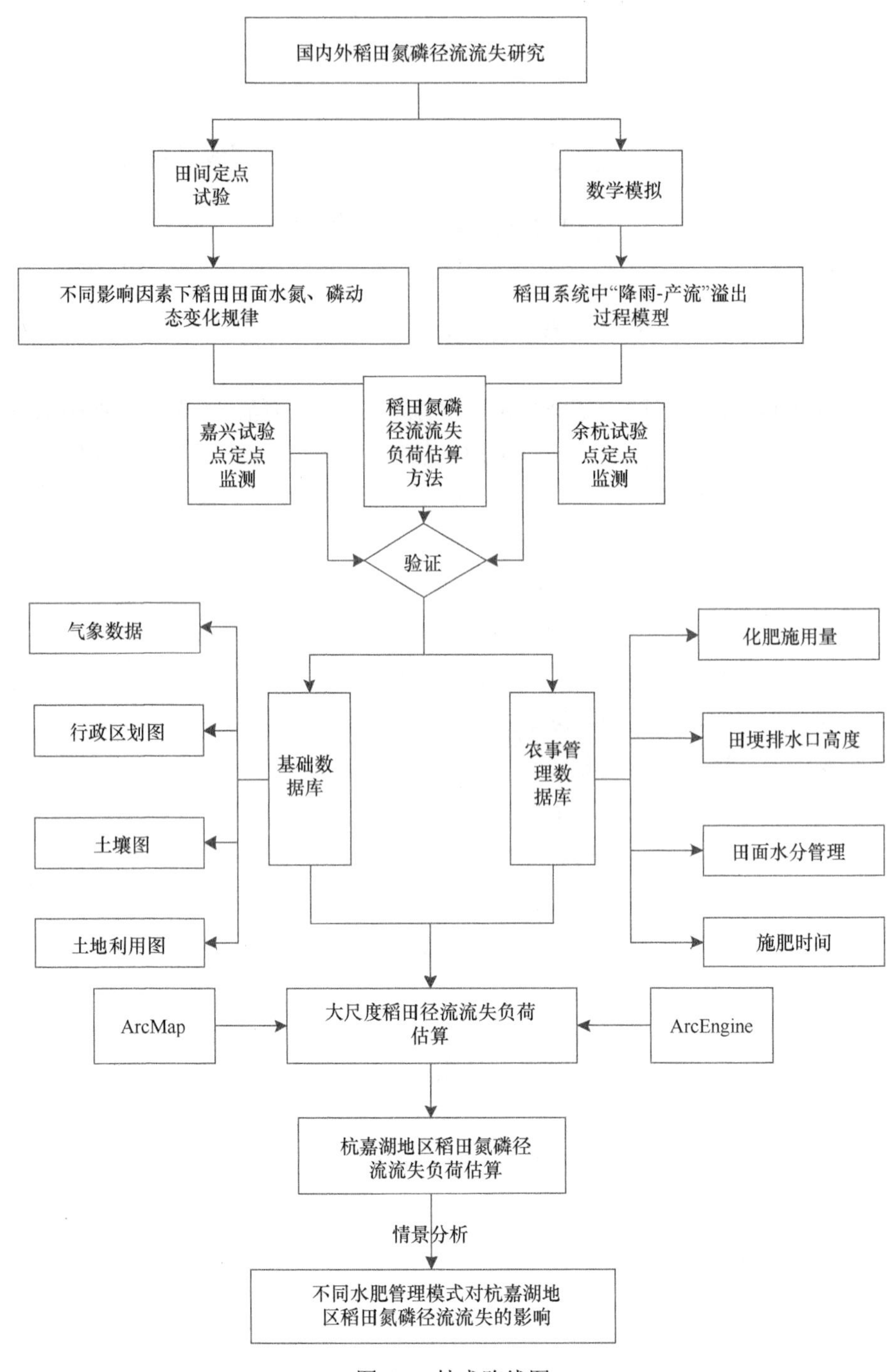
国内外稻田氮磷径流流失研究
田间定点试验
数学模拟
不同影响因素下稻田田面水氮、磷动态变化规律
稻田系统中"降雨-产流"溢出过程模型
嘉兴试验点定点监测
稻田氮磷径流流失负荷估算方法
余杭试验点定点监测
验证
气象数据
行政区划图
土壤图
土地利用图
基础数据库
农事管理数据库
化肥施用量
田埂排水口高度
田面水分管理
施肥时间
ArcMap
大尺度稻田径流流失负荷估算
ArcEngine
杭嘉湖地区稻田氮磷径流流失负荷估算
情景分析
不同水肥管理模式对杭嘉湖地区稻田氮磷径流流失的影响

图 6.1　技术路线图

6.2　稻田田面水中氮磷浓度动态变化规律研究

近年来，众多学者针对施肥后稻田田面水中氮磷浓度的变化规律开展了研究，但大多是在某一特定的土壤类型下设置不同的施肥水平进行监测，缺少不同土壤类型下施肥水平对稻田田面水氮磷浓度变化的比较研究。众所周知，不同的土壤类型对氮磷的迁移转化具有很大的影响，因此，针对不同水稻土类型开展稻田田面水氮磷浓度动态变化研究是十分必要的。

水稻土是在人类生产活动中形成的一种特殊土壤，它是在长期种稻条件下，经人为的水耕熟化和自然成土因素的双重作用，产生的具有水耕熟化层、犁底层、渗育层、水耕淀积层和潜育层的特殊剖面构型土壤。水稻土分类系统方法较多，如三源分类法、三水分类法、三育分类法等。我国学者徐琪提出的将太湖地区水稻土按照发生分类，分为爽水型、囊水型、滞水型、漏水型、侧渗型水稻土（徐琪和陆彦椿，1980）。我国第二次全国土壤普查分类系统采用了土纲、亚纲、土类、亚类、土属、土种、变种七级分类，水稻土可以根据水文状况分为淹育、渗育、潴育、脱潜、潜育五个亚类，再细分为各种土属和土种。该划分方法主要依据区域性变异划分，如母质类型、地形部位、区域水文状况等因素进行分类，同一亚类的土壤类型具有相似的基本成土性质，而土种则是土壤分类的基层单元，具有相类似发育程度和剖面层次排列（中国科学院南京土壤研究所，1980）。

本研究中选择以第二次全国土壤普查的分类系统来划分土壤类型。由于杭嘉湖地区水稻土种极其丰富（表 6.1），无法对每个土种都开展试验。因此本研究选取该地区的主要水稻土亚类中的占比较大的优势土种作为代表该亚类的试验土壤，四种典型水稻土种分别为湖松田、小粉田、青紫泥田和黄斑田，其所属的水稻土亚类分布是淹育型水稻土、渗育型水稻土、脱潜型水稻土和潴育型水稻土。

6.2.1　材料与方法

1. 供试土壤基本性质

本研究选取的 4 种典型水稻土的点位位置如图 6.2 所示，其中湖松田位于长兴芦头港（CX），起源于滨湖相沉积物，田块耕作制度为稻麦轮作制；小粉田位于桐乡泉溪村（TX1），起源于河海相沉积物，田块耕作制度为单季晚稻；青紫泥

表 6.1　杭嘉湖地区不同水稻土类型分布情况

水稻土亚类	水稻土种	面积（hm^2）	所占比例（%）
淹育型水稻土	黄筋泥田	719	0.01
	黄泥田	60732	0.92
	黄油泥田	21321	0.32
	湖松田	37146	0.56
渗育型水稻土	培泥砂田	165577	2.52
	泥砂田	116599	1.77
	小粉田	465256	7.07
	黄松田	196297	2.98
	淡涂泥田	129424	1.97
	并松泥田	77294	1.18
	棕粉泥田	86253	1.31
	棕黄筋泥	2594	0.04
	湖成白土田	173572	2.64
潴育型水稻土	洪积泥沙田	45882	0.70
	黄泥砂田	322399	4.90
	泥质田	121691	1.85
	黄斑田	1524657	23.18
	粉泥田	150644	2.29
	硬泥田	162605	2.47
	棕泥砂田	83	0.01
	红紫泥沙田	139	0.01
	汀煞白土田	68783	1.05
	黄砂墒田	67409	1.02
脱潜型水稻土	黄斑青紫泥田	76573	1.16
	黄化青紫泥田	95254	1.45
	黄斑青粉泥田	73	0.01
	青紫泥田	1693160	25.74
	青粉泥田	694350	10.56
潜育型水稻土	烂青泥田	294	0.01
	烂浸田	3572	0.05
	烂泥田	6808	0.10
	烂青紫泥田	9843	0.15
水稻土总面积	—	6577003	100.00

注：数据来源于《浙江省县市土壤图集》（吴嘉平等，2012）。

田位于嘉善东陆家河村（JS），起源于具有沼泽化过程的湖相或湖海相沉积物，田块耕作制度为单季晚稻；黄斑田位于桐乡田坂村（TX2），起源于河相或河海相沉积物，耕作制度为双季稻。

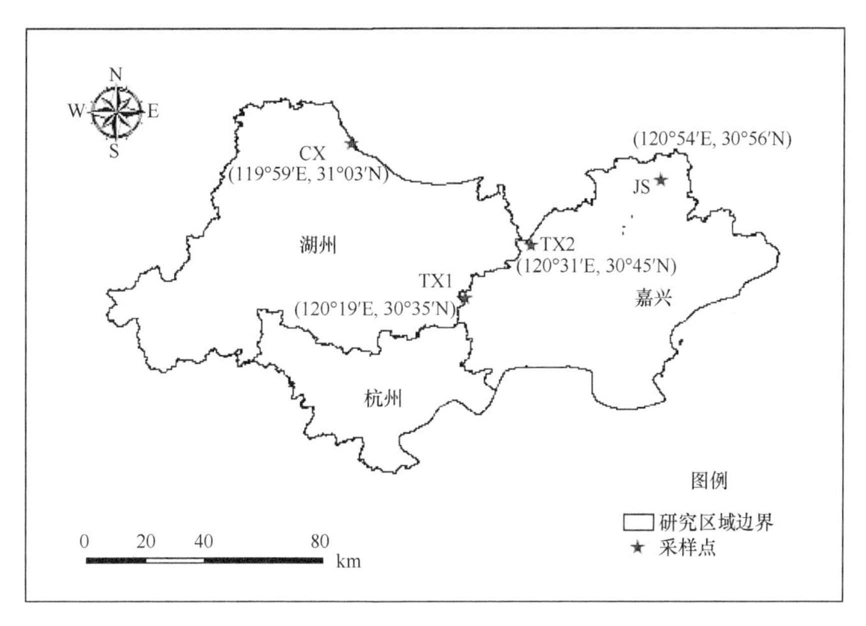

图 6.2　不同类型水稻土壤采样点位图

将采集的四种土壤进行风干、磨碎、筛分等前处理，并测定其土壤机械组成、养分含量、吸附性能及稳定入渗速率等指标，其 0～20 cm 耕层基本性质如表 6.2 所示。

2. 试验设计

本研究针对 4 种土壤类型均设计了 5 个 N 梯度和 5 个 P 梯度，其中 N 梯度分别为 CK（0 kg N/ hm^2）、N_{20}（90 kg N/ hm^2）、N_{40}（180 kg N/ hm^2）、N_{60}（270 kg N/ hm^2）、N_{80}（360 kg N/ hm^2）；P 梯度分别为 CK（0 kg P_2O_5/ hm^2）、P_{20}（20 kg P_2O_5/ hm^2）、P_{40}（40 kg P_2O_5/ hm^2）、P_{60}（60 kg P_2O_5/ hm^2）、P_{80}（80 kg P_2O_5/ hm^2）；磷肥按照当地农事操作习惯，作为基肥一次性施用，肥料类型为过磷酸钙；氮肥分 3 次施用，苗肥：分蘖肥：穗肥=1：2：2，肥料类型为尿素，肥料施用方式均为撒施。每个处理设置 3 个重复，小区随机排列。小区之间采用单排单灌，防止相互串流影响。本研究中田间水分管理根据杭嘉湖地区“浅水灌溉”的操作习惯，维持田面水高度在 3.5～5 cm 左右（海盐县农经局农作物管理站，2008）。

表 6.2　供试土壤耕层（0～20 cm）基本理化性质

土壤类型	黏粒（%）	粉粒（%）	砂粒（%）	容重（N/m^3）	有机质（g/kg）	全氮（g/kg）	全磷（g/kg）	pH	最大磷吸附容量（mg/kg）	稳定入渗速率（mm/min）
淹育型水稻土（湖松田）	16.8	72.6	10.6	1.06	21.04	2.55	1.12	7.0	491.5	0.23
渗育型水稻土（小粉田）	20.5	77.1	2.4	1.71	9.89	1.19	0.51	8.0	405.3	0.08
脱潜型水稻土（青紫泥田）	31.0	62.0	7.0	1.30	25.56	2.78	0.64	7.4	645.2	0.17
潴育型水稻土（黄斑田）	39.8	52.6	7.6	1.34	26.21	2.73	0.78	8.2	697.6	0.16

3. 样品采集与分析

3次施肥时间分别为2013-06-25、2013-07-13、2013-09-02，分别在肥料施入后第1、2、3、5、7、9、18、27、54和81天，在不扰动土层的情况下采用医用注射器抽取5 处田面水共100 mL，注入高密度聚乙烯（HDPE）瓶中混合。水样置于4 ℃的移动冰箱中送回实验室分析，分析指标包括总氮（TN）、总磷（TP）；其中TN采用碱性过硫酸钾消解-紫外分光光度法进行测定；TP采用硫酸钾消煮-钼锑抗分光光度法进行测定，具体方法参见《水和废水监测分析方法（第四版）》（国家环境保护总局和《水和废水监测分析方法》编委会，2002）。

4. 数据分析与处理

采用Microsoft Excel 及SPSS 20.0统计分析软件进行数据处理。

6.2.2　结果与讨论

1. 施肥后田面水中总氮浓度变化

不同施肥水平下的田面水中总氮（TN）浓度的变化均具有明显的规律性（图6.3）。基肥施入后，田面水中TN浓度在第一天便达到最大值，随后迅速呈指数型衰减，一周后降至最大值的13%～28%；随后TN浓度的下降逐渐趋缓，并最终维持在一个相对平衡的位置。由此可见，施氮后一周是防止稻田流失的关键时期，只要在一周内不发生降雨径流或者主动排水，其TN的流失潜能将大大降低，这与前人研究结论基本一致（李慧，2008；朱利群等，2009；施泽升等，2013）。

分蘖肥与穗肥施用后导致的田面水中TN浓度变化过程与基肥施用后基本一致，除CK处理外，均经历了先迅速升高，再指数型下降，最后趋于平衡的过程。但后两次施肥后田面水中TN浓度的下降速度比基肥施用后更快。施用基肥2天后田面水中TN浓度为施肥1天后的72%～92%，而施用分蘖肥和穗肥2天后田面水中TN浓度分别为施肥1天后的41%～64%和37%～60%（CK除外）。这可能是由于施基肥期间水稻尚处于幼苗返青期，根系不发达，对养分的吸收较慢；而分蘖期和抽穗期水稻根系已完全长成，且植株生长旺盛，养分吸收也较快（李慧，2008）。此外，施肥期的环境温度也会显著地影响田面水中的TN衰减，后两次施肥后1周内气温较高，而基肥施用1周内气温较低，因此后两次施肥后田面

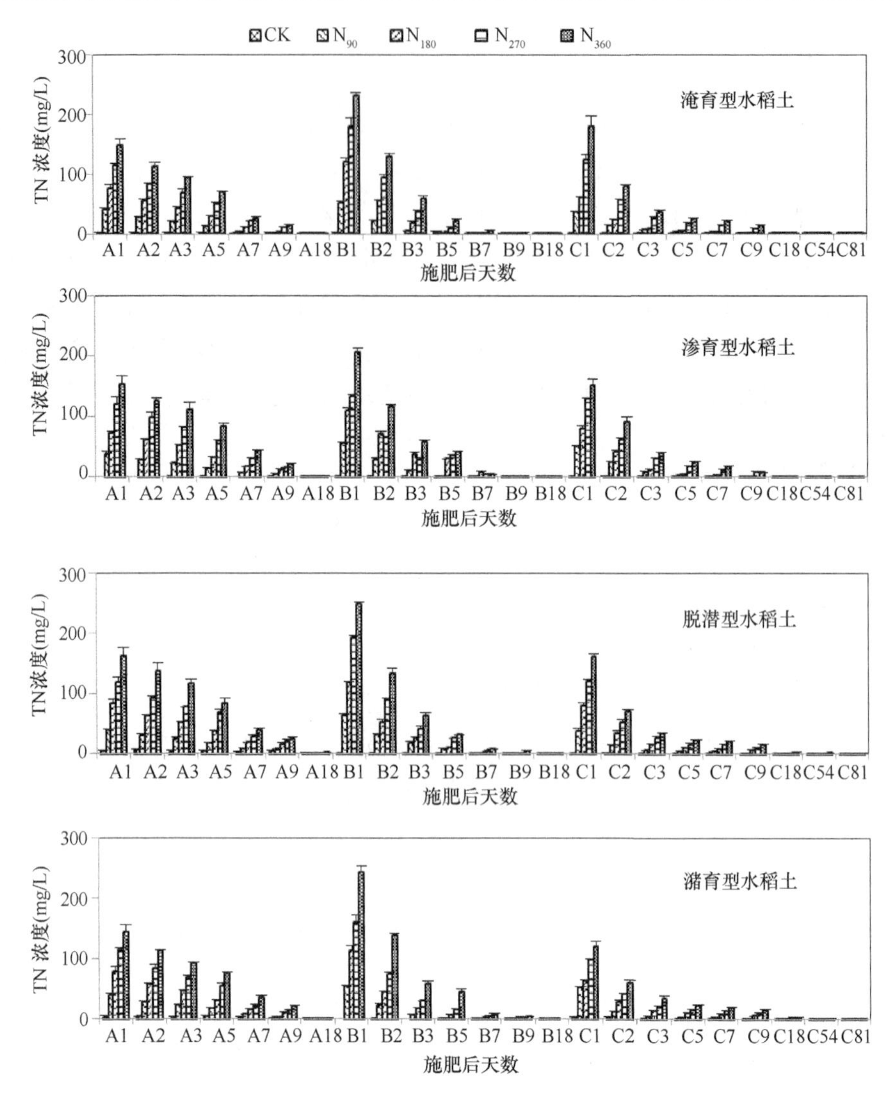

图 6.3　氮肥施入后田面水中 TN 浓度随时间变化情况

A、B、C 分别表示基肥、分蘖肥和穗肥，字母后数字表示施肥后天数

水中氮素氨挥发、反硝化速率较高，导致 TN 浓度下降较快。

另外，由图 6.3 可以看出，施肥后 1 天田面水中的 TN 浓度值与施肥量呈显著的线性相关，若以线性方程进行拟合，其 R^2 均达到 0.97 以上（表 6.3）。但不同土壤类型之间的拟合方程斜率存在差异，其中分蘖期和抽穗期最为明显，这可能与不同土壤类型的理化性质及作物生长情况有关。

表 6.3　施肥后 1 天田面水中 TN 浓度与施氮量关系

土壤类型	基肥	分蘖肥	穗肥
淹育型水稻土（湖松田）	$y = 36.37x - 31.82$ $R^2 = 0.999$	$y = 58.56x - 58.07$ $R^2 = 0.997$	$y = 44.73x - 52.95$ $R^2 = 0.974$
渗育型水稻土（小粉田）	$y = 39.03x - 39.69$ $R^2 = 0.996$	$y = 48.96x - 45.60$ $R^2 = 0.983$	$y = 36.27x - 24.46$ $R^2 = 0.988$
脱潜型水稻土（青紫泥田）	$y = 36.59x - 29.78$ $R^2 = 0.996$	$y = 62.95x - 63.21$ $R^2 = 0.998$	$y = 40.27x - 40.41$ $R^2 = 0.999$
潴育型水稻土（黄斑田）	$y = 35.34x - 29.32$ $R^2 = 0.998$	$y = 59.50x - 63.77$ $R^2 = 0.992$	$y = 26.00x - 7.757$ $R^2 = 0.980$

2. 施肥后田面水中总磷浓度变化

磷肥施入后，四种水稻土田面水中总磷（TP）浓度变化趋势（图 6.4）均经历了“升高—下降—稳定”的动态变化过程。除 CK 处理外，其他四种处理施肥后田面水中 TP 浓度均迅速上升，并在施磷后第 1 天就达到了峰值，但不同土壤类型间 TP 的峰值浓度相差较大；田面水中 TP 浓度在达到峰值后，呈指数形式迅速下降，一周后田面水中 TP 浓度基本降低峰值的 15.5%～36.4%，此后 TP 浓度下降趋势变慢，最终保持在一个相对稳定的水平。这与其他研究（张志剑等，2001；朱利群等，2009；施泽升等，2013）得到的结论相似。但本试验与同类研究相比，相同施磷水平下的田面水 TP 浓度数值偏高，这主要是由于其他研究中通常保持田面水浓度在 8～12 cm 左右，而本试验根据当地农事操作习惯保持“浅水灌溉”。由于田间水分管理措施不同，导致本试验中 TP 浓度偏高。

另外，磷肥施入后 1 天的田面水 TP 浓度与施肥量也呈显著的线性相关，对其进行线性拟合可以发现，其 R^2 均达到 0.98 以上（表 6.4）。但不同土壤类型对施磷后田面水 TP 浓度存在较大影响，特别是小粉田相对于其他三种土壤类型差异极为明显。以 P_{80} 处理为例，湖松田、小粉田、青紫泥田和黄斑田的 TP 浓度分别为 18.03 mg/L、23.77 mg/L、15.31 mg/L 和 11.53 mg/L，最大值比最小值浓度高 106%，这主要与不同土壤的理化性质有关。土壤吸附作用与下渗作用是田面水中磷素的两个重要去向。章明奎对杭嘉湖地区 8 种典型土壤的吸附和固定释放特性研究表明，该地区土壤的最大磷吸附容量主要与黏粒和有机质含量有关，其相关系数分别为 0.96 和 0.84（章明奎等，2008）。另外，李卓通过研究认为，土壤容重、机械组成均与表征土壤下渗能力的稳定入渗速率之间呈极显著的负相关关系（李卓，2009）。由此可见，土壤的不同理化性质会影响田面水磷素的吸附和下渗。

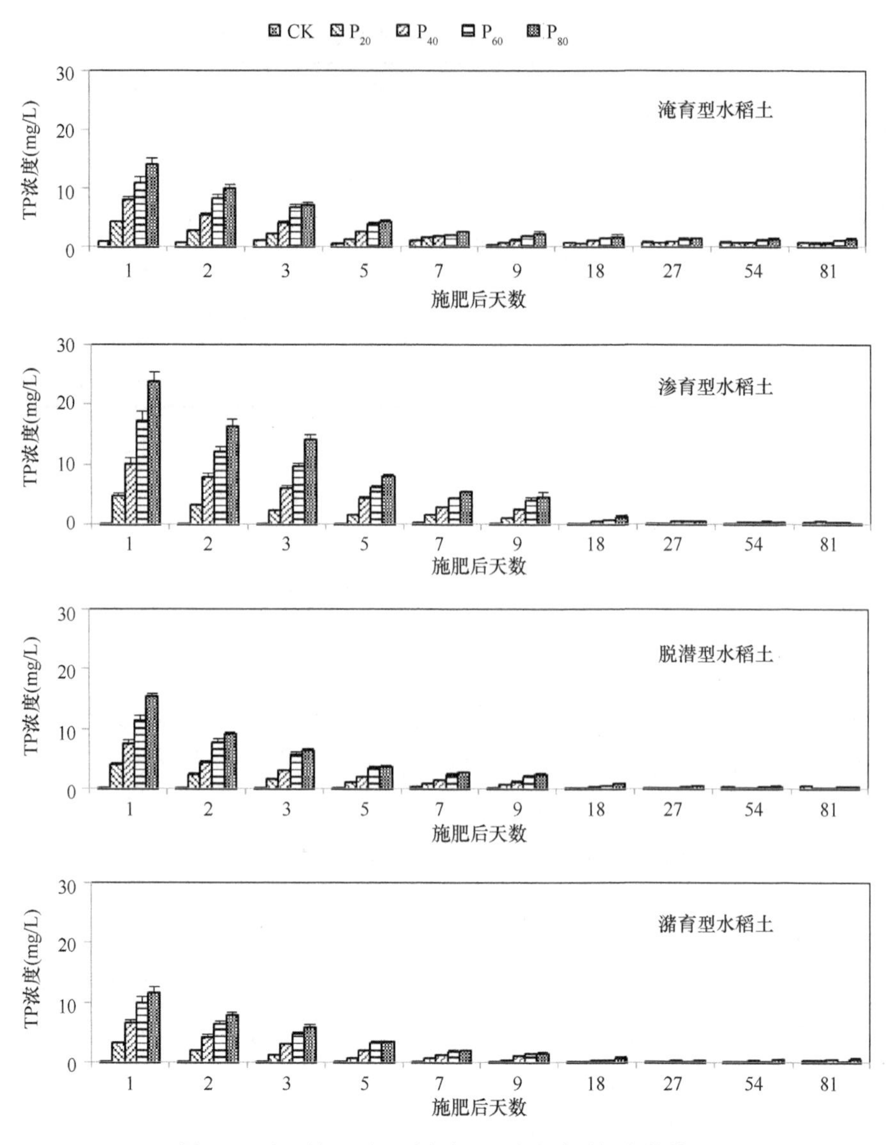

图 6.4　磷肥施入后田面水中 TP 浓度随时间变化情况

由表 6.2 可知，小粉田的最大磷吸附容量仅为 405.3 mg/kg，而湖松田、青紫泥田和黄斑田的最大磷吸附容量分别为 491.5 mg/kg、645.2 mg/kg 和 697.6 mg/kg，小粉田土壤对磷的吸附性能明显较弱；且小粉田土壤黏粉粒含量较高，容重较大，导致其稳定入渗率仅为 0.08 mm/min，田面水下渗极为缓慢，而表层土壤吸附能力有限，土壤 P 吸附容量小和下渗缓慢两个因素共同导致磷素大量存于田面水中，与其他三种土壤相比小粉田田面水中磷素浓度相对较高。

表 6.4　施肥后 1 天田面水中 TP 浓度与施磷量关系

土壤类型	拟合方程	R^2
淹育型水稻土（湖松田）	$y = 3.271x - 2.196$	0.998
渗育型水稻土（小粉田）	$y = 5.943x - 6.626$	0.991
脱潜型水稻土（青紫泥田）	$y = 3.573x - 3.267$	0.998
潴育型水稻土（黄斑田）	$y = 2.961x - 2.608$	0.987

3. *施肥后田面水中氮磷浓度动态变化规律的模式表征*

化肥施入后田面水中 TN、TP 浓度随时间的变化具有明显的规律，因此可以利用拟合方程对其变化规律进行表征，用于预测和估算其变化趋势。张志剑、周萍等均利用形式为 $y=Ae^{-kt}+c$ 的指数方程对不同施磷水平下的田面水中 TP 浓度动态变化进行表征，其拟合效果良好（张志剑等，2001；周萍等，2007）。但该方程仅在固定施肥水平下进行拟合，自变量只有时间 t，并没有考虑其他自变量。前述分析表明，施肥后田面水 TN、TP 峰值浓度与施肥水平呈良好的线性相关。本研究总结前人研究成果，对指数方程进行改进，将施肥水平与距施肥天数一起作为自变量，利用 SPSS 20.0 对其进行拟合，用于对 TN、TP 进行模式表征。TN 的拟合方程表达式如下：

$$\text{TN:}\ y=(a\times N+b)\times e^{-kt}+c$$

式中，y 为施氮第 t 天后田面水中 TN 浓度（mg/L）；N 为施氮水平（kg N/ hm^2）；t 为施氮后天数（d）；a、k、b、c 为相关参数。

施肥后田面水中 TN 浓度动态变化模式表征方程的拟合参数如表 6.5 所示。方程的 R^2 均达到 0.93 以上，表明方程对不同施肥水平下田面水中 TN 浓度动态变化的拟合效果良好。

与 TN 不同的是，TP 浓度动态变化的模式表征还需考虑土壤本身含磷量的影响。研究表明（傅朝栋等，2014），土壤类型和施磷水平对田面水中磷浓度影响效应存在阶段性。在施磷前期，田面水中的 TP 浓度受施磷水平与土壤类型的共同影响；磷素的输入在一定时间内能显著地提高田面水中 TP 水平，但这种提升效应持续时间有限，施磷水平对田面水中 TP 浓度的影响会随着距离施磷时间的延长而逐渐减弱，后期田面水中 TP 浓度主要与土壤本身理化性质有关。因此，在

表 6.5　施肥后田面水中 TN 浓度动态变化模式表征

土壤类型	施肥类别	a	b	k	c	R^2
淹育型水稻土（湖松田）	基肥	2.620	3.300	0.245	0.001	0.988
	分蘖肥	3.216	2.640	0.686	1.110	0.993
	穗肥	2.351	1.340	0.732	1.210	0.952
渗育型水稻土（小粉田）	基肥	2.704	0.000	0.206	0.005	0.989
	分蘖肥	2.352	0.150	0.546	0.670	0.964
	穗肥	2.005	2.130	0.609	0.740	0.978
脱潜型水稻土（青紫泥田）	基肥	2.585	6.200	0.255	0.002	0.984
	分蘖肥	3.366	0.260	0.667	0.720	0.993
	穗肥	2.209	2.130	0.718	1.002	0.965
潴育型水稻土（黄斑田）	基肥	2.471	4.500	0.222	0.004	0.989
	分蘖肥	3.156	0.200	0.680	0.879	0.975
	穗肥	1.565	3.730	0.627	0.860	0.938

本研究中加入土壤本身含磷量作为变量，对其进行拟合。TP 拟合方程表达式如下：

$$\text{TP:}\quad y=(a\times P+b)\times e^{-kt}+(c\times p+d)$$

式中，y 为施磷第 t 天后田面水中 TP 浓度（mg/L）；P 为施磷水平（kg P_2O_5/ hm^2）；t 为施磷后天数（d）；p 为土壤含磷量（g/kg）；a、k、b、c、d 为相关参数。

施肥后田面水中 TP 浓度动态变化模式表征方程的拟合参数如表 6.6 所示。方程的 R^2 均达到 0.97 以上，表明方程较好地表征了不同施肥水平下田面水中 TN 浓度动态变化规律。

表 6.6　施肥后田面水中 TP 浓度动态变化模式表征

土壤类型	a	b	k	c	d	R^2
淹育型水稻土（湖松田）	0.231	0.602	0.343	0.478	0.528	0.988
渗育型水稻土（小粉田）	0.341	0.268	0.238	0.099	0.162	0.984
脱潜型水稻土（青紫泥田）	0.253	0.134	0.372	0.215	0.363	0.979
潴育型水稻土（黄斑田）	0.199	0.214	0.336	0.197	0.252	0.986

6.2.3　小结

本章选取 4 种典型水稻土开展小区试验，研究了不同土壤类型及施肥水平下稻田田面水中氮磷浓度的动态变化规律，并对其进行了模式表征。结果表明：

不同水稻土壤类型下氮肥施入后 1 天均出现了田面水 TN 浓度的峰值，随即田面水 TN 浓度均以指数形式下降，并最终保持稳定；田面水中 TN 浓度峰值大小主要受施氮水平的影响，且与施氮水平呈显著的线性相关（$R^2>0.97$），但土壤本身理化性质也会影响田面水中 TN 的浓度。

不同水稻土壤类型下磷肥施入后田面水中 TP 浓度均经历了“升高—下降—稳定”的动态变化过程；土壤类型与施磷水平均能影响田面水中 TP 浓度，施肥后 1 天田面水中的 TP 浓度峰值与施磷水平也呈显著的线性相关（$R^2>0.98$）；但施磷水平对田面水中 TP 浓度的影响会随着距磷肥施入时间的延长而逐渐减弱，后期田面水中 TP 浓度主要由土壤本身理化性质所决定。

化肥施入后田面水中 TN、TP 浓度随时间的变化具有明显的规律，不同土壤类型和施肥水平下的田面水中 TN、TP 浓度的动态变化分别可以用形式为 $y=(a\times P+b)\times e^{-kt}+c$ 和 $y=(a\times P+b)\times e^{-kt}+(c\times p+d)$的指数方程进行模式表征，方程 R^2 均达到 0.9 以上，拟合效果较好。

6.3　稻田氮磷径流流失负荷估算及田间验证

准确掌握污染输出负荷及变化规律是开展农业面源污染治理的首要工作，而对农业非点源污染进行定量化的最直接有效的途径就是数学模拟。通过建立模拟方法，可以在空间和时间序列上对非点源污染的产生机理进行模拟分析，并对整个流域及流域内发生的污染过程进行定量化描述（蔡孟林，2013）。非点源模型的发展经历了由简单的统计分析向复杂机理模型、由平均负荷输出或单场暴雨分析向连续时间响应分析、由集总模型向分布式模型演化的过程。目前，各国学者建立了各种方法用于估算稻田径流污染负荷流失，比较著名的径流模型包括农田径流管理模型（ARMM）、农药化肥迁移模型（ACTMO）和农业管理系统化学污染物径流负荷及流失模型（CREAMS）等。然而，此类模型大多都是在国外开发完成，将其应用于国内研究区域时不仅在适用范围上存在一定的局限性，在参数选择、率定、模拟精度上也或多或少存在一定的问题。

目前适用于旱地模拟的农田径流模型较多，但根据稻田的产流和排污特点进行模拟的模型和方法较少，特别是稻田降雨径流污染负荷估算有待于进一步研究。朱兆良院士等专家曾指出，稻田中化肥在施用当季的淋失损失很低，向水环境中流失的最主要途径是地表径流（余辉等，2011）。因此，对稻田降雨径流的流失负荷进行估算是农业面源流失负荷定量化研究中至关重要的一个环节。

本节根据施肥后田面水中氮磷浓度动态变化规律及稻田“蓄满产流”机理，构建了符合稻田氮磷降雨径流流失特点的负荷估算方法，并选取典型田块建立试验小区，以观测值对该估算方法的准确性进行了验证，以期为稻田径流流失负荷的估算提供思路和借鉴。

6.3.1　材料与方法

1. 稻田降雨径流氮磷流失负荷估算原理

中国科学院地理科学与资源研究所晏维金提出，可以将稻田产排污视为一个“蓄满产流”模型，其产流过程通常可以划分为三个状态（图 6.5）。“初始状态”为降雨前的稻田蓄水状态，田面水高度低于田埂排水口高度；当降雨达到一定程度，田面水高度与田埂排水口高度平齐，为产生径流的“临界状态”；当降雨量继续增加，进入“径流状态”，此时田面水溢出田埂排水口进入周围环境中（晏维金等，1999）。

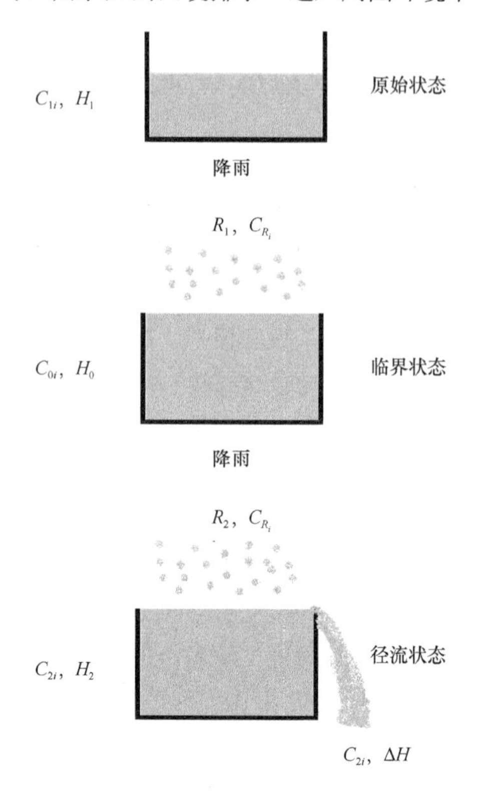

图 6.5　稻田降雨-径流产流过程

C_{1i}—降雨前稻田田面水中污染物浓度（mg/L）；C_{R_i}—雨水中的污染物浓度（mg/L）；C_{0i}—临界状态时稻田田面水中污染物浓度（mg/L）；C_{2i}—径流状态时稻田田面水中污染物瞬时浓度（mg/L）；R_1—使田面水达到临界状态时的降雨量（mm）；R_2—达到临界状态后的持续降雨水深（m）；H_1—降雨前稻田田面水高度（m）；ΔH—整场降雨产生的稻田径流水深（m）；H_0—稻田表面到田埂排水口高度（m）；H_2—整场降雨水深（m）

假定降雨和田面水均匀混合，稻田降雨径流流失负荷计算公式推算如下：

$$C_{0i}=(C_{R_i}R_1+C_{1i}H_1)/H_0 \quad (6\text{-}1)$$

$$C_{2i}=(C_{R_i}\Delta H+C_{0i}H_0)/(H_0+\Delta H) \quad (6\text{-}2)$$

因此，达到径流状态后，稻田瞬时污染物径流流失量为

$$\Delta Q_i=A\times\Delta H\times C_{2i}=A\times\Delta H\times(C_{R_i}\Delta H+C_{0i}H_0)/(H_0+\Delta H) \quad (6\text{-}3)$$

式中，Q_i 为稻田污染物流失量（g）；A 为稻田面积（m^2）。

对其进行积分可得整个降雨期间稻田污染物径流流失量为

$$Q_i=\sum\Delta Q_i=A\int_0^{R^2}C_{2i}\times\mathrm{d}H \quad (6\text{-}4)$$

通过求积分可得单场降雨下，稻田流失负荷计算公式为

$$Q_i=A\left[(C_{R_i}R_2+H_1(C_{1i}-C_{R_i})(1-\mathrm{e}^{-R_2/H_0})\right] \quad (6\text{-}5)$$

根据上述原理，可以将“三状态”降雨产流理论与第 6.2 节研究中得到的施肥后田面水中氮磷动态变化规律进行结合，建立田间尺度的稻田氮磷降雨径流流失负荷估算方法，其具体步骤如下：

在降雨前，收集待估算稻田的面积、施肥量、施肥时间、降雨前田面水高度、田埂排水口高度等信息，并根据土壤图确定该稻田土壤所属的水稻土亚类。

用雨量计测定整场降雨量，同时用适当的容器收集整个降雨过程中的雨水，混匀后测定雨水中的 TN、TP 浓度；若测定条件不足时，可以向气象或环境监测部门搜集该地区降雨量及雨水中污染物浓度信息。

计算降雨当日距上一次施肥的天数，并根据表 6.5 和表 6.6 中对应土壤亚类的拟合公式计算降雨前田面水中 TN、TP 浓度。

将上述数据代入式（6-5）中，计算该场降雨下稻田氮磷流失负荷。

2. 估算方法验证

为了对该估算方法的准确性进行评估，本研究分别在嘉兴和余杭各选取一典型田块建立试验小区，并设置径流收集和采样装置，开展定点监测，以观测值对模拟值进行验证。本研究所选择的两个试验点中，嘉兴试验点是有专人管理的农业科学试验田，各种水肥管理均严格按照事先设定的方案进行操作；而余杭试验点为常规稻田，所有农事操作均按照当地农户管理习惯进行。以不同类型的试验小区对该估算方法进行验证，更能反映估算方法的准确性和普适性。

1）试验点概况

嘉兴试验点位于嘉兴市王江泾镇（120°43′29.69″E，30°50′20.94″N），地处北亚热带南缘，属东亚季风区，年平均气温 15.9 ℃，年平均降水量 1168.6 mm。试验点所处田块的种植模式为水稻—油菜轮作，土壤类型为青紫泥田，属于潜育型水稻土亚类。土壤耕层（0～20 cm）基本理化性质：全氮，1.93 g/kg；全磷，1.53 g/kg；有机碳（SOC），19.2 g/kg；阳离子交换量，8.10 cmol/kg；pH，6.8。

余杭试验点位于杭州市余杭区良渚镇（120°3′13.22″E，30°23′47.18″N），地处北亚热带南缘季风气候区，年平均气温 15.3～16.2℃，年平均雨量 1350 mm。试验点所处田块的种植模式为单季晚稻，土壤类型为黄斑田，属于潴育型水稻土亚类。土壤耕层（0～20 cm）基本理化性质：全氮，2.36 g/kg；全磷，0.52 g/kg；有机碳（SOC），20.6 g/kg；阳离子交换量，6.31 cmol/kg；pH，4.9。

所选择的两个试验点在杭嘉湖地区的地理位置如图 6.6 所示。

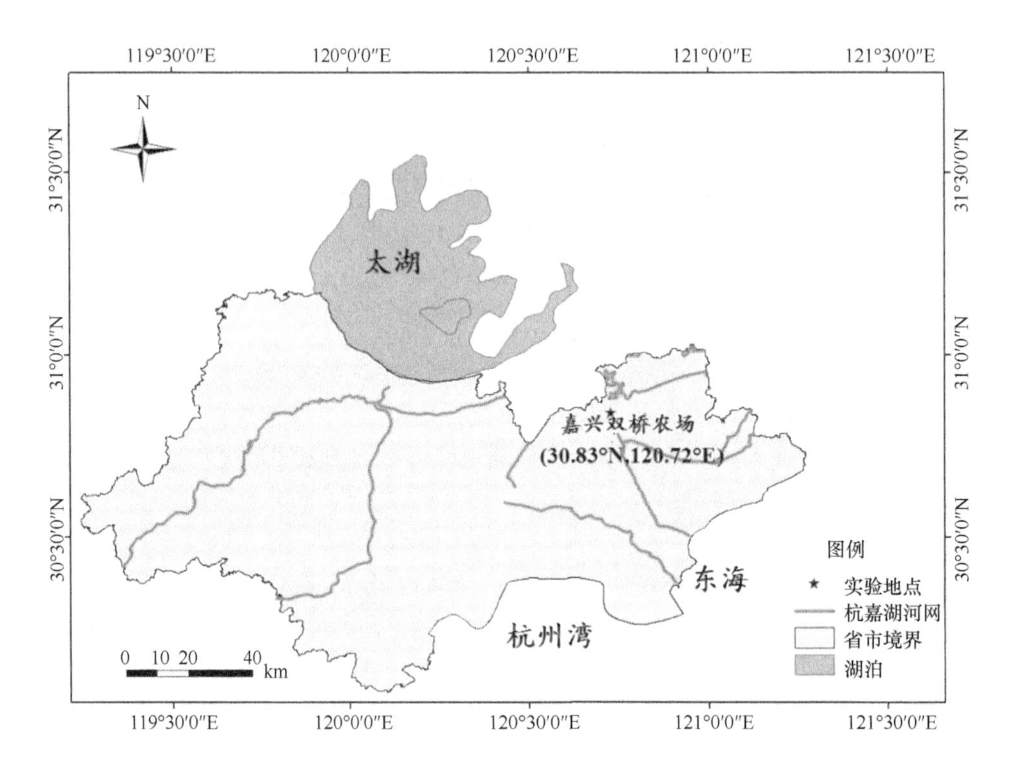

图 6.6　嘉兴及余杭试验点位示意图

2）验证试验设计

A. 嘉兴试验点设计

本试验点将大田分割为若干个试验小区，小区之间均设有 20 cm 高的包膜覆盖田埂，并采用单排单灌，防止相互串流影响。试验区外围设置宽度为 1 m 的非试验保护区。本研究共设计了 5 组不同处理试验，分别为 S_0～S_4，施肥量和施肥时间如表 6.7 所示，每个处理设置 3 个重复，田间小区随机排列。各试验点小区氮肥分三次施用，苗肥∶分蘖肥∶穗肥=3∶1∶1，肥料类型为尿素；磷肥均作为基肥一次性施用，肥料类型为过磷酸钙。日常田间水分管理按照当地农事操作习惯进行。

表 6.7　嘉兴试验点施肥情况

处理	氮肥施用量（kg N/ hm^2）				磷肥施用量（kg P_2O_5/ hm^2）	施肥时间
	基肥	分蘖肥	穗肥	总计		
S_0	0	0	0	0	0	基肥：2013 年 7 月 11 日 分蘖肥：2013 年 7 月 16 日 穗肥：2013 年 7 月 31 日
S_1	54	18	18	90	0	
S_2	54	18	18	90	40	
S_3	162	54	54	270	40	
S_4	162	54	54	270	60	

各小区均设置一个高密度聚乙烯（HDPE）径流收集桶，桶体与直角 PVC 管相连，并用玻璃胶进行密封。径流收集桶桶体埋设于田埂外侧的非试验保护区内并用木桩嵌入土壤中进行固定，防止上浮；PVC 管穿过田埂，其进水口设置高度为试验小区土壤表层之上 10 cm，且低于小区的田埂排水口高度，使降雨时产生的径流能全部流入收集桶内。降雨前田面水高度以底部呈平面状的直角尺分散测量 10 个点位，剔除异常值后取平均。每次降雨后，用尺子记录桶中水位高度，并换算成溢出径流量（以径流水深计）；然后，将径流桶中的水样搅拌均匀，取 100 mL 置于 HDPE 瓶中带回实验室进行分析，分析指标为 TN、TP，分析方法与 6.2.1 节一致。每次采样完毕后将桶中剩余的水排空并清洗待下一次使用。试验点布设如图 6.7 所示。

B. 余杭试验点设计

本试验点为传统耕作状态下的稻田，分为左右两畦，相互连通。稻田四周设置有 20 cm 高的田埂，一侧田埂上设置有排灌水装置，装置内设有量水表，用于

图 6.7　嘉兴试验点布设示意图

对降雨时稻田溢出径流进行计量，装置一侧设有径流收集池。径流收集池采用“多分管”的设计思路，即将径流均匀分成多份，取其中一份进行混合，剩余的排出到池外，以减小径流收集池的体积。试验点布设见图 6.8 所示。

图 6.8　余杭试验点布设示意图

降雨前后的水样采集和分析方法与嘉兴试验点一致。田间施肥时间分别为基肥：2014 年 6 月 6 日；分蘖肥：2014 年 6 月 24 日；穗肥：2014 年 7 月 1 日；肥料类型均为复合肥。各次施肥量如表 6.8 所示。

表 6.8　余杭试验点不同处理下的肥料施用量

施用量	基肥	分蘖肥	穗肥	总计
氮肥（kg N/ hm^2）	33.2	27	24.3	93.2
磷肥（kg P_2O_5/ hm^2）	33.2	0	0	33.2

6.3.2　结果与讨论

1. 嘉兴试验点监测结果

嘉兴试验点监测期为 2013 年 7 月 11 日～2013 年 11 月 8 日，监测期内气象信息见图 6.9。

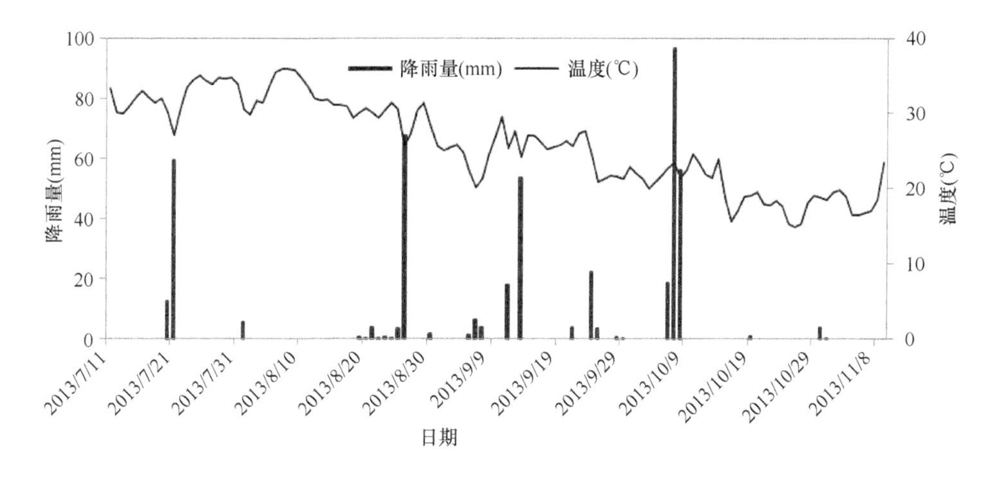

图 6.9　嘉兴试验点气象信息

在 2013 年稻季监测期内，共有 13 场降雨，其中有 4 次产生径流。其余 9 次降雨由于雨量较小，田面水未能溢出田埂排水口，因此没有产生径流。四次产流的径流量如表 6.9 所示。可以看出，不同处理的径流产生量观测值和模拟计算值误差位于–20.10%～34.88%之间，两者吻合程度较高。这是因为小区田埂均进行了包膜覆盖，侧渗等其他水分流失较少，降雨基本上都是通过径流而流失，因此估算的准确度较高。但从表中也可以发现有少数监测点的误差较大，这主要是由于稻田表面不是一个完全水平的平面，导致田埂高度和田面水高度在测量过程中不可避免地产生误差。

表 6.9　嘉兴试验点不同处理下径流量观测值与模拟计算值对比

处理水平	数据类别	日期			
		2013/7/20	2013/8/26	2013/9/13	2013/10/6
S_0	观测值（cm）	3.2	5.2	4.2	14.6
	模拟值（cm）	4.2	5.8	3.6	13.1
	误差（%）	31.25	11.54	−14.29	−10.27
S_1	观测值（cm）	4.8	4.3	3.9	11.8
	模拟值（cm）	4.2	5.8	3.6	13.1
	误差（%）	−12.50	34.88	−7.69	11.02
S_2	观测值（cm）	3.8	5.0	3.2	14.2
	模拟值（cm）	4.2	5.8	3.6	13.1
	误差（%）	10.53	16.00	12.50	−7.75
S_3	观测值（cm）	4.4	5.1	4.1	13.9
	模拟值（cm）	4.2	5.8	3.6	13.1
	误差（%）	−4.55	13.73	−12.20	−5.76
S_4	观测值（cm）	3.7	5.2	4.5	14.0
	模拟值（cm）	4.2	5.8	3.6	13.1
	误差（%）	13.51	11.54	−20.10	−6.43

4 次产流过程中不同处理小区 TN、TP 流失负荷的观测值与模拟值见表 6.10 所示。观测值和模拟值的误差分布在−61.10%～86.23%之间。大部分样本的观测值和模拟值吻合度相对较高，但有部分场次的模拟结果和实际监测情况并不接近，误差达到 50%以上，特别是 S_0 处理的误差总体上要大于其他处理，其流失负荷部分误差达到 70%以上。这主要是由于不施肥情况下的田面水中 TN、TP 主要受到土壤本身理化性质和农事操作扰动的影响，而这些因素很多都是不可控的，并不呈现规律性，由此导致 S_0 处理的误差较大。TP 流失负荷的估算准确度相对差于 TN 流失负荷，这可能与田面水中的磷更容易被土壤所吸附有关。嘉兴试验点的土壤尽管与 6.2 节研究中所用的土壤属于同一水稻土亚类，但仍存在部分理化性质上的差异，导致对磷的吸附解吸能力不同。另外，总体而言，TN、TP 流失负荷的误差要高于径流量的误差，这是因为 TN、TP 流失负荷是基于径流量和田面水浓度进行计算的，但两者与实际值之间均存在偏差，由此导致其计算结果产生了更大的误差。

2. 余杭试验点监测结果

余杭试验点监测期为 2014 年 6 月 6 日～2014 年 11 月 5 日，监测期内气象信息见图 6.10。

表 6.10　嘉兴试验点不同处理小区 TN、TP 流失负荷观测值与模拟值对比

处理水平	数据类型	TN 流失负荷				数据类型	TP 流失负荷			
		2013/7/20	2013/8/26	2013/9/13	2013/10/6		2013/7/20	2013/8/26	2013/9/13	2013/10/6
S_0	观测值（kg N/hm^2）	0.18	0.45	0.52	1.42	观测值（kg P/hm^2）	0.023	0.088	0.053	0.082
	模拟值（kg N/hm^2）	0.31	0.70	0.27	1.82	模拟值（kg P/hm^2）	0.043	0.079	0.038	0.129
	误差（%）	72.22	55.56	–48.08	28.17	误差（%）	86.23	–9.71	–28.18	–57.31
S_1	观测值（kg N/hm^2）	3.12	1.31	0.59	2.21	观测值（kg P/hm^2）	0.053	0.06	0.042	0.194
	模拟值（kg N/hm^2）	3.72	0. 69	0.28	1.91	模拟值（kg P/hm^2）	0.042	0.079	0.038	0.129
	误差（%）	19.23	–47.33	–52.54	–13.57	误差（%）	–20.75	31.67	–9.52	–33.51
S_2	观测值（kg N/hm^2）	3.91	0.78	0.48	2.4	观测值（kg P/hm^2）	0.125	0.062	0.043	0.19
	模拟值（kg N/hm^2）	3.72	0. 69	0.28	1.91	模拟值（kg P/hm^2）	0.127	0.079	0.038	0.13
	误差（%）	–4.86	–11.54	–41.67	–20.42	误差（%）	1.60	27.42	–11.63	–31.58
S_3	观测值（kg N/hm^2）	9.82	0.83	0.62	1.83	观测值（kg P/hm^2）	0.22	0.085	0.051	0.16
	模拟值（kg N/hm^2）	10.5	0.72	0.32	1.9	模拟值（kg P/hm^2）	0.21	0.089	0.038	0.13
	误差（%）	6.92	–13.25	–48.39	3.83	误差（%）	–4.55	4.71	–25.49	–18.75
S_4	观测值（kg N/hm^2）	8.42	1.56	0.73	2.6	观测值（kg P/hm^2）	0.19	0.087	0.03	0.15
	模拟值（kg N/hm^2）	10.5	0.72	0.28	1.9	模拟值（kg P/hm^2）	0.21	0.079	0.038	0.13
	误差（%）	24.70	–53.85	–61.10	–26.92	误差（%）	10.53	–9.20	26.67	–13.33

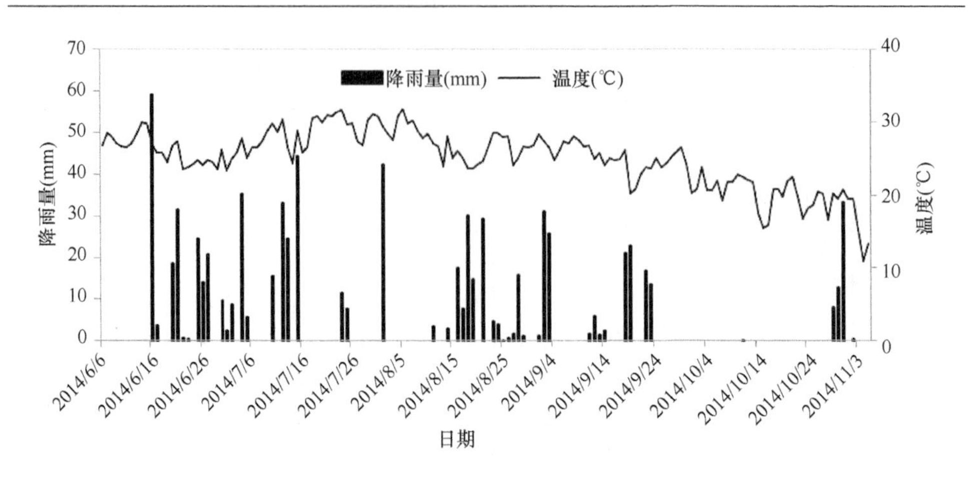

图 6.10　余杭试验点气象信息

监测期内共有 18 次降雨，其中有 7 次田面水溢出田埂排水口，产生了径流。7 次降雨所产生的径流量观测值与模拟值见表 6.11。可以看出该采用该估算方法模拟得到的径流量数值总体与实际观测值较为吻合，总体误差分布在–44.74%～77.78%之间。但 7 场降雨中，有 5 场的模拟值大于观测值，其中 6 月 17 号的模拟值比观测值高 77.78%。这是由于稻田田面水除了径流流失外，还有蒸发、植物吸收、下渗、田埂侧渗等多种去向，而该稻田田埂没有进行覆膜包被，侧渗尤其严重。因此在“降雨–产流”的过程中，特别是持续时间较长的降雨场次，部分稻田水分已经在降雨期内通过其他散失方式流向环境中，导致观测值小于模拟值。

表 6.11　余杭试验点径流产生量观测值与模拟值对比

日期	模拟值（cm）	观测值（cm）	误差（%）
2014/6/17	0.16	0.09	77.78
2014/6/20	0.50	0.57	–12.28
2014/6/21	2.84	2.17	30.88
2014/6/26	2.17	1.41	53.90
2014/6/27	1.91	1.75	9.14
2014/7/15	3.05	2.67	14.23
2014/8/19	0.21	0.38	–44.74

余杭试验点在稻季的 7 次产流过程中 TN、TP 流失负荷的观测值与模拟值分别见表 6.12 所示。7 次降雨过程中 TN 流失负荷的模拟值和观测值误差分布在–45.97%～56.64%之间；TP 流失负荷的模拟值和观测值误差分布在–26.85%～

139.69%之间，稻季后期的降雨场次估算误差较大。

总体而言，TN、TP 流失负荷的模拟值要大于观测值，这与两方面的因素有关：一方面是由于没有考虑侧渗，径流量的模拟值大多数情况下要大于观测值；另一方面是由于根据 6.2 节中的拟合方程计算田面水初始浓度时没有考虑该场降雨之前发生的降雨对田面水的稀释作用，估算的田面水初始浓度偏高。因此，如果对模型的估算精度要求较高，这两方面的因素均应该纳入估算方法参数之中进行修正，但此类的修正必定会涉及众多的机理方程，大大增加估算的复杂程度。因此，是否进行修正需要研究者根据估算的精度需求和应用领域来做出权衡。本研究的最终目的是建立区域尺度的稻田氮磷径流流失负荷估算方法，其估算精度要求较低，只需从总量上反映该地区氮磷流失负荷的时空特征，因此选择不对方程进行修正。

表 6.12　余杭试验点 TN、TP 径流流失负荷的观测值与模拟值对比

日期	TN 流失负荷			TP 流失负荷		
	模拟值（kg N/hm^2）	观测值（kg N/hm^2）	误差（%）	模拟值（kg P/hm^2）	观测值（kg P/hm^2）	误差（%）
2014/6/17	0.098	0.063	56.64	0.014	0.009	35.53
2014/6/20	0.162	0.223	–27.34	0.034	0.047	–26.85
2014/6/21	0.772	0.598	29.07	0.190	0.222	39.49
2014/6/26	5.881	4.170	41.04	0.159	0.145	44.88
2014/6/27	2.567	2. 469	3.97	0.130	0.107	21.50
2014/7/15	0.512	0.433	18.01	0.177	0.106	66.03
2014/8/19	0.027	0.050	–45.97	0.014	0.006	139.69

3. 估算方法准确性的模式质量评价

有学者指出，在进行水文模型准确性评价时，采用单一指标并不能真实反映模型的评价质量好坏，评价过程中应将多种统计评价系数（如纳什系数 E_{NS}、一致性系数 d 或平均绝对误差 MAE）及其他辅助性方法（如相对误差 RE、标准差 STD）有机结合，才能相对客观地反映模型的真实表现（Legates and McCabe，1999）。因此，为了更准确地评价估算方法的准确性，本研究参考同类研究成果（Salazar et al.，2008；高学睿等，2011；金婧靓，2011），引入水文模型中使用较多的纳什系数 E_{NS} 并结合相对误差 RE 对估算方法进行模式质量评价。

纳什系数 E_{NS} 取值范围在$-\infty$～1 之间，E_{NS} 接近于 1 表示过程模拟效果好，可信度高；E_{NS} 接近 0，表示模拟结果总体可信，但过程模拟误差大，其模拟效果与采用平均值的效果相当；当 E_{NS} 远远小于 0 时，模型过程模拟可信度较低，其

模拟效果低于采用平均值的效果。E_{NS}的计算方程为

$$E_{NS}=1.0-\frac{\sum_{1}^{n}\left(O_i-P_i\right)^2}{\sum_{1}^{n}\left(O_i-\bar{O}\right)^2} \tag{6-6}$$

式中，O_i为第i次降雨观测值；P_i为第i次降雨模拟值；$\bar{O}$为观测均值。

嘉兴和余杭的E_{NS}计算结果如表6.13所示。从径流量来看，两个试验点的纳什系数E_{NS}也均达到0.8以上，表明模拟值与观测值间的一致性较好，过程模拟可信；从表6.9和表6.11可以看出，部分场次的径流量实测值和模拟值之间数值差异较大，相对误差偏高。因此，该估算方法总体上较好地模拟了径流的发生过程，但数值上仍存在不可避免的误差。

表6.13　径流观测值和模拟值的统计对比结果

试验点	数据类型	E_{NS}
嘉兴	Volume	0.96
	TN Loss	0.92
	TP Loss	0.83
余杭	Volume	0.87
	TN Loss	0.84
	TP Loss	0.79

从TN流失负荷来看，余杭试验点的纳什系数E_{NS}为0.84，表明其估算可信度高于平均值估算，但表6.12也表明部分场次的误差达到50%以上；嘉兴试验点的TN流失负荷也存在相同的情况。因此对TN流失负荷的估算总体结果可信，但对模拟过程中的各降雨场次的流失负荷的误差较大，模拟精度不足。从TP流失负荷来看，嘉兴试验点TP流失负荷的纳什系数E_{NS}为0.83，而余杭的纳什系数E_{NS}为0.79，且表6.12中相对误差RE最高的达到139.69%，两个试验点的TP流失负荷模拟情况都比TN要差。这表明估算方法对TP流失负荷的总体估算结果可信，但对于余杭试验点的分次降雨径流过程模拟与实际情况存在较大误差，模拟精度较低。产生这种偏差的主要原因有两方面：一是田间测量误差；二是田间试验的影响因素很多，诸如地下水位、温度、风速、作物生长情况及农事操作等都会对稻田系统中养分循环产生影响，任何一个因素的不同都会导致最终流失负荷发生变化。

另外，总体而言，嘉兴试验点的估算结果要优于余杭试验点。导致该差异的原因主要有两方面：一是余杭试验点的稻田完全根据当地农户的施肥和灌溉习惯

进行管理，除草、晒田等农事操作行为对田面水及土壤的扰动影响较大，田面水中氮磷的动态变化与前期严格控制条件下得到的拟合规律不太一致，且田埂没有进行包膜覆盖，而嘉兴试验点是有专人管理的农业科学试验田，各种农事管理均严格按照事先设定的步骤进行，监测期间受其他因素干扰较少；二是余杭试验点由于稻田面积大，土壤表面凹凸不平，尽管采用多点测量取平均值的方法，但田面水初始高度测量值与实际值之间依然存在较大误差，导致负荷估算准确性下降，而嘉兴试验点事先经过平整，测量误差较小。

综上所述，本研究所构建的田间尺度稻田氮磷径流流失负荷估算方法较好地模拟了稻田径流的发生及养分的流失，模拟值与观测值的一致性较好，估算效果优于以平均值估算的效果，但模拟数值上部分场次降雨存在较大误差。考虑到稻田径流流失的复杂性，其估算准确性已经完全可以满足研究的需要，可以将该方法进一步在其他稻田降雨径流的流失负荷估算工作进行应用。

6.3.3　小结

本节研究将稻田产排污视为一个“蓄满产流”模型，以 6.2 节研究中得到的施肥后稻田田面水氮、磷动态变化规律为基础，结合晏维金提出的“三状态”降雨-径流理论，构建了符合稻田径流发生机制的氮磷降雨径流流失负荷田间尺度估算方法。同时，为验证该方法估算结果的准确性，本研究在嘉兴和余杭各选取一片典型稻田作为试验点，建立径流收集装置开展长期定点监测。结果表明：嘉兴试验点和余杭试验点在降雨过程中径流量、TN、TP 的流失负荷的模拟值和观测值吻合程度较好，但部分场次降雨误差较大。模式质量评价结果表明：估算方法较好地模拟了降雨过程中田面水溢出稻田系统的径流流失负荷的发生过程，模拟值与观测值的一致性较好，估算效果优于以平均值估算的效果。尽管该估算方法存在部分误差较大、精度不足的缺点，但考虑到农田径流影响因素的复杂性和试验过程中不可避免的误差，其估算误差仍在可接受的范围内。因此，本节所建立的氮磷径流流失负荷田间尺度估算方法可以应用于对稻田氮磷降雨径流流失负荷进行估算。

6.4　杭嘉湖地区稻田氮磷径流流失负荷估算研究

目前，GIS 在生态环境背景调查、环境要素动态监测、面源污染分析评价等研究中应用广泛。在环境领域，GIS 技术在非点源模型研究中的应用使得模型的空间信息处理能力大大增强。各种田间尺度模型通过 GIS 平台，可以推广应用于流域尺度，有力地推动了大尺度非点源模型的快速发展。同时，地理信息系统（GIS）的图层运算可以将不同的输入参数进行空间运算，同时以栅格赋值的差异来反映区域环境因子的时空变化，从而实现环境要素可视化，为环境污染控制、管理以及污染因子的识别提供平台（Niraula et al.，2013）。

在环境领域利用 GIS 进行模拟的典型代表是 SWAT、AnnAGNPS 等一系列非点源污染模拟软件，其本质均为以"3S"技术为手段，在数字高程模型（DEM）及土地利用图等数据基础上将流域划分若干个集水单元，并根据各种动力学方程和经验公式来模拟污染物的迁移转化。这类模型能模拟复杂的非点源产排污机理，但建立模型对各种数据完整性要求很高，而国内环境监测体系不够完善，数据共享存在困难（Yang et al.，2010）。同时，由于非点源产排污机理十分复杂，使得其对非点源污染过程精确的物理描述几乎不可能。有研究者认为，对非点源发生机理无限精细的公式描述非但不能增加模型的精度，反而可能造成更大的误差，而且模型也存在输入参数多、操作复杂、运行成本较高等问题。正是这些原因导致诸如 SCS 水文模型和通用土壤流失方程（USLE）这样的统计模型仍然被广泛地应用。因此，建立一个由主要影响因素主导的半机理性计算方法，并结合"3S"技术进行分布式建模，在保证精度的同时，简便地对农业面源污染负荷进行估算成为本节关注的重点。

空间建模需要借助 GIS 为平台，而 ArcGIS Engine（ArcEngine）是美国 ESRI 公司提供的可供开发者根据需求定制完整 GIS 组件库。在 ArcEngine 平台上，开发者通过二次开发能够实现大部分 ArcGIS 的功能，并根据需要对部分功能进行改进。程序设计者可以通过在计算机上安装 ArcEngine 开发工具包来进行二次开发，编程语言可根据个人喜好进行选择，通过在开发环境中开发需求添加控件、对象、菜单栏或者相应工具嵌入的 GIS 功能。ArcEngine 具有友好的操作界面。本研究选择基于 ArcEngine 二次开发组件和 C#编程语言，构建区域尺度稻田氮磷径流流失负荷估算系统，将田间尺度的估算方法推广到流域尺度进行应用。

6.4.1　研究区域概况

杭嘉湖地区位于太湖以南，包括杭州、嘉兴、湖州三市，地形总体由西向东倾斜，西部为山区丘陵地貌，中东部为平原，山区和平原面积分别占总面积的 22% 和 78%。其东部的杭嘉湖平原上水网稠密，河网密度平均 12.7 km/km^2，为中国之冠。杭嘉湖地区属亚热带季风气候区，降水以春夏（5～7 月）的梅雨和夏秋（8～10 月）的台风雨为主，年平均降水量约 1100 mm。

杭嘉湖平原作为浙江省最大的产粮区，自古以来便是富庶的“鱼米之乡”。但随着工业化、城市化和农业现代化的发展，水环境质量日益恶化。在工业点源污染得到基本控制的同时，该地区农业非点源污染问题却愈演愈烈。据有关学者于 2000 年开展的污染调查表明，该区化肥的施用严重超标，单位面积耕地平均化肥施用量（折纯）为 474.3 kg/hm^2，大大高于 375 kg/hm^2 的全国水平；整个地区水田径流 TN 年均流失负荷为 10348.78 t，TP 年均流失负荷为 1215.28 t，氮肥和磷肥的流失率分布为 8.2%和 5.5%（钱秀红等，2002）。因此，杭嘉湖地区的农业面源污染控制已经迫在眉睫。

6.4.2　基础数据库建立

1. 气象数据

本研究所采用的气象数据由国家科技基础条件平台——中国气象科学数据共享网（http://cdc.cma.gov.cn/home.do）及浙江省水文局提供，共计 18 个站点，其中杭州 5 个，湖州 2 个，嘉兴 7 个，临安 4 个，具体分布如图 6.11 所示。气象数据包括站点经纬度坐标及 2008～2012 年逐日降雨量信息。

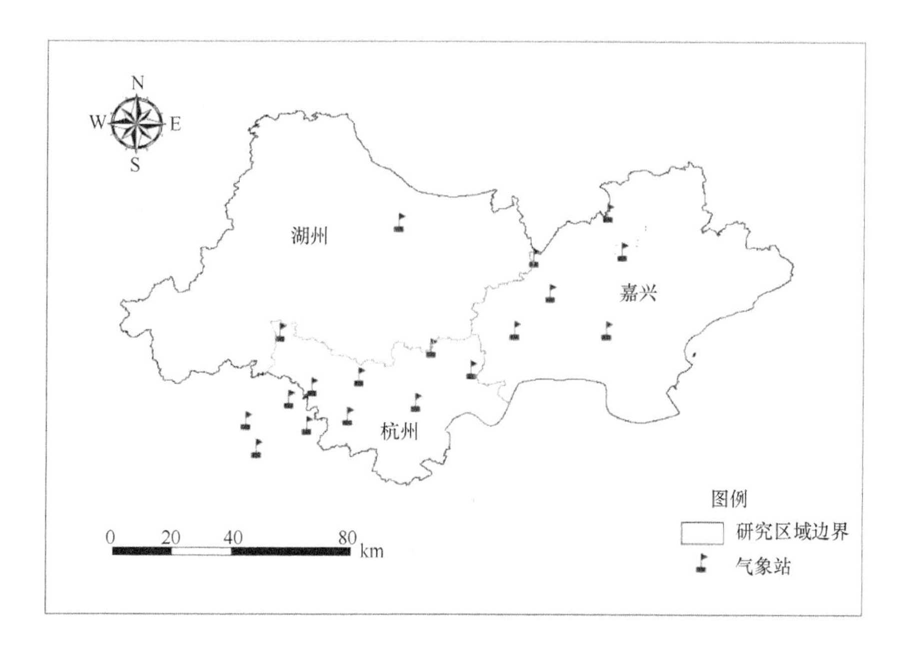

图 6.11　气象站点分布图

2. 空间数据库

杭嘉湖地区行政区划图来源为浙江省行政区划图，利用 ArcGIS—Arctoolbox—Analysis tool—Clip 工具进行切割而成。切割后的杭嘉湖县级行政区划图如图 6.12 所示。

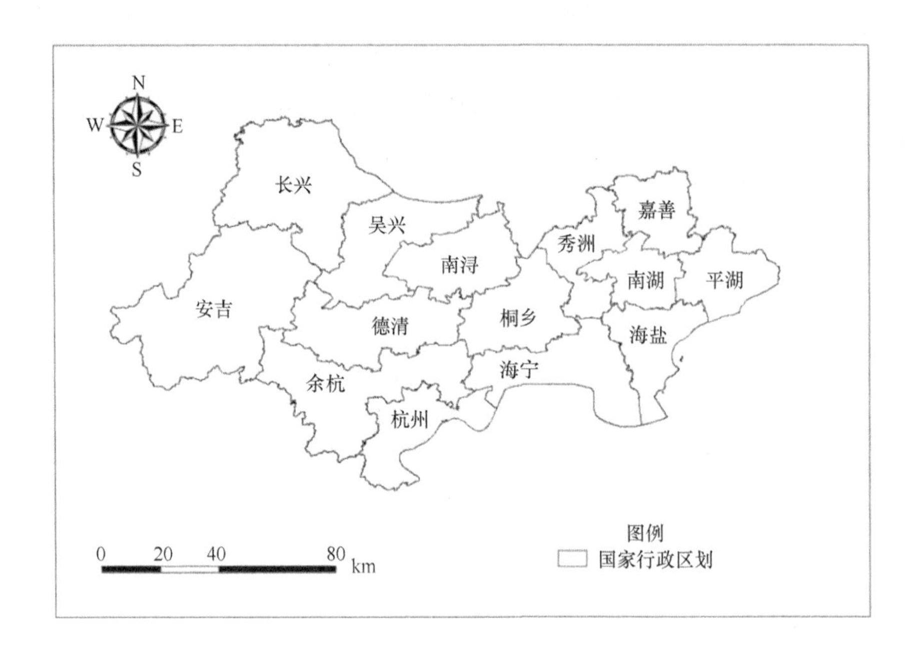

图 6.12　杭嘉湖地区行政区划图

杭嘉湖地区土壤图原始图件取自联合国粮食及农业组织（FAO）网站（http://faostat.fao.org/）所提供的 HWSD 数据集。根据土壤图对应的土壤类型代码表，按照土壤亚类进行重分类。土种和土壤亚类的对应关系见《中国土壤分类与代码》（GB/T 17296—009）。重分类采用 ArcGIS—Arctoolbox—3D Analysis—栅格重分类—重分类工具进行赋值。重分类后的土壤图如图 6.13 所示。

杭嘉湖地区水田分布原图取自地球系统科学数据共享平台中浙江省 1∶10 万土地利用数据，利用 ArcGIS—Arctoolbox—Spatial Analyst—提取分析—按属性提取工具进行提取。提取得到水稻田分布图如图 6.14 所示。

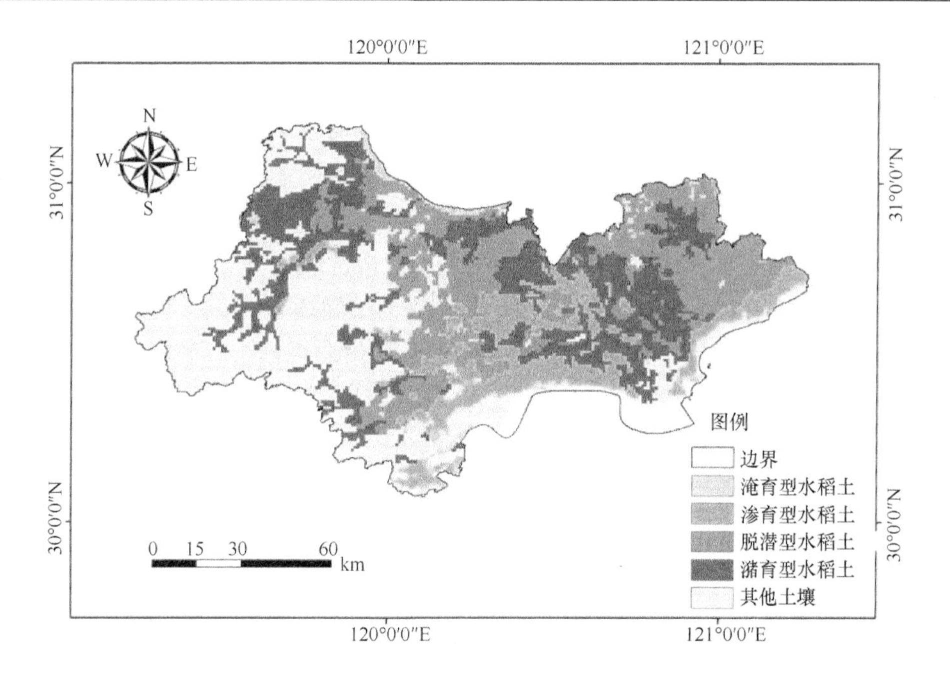

图 6.13　杭嘉湖地区土壤图

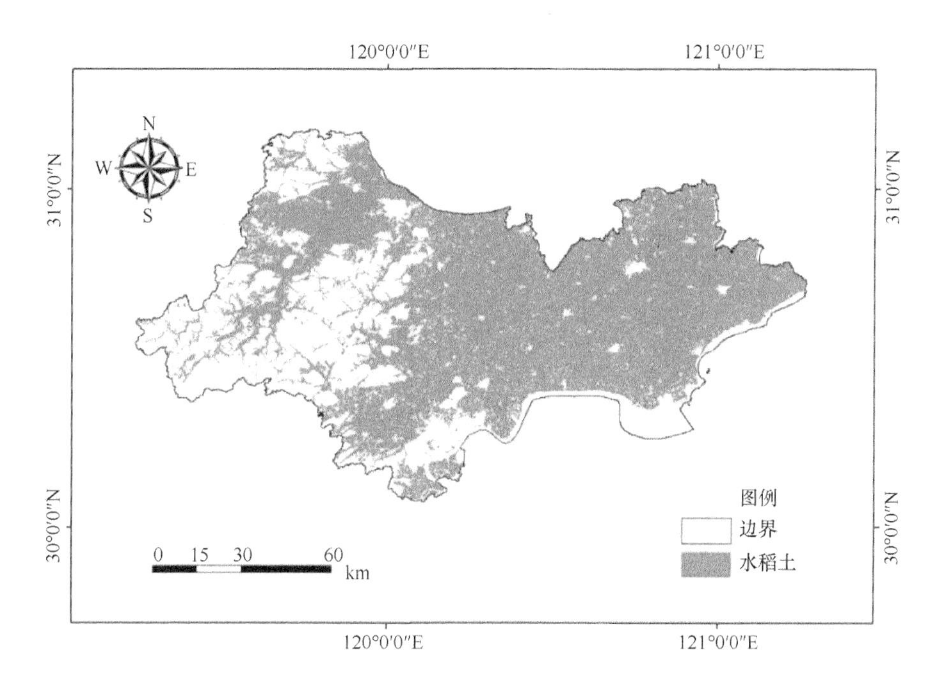

图 6.14　杭嘉湖地区土地利用（水稻田）图

3. 水肥管理数据库

为了尽可能地反映研究区域的水肥管理措施的时空差异，本研究采取地学统计和空间插值相结合的方法建立水肥管理数据库。实际的研究过程常常受多种条件限制，研究区域某空间因子的采样个数是有限的，不可能布满整个研究区域，而研究中又需要空间上连续的数据来进行区域尺度的研究（Mabel Castro et al.，2014；Shahid et al.，2014）。利用地学统计调查与空间插值结合的方法，便可以根据已知采样点的信息对附近未知点的属性进行预测或估计，从而获得空间维度上连续的研究数据。

1）杭嘉湖地区化肥施用量调查与空间插值

根据杭嘉湖地区行政区划和水稻田分布图，利用网格法划分调查区块，分别在每个调查区块内随机布设调查点位。本研究布设的调查点位分布如图 6.15 所示。按照事先设定的调查点位，合理安排调查顺序，每个点位以问卷或入户询问的方式，尽量调查多户从事水稻种植业的农户，剔除异常值后进行平均作为该点位的数值。施肥情况调查的主要内容包括施肥量、施肥方式、施肥种类等。

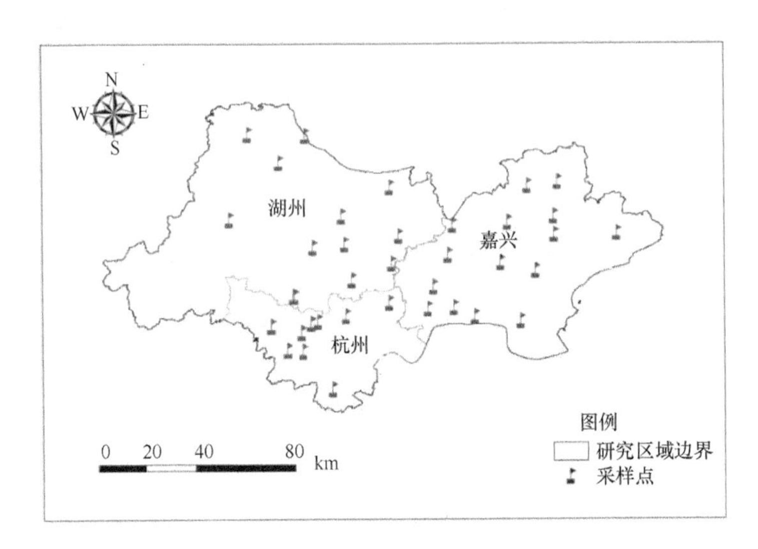

图 6.15　施肥情况调查点位图

2013 年 5 月完成对杭嘉湖地区内水稻种植施肥情况的调查，各点位的化肥施用量见表 6.14。从表中可以看出，杭嘉湖地区主要以尿素为氮肥，另外辅以复合肥作基肥进行施用，磷肥和碳铵等肥料施用较少。尿素施用量在 27.5～65kg/亩之间，不同的地区施肥量差异较大。复合肥的施用与否视农户施肥习惯而定，但磷肥极少有用户会单独进行施用，一般都是以复合肥中所含的磷来补给作物生长的需要。这可能与该地区土地肥沃、稻田土壤遗存磷含量较高有关；即使不施磷肥，磷含量也不会成为抑止水稻生长的限制因子（王慎强等，2012）。

表 6.14　杭嘉湖地区化肥施用量调查结果

调查点位	北纬（°）	东经（°）	氮肥施用量（kg N/hm^2）	磷肥施用量（kg P_2O_5/hm^2）
1	30.88	120.78	344.8	21.0
2	30.90	120.85	310.3	0.0
3	30.91	120.84	310.3	31.5
4	30.77	120.88	310.3	84.0
5	30.71	120.88	293.1	31.5
6	30.4	120.03	310.3	36.8
7	30.39	120.00	172.4	21.0
8	30.36	119.97	293.1	31.5
9	30.29	119.97	224.1	0.0
10	30.29	119.94	327.6	31.5
11	30.38	119.86	172.4	10.5
12	30.38	119.86	224.1	21.0
13	30.49	119.94	224.1	52.5
14	30.49	119.94	344.8	63.0
15	30.54	120.12	189.7	0.0
16	30.53	120.12	206.9	0.0
17	30.52	120.13	275.9	21.0
18	30.46	120.28	413.8	52.5
19	30.66	120.01	224.1	0.0
20	30.67	120.13	224.1	31.5
21	30.70	120.32	310.3	0.0
22	30.77	120.11	448.3	10.5
23	30.87	120.29	258.6	0.0
24	30.96	119.89	310.3	15.8
25	30.74	120.51	275.9	0.0
26	30.45	120.52	344.8	0.0
27	30.42	120.59	344.8	26.3
28	30.40	120.76	310.3	21.0
29	30.44	120.42	413.8	0.0
30	30.71	121.11	310.3	0.0
31	30.63	120.50	275.9	0.0

续表

调查点位	北纬（°）	东经（°）	氮肥施用量（kg N/hm^2）	磷肥施用量（kg P_2O_5/hm^2）
32	30.52	120.44	379.3	31.5
33	30.60	120.29	224.1	0.0
34	30.58	120.81	310.3	0.0
35	30.16	120.08	402.3	52.5
36	31.06	119.98	293.1	15.8

根据施肥情况调查得到的数据，在 ArcGIS 中进行施肥量的空间插值。目前，应用于环境生态领域的空间插值方法很多，常用的有反距离加权（IDW）插值法、克里金（Kriging）插值法、自然邻点（natural neighbor）插值法、多项式回归（polynomial regression）法、线性三角网（triangulation with linear interpolation）插值法等，各种插值方法都有其各自的特点和应用范围（Wang et al.，2014）。本节根据同类研究的经验，选择反距离加权（IDW）作为插值方法对氮肥和磷肥的施用量进行空间插值（Zhang and Srinivasan，2009；Garzon-Machado et al.，2014；Li et al.，2014；朱蕾和黄敬峰，2007；谢云峰等，2010）。

根据上述调查结果，将不同点位的稻季氮肥施用量在 GIS 中利用 ArcGIS 10.1 软件的空间分析功能进行 IDW 插值后得到杭嘉湖地区氮素（以纯 N 计）施用量分布栅格图（图 6.16）。图中可以看出，整个地区氮肥施用量呈现梯度分布，东南部的余杭、海宁地区氮肥施用量最高，东西部山区及德清一带较低，东北部嘉兴一带施肥量适中，这与整个地区的种植结构和农业指导有关。余杭、海宁地区由于城市化的扩张，农民大多不再专门从事传统农耕作业，水稻种植以散户为主，通常选择以高施肥量来保证水稻产量；嘉兴一带由于稻田耕作面积较大，且有较多的种粮承包大户，农业部门对其指导较多，施肥较为科学；东西部山区及德清一带多种植茭白、莲藕等水生植物，且畜禽、水产养殖业发达，淤泥、粪肥还田等措施使稻田较为肥沃，因此施肥量较小。

前期的化肥施用量调查表明，杭嘉湖地区农民通常不单独施用磷肥，而是将同时含有 N、P、K 的复合肥作为基肥施用，满足作物的磷元素需求；且复合肥是否施用也因人而异，所以无法像氮肥施用量一样根据调查结果进行空间插值得到磷肥施用量空间分布图。根据调查结果，杭嘉湖地区磷肥平均施用量为 19.91 kg P_2O_5/hm^2。因此，本研究为了估算需要，假设所有的农户均以复合肥代替磷肥，因此其磷肥施用量与氮肥施用量的空间分布相同。磷肥施用量分布栅格图由图 6.16 的氮肥施用量栅格图进行折算（图 6.17），折算后的杭嘉湖地区磷肥平均施用量应为 19.91 kg P_2O_5/hm^2。

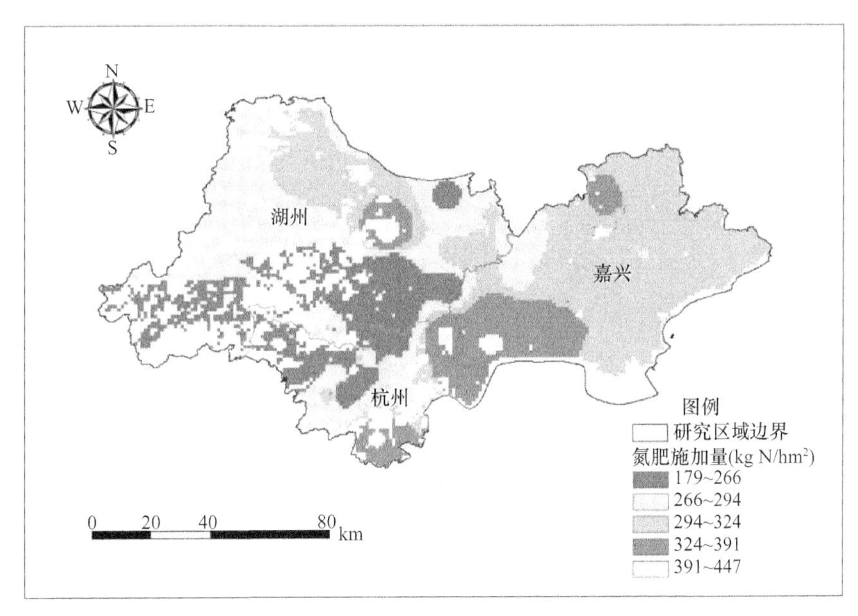

图 6.16 杭嘉湖地区氮肥施用量插值图

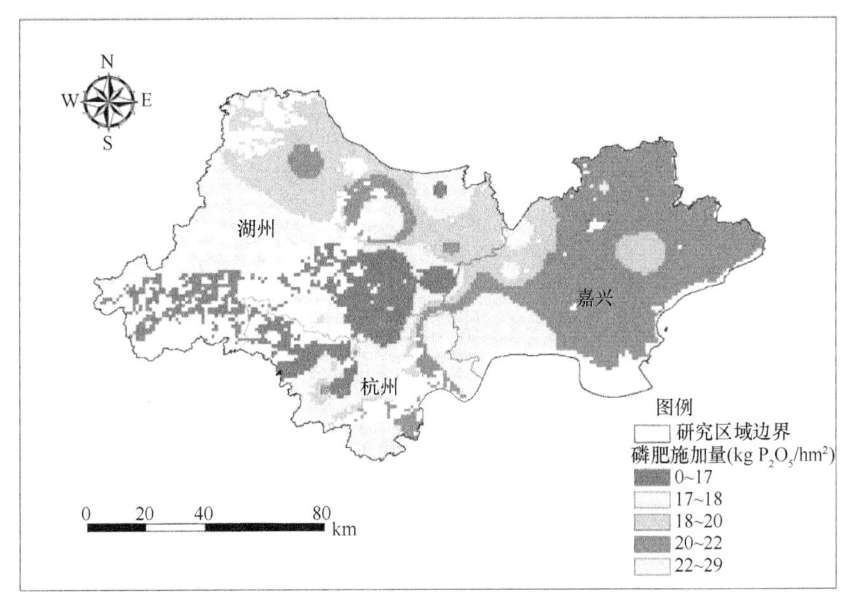

图 6.17 杭嘉湖地区磷肥施用量插值图

2）田埂排水口高度空间分布

作为稻田降雨径流的出口，田埂的排水口高度对于稻田氮磷降雨径流流失负荷具有重要影响。但田埂排水口高度并不具有空间上的规律性，即使两块相邻的稻田也会具有完全不同的高度。本研究于 2013 年对杭嘉湖地区的 219 条田埂的排水口高度进行了测量，同时利用 SPSS 对其概率分布进行分析，直方图和 *Q-Q* 图见图 6.18。由图中可以看出，田埂排水口高度符合（μ=12.82, $\sigma^2=4.37$）的正态分布函数。

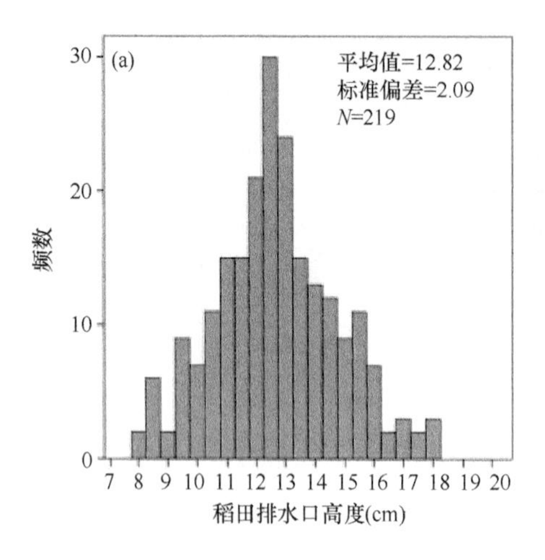

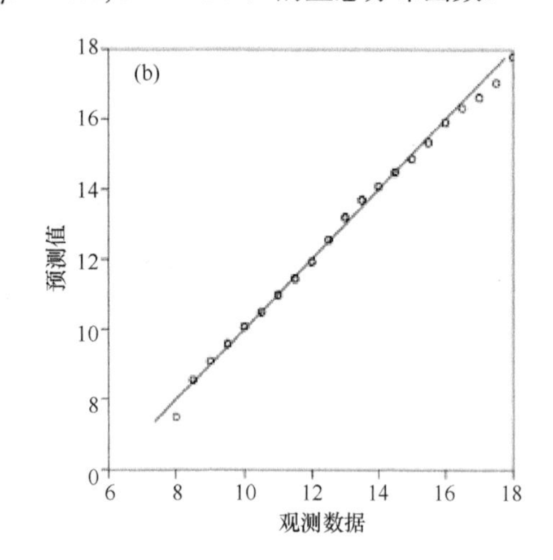

图 6.18　(a) 直方图；(b) *Q-Q* 图

在 GIS 中利用 ArcGIS 10.1 软件分别生成符合（μ=12.82, $\sigma^2=4.37$）概率分布函数的随机栅格图层。稻田排水口高度分布栅格图如图 6.19 所示。

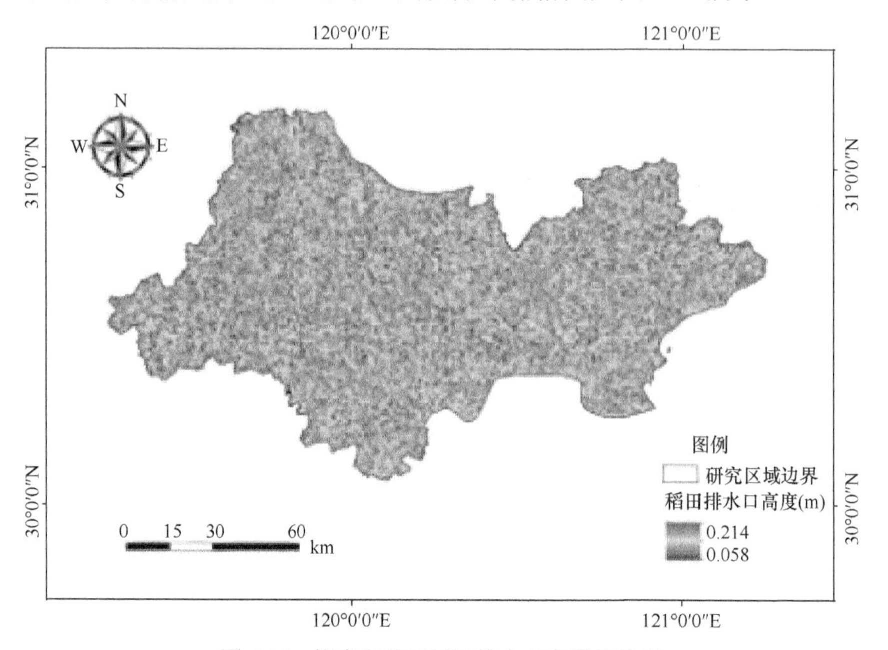

图 6.19　杭嘉湖地区稻田排水口高度栅格图

3）稻田初始田面水高度

目前，很多区域尺度稻田氮素径流模型（如 PRNSM 模型）在所有栅格内采用单一值作为模型初始田面水高度，但在实际情况中，不同的稻田初始的田面水高度差异很大，且稻田初始田面水高度的大范围测定存在难度。因此，本研究采用符合一定概率分布函数的随机栅格图层作为首日输入的稻田初始田面水高度栅格图层，以反映时空变化。

常用的概率分布函数有二项分布、平均分布、泊松分布、指数分布、正态分布等。其中正态分布有极其广泛的实际背景，生产与科学实验中很多随机变量的概率分布都可以近似地用正态分布来描述。例如：一个班级不同学生的身高，收获的种子重量，某地区的年降水量以及理想气体分子的速度分量等。可以证明，如果一个随机指标受到诸多因素的影响，但其中任何一个因素都不起决定性作用，则该随机指标一定服从或近似服从正态分布。从理论上看，正态分布具有很多良好的性质，许多概率分布可以用它来近似。

因此，本研究采用正态分布来表征稻田实时田面水高度分布。在 GIS 中利用 ArcGIS 10.1 软件生成符合正态分布的实时田面水高度栅格图（图 6.20）。

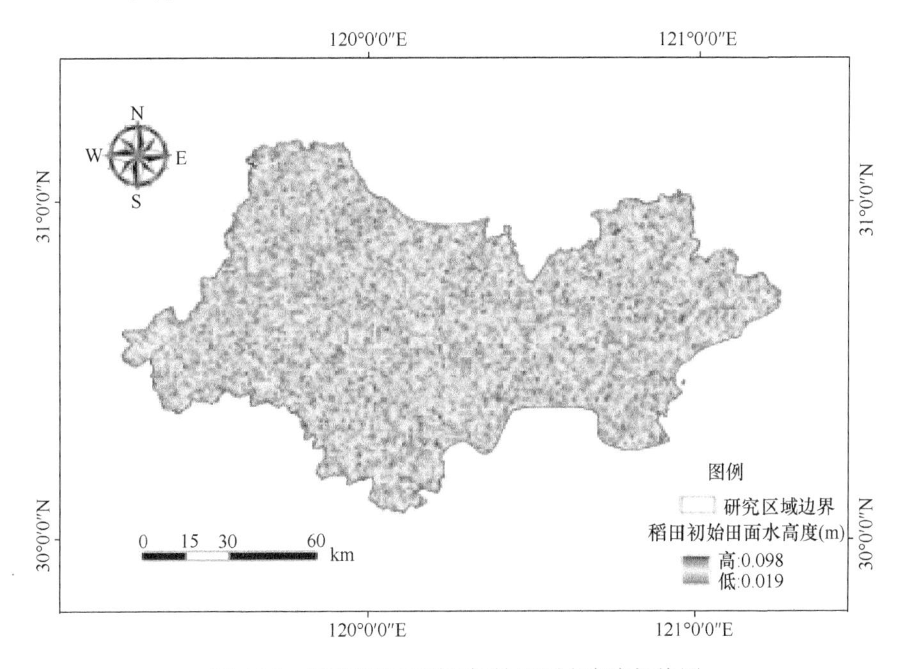

图 6.20　杭嘉湖地区稻田初始田面水高度栅格图

4）施肥时间

同理，在 GIS 中利用 ArcGIS 10.1 软件分别生成符合正态分布函数的随机栅格图层，用以表示施肥时间的空间差异。首次施肥时间跨度根据浙江省农业信息网（http://www.zjagri.gov.cn/programs/database/stat/tableData/）的报道情况，设置为 26 天。稻田施肥时间分布栅格图如图 6.21 所示，其中栅格数值表示距该栅格的施肥时间距模型运行起始日期的天数。

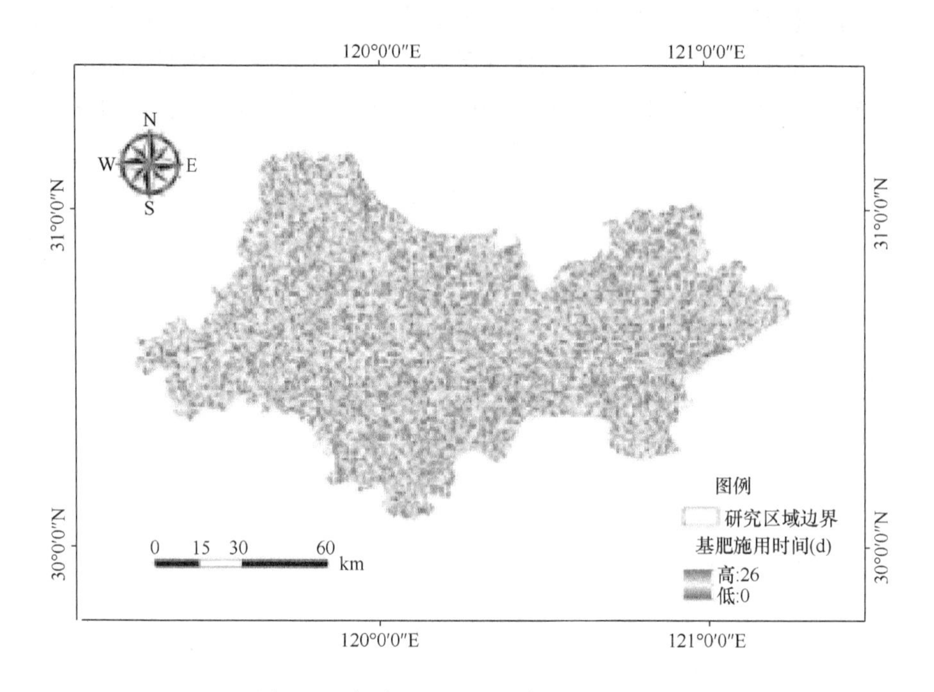

图 6.21　杭嘉湖地区基肥施用时间栅格图

6.4.3　基于 ArcEngine 的稻田降雨径流流失负荷估算系统构建

1. 区域尺度稻田降雨径流污染负荷估算方法原理

本研究中区域尺度稻田降雨径流污染负荷估算方法的原理是将杭嘉湖地区进行栅格化，每个栅格代表特定土壤类型、降雨量、施肥量及农事管理措施下的稻田，单场降雨下该栅格的氮磷降雨径流流失采用 6.3 节中建立的田间尺度估算方法进行计算，由此将田间尺度的负荷估算方法推广到流域尺度。同时，如果把降水、蒸发、田面水管理、田面水氮浓度变化、径流、径流流失等因素作为一个系统，分别以前一日的各参数和气象信息作为输入项，得到后一日的各参数，继续进行迭代计算，便可以实现连续的负荷模拟计算。

该估算方法的步骤流程图如图 6.22 所示。

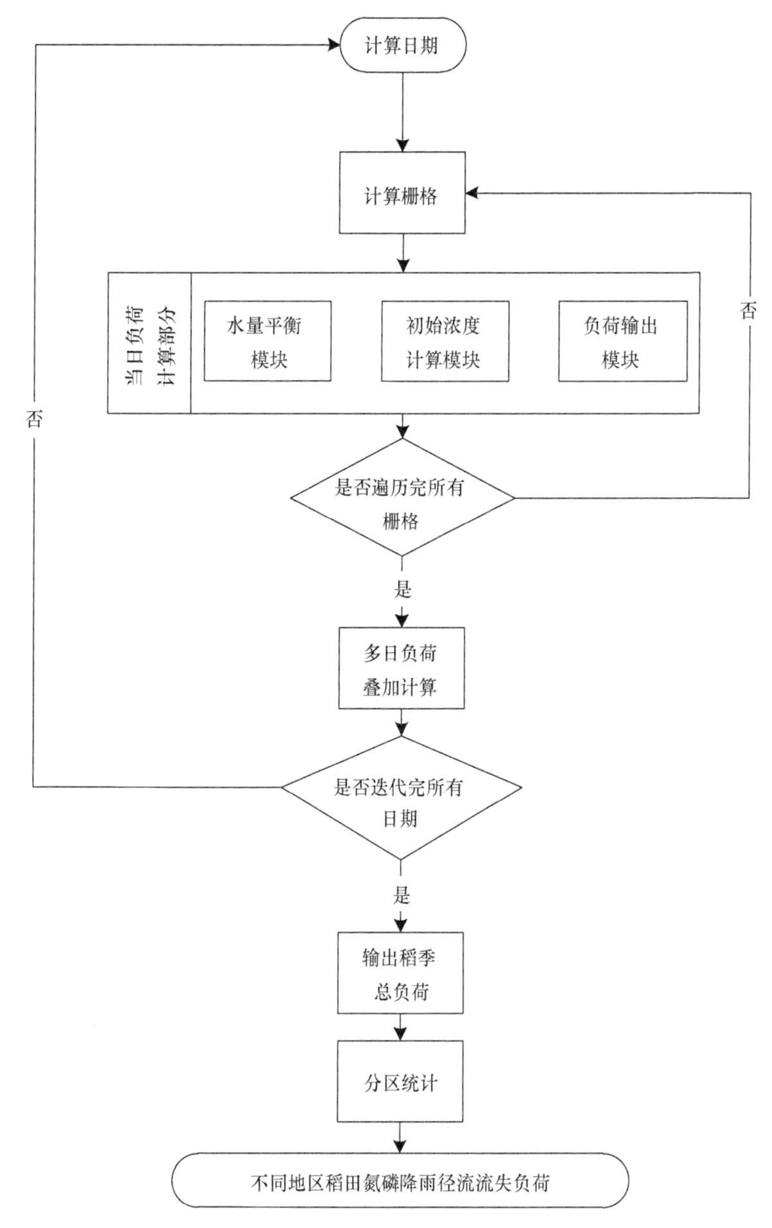

图 6.22　区域尺度稻田降雨-径流流失负荷估算方法流程图

2. 稻田氮磷径流流失负荷估算系统构建

稻田氮磷径流流失负荷计算以栅格为计算基本单元，将不同栅格图层的对应栅格值按日步长进行迭代运算；每次迭代均包含水量平衡、初始浓度计算和负荷输出模块三个部分，各模块均以第 $n-1$ 天的各个参数作为第 n 天的输入数据，结合第 n 天的降雨量、蒸发量数据，按照模块内预设的公式计算第 n 天的各个参数，并生成包含新值的栅格图层，其对应的栅格值又作为第 $n+1$ 天的各个公式的输入数据，依次循环，直至计算结束；第 1 日的计算以 6.3 节中的各种基础资料、栅格图层为当日计算公式的输入数据。

稻田氮磷径流流失负荷估算系统（surface runoff loss loads analysis system，SRLAS）的构建采用 ArcEngine 二次开发组件结合 C#语言进行开发，系统架构如图 6.23 所示。系统中主要的计算模块为水量平衡、初始浓度计算和负荷输出模块，同时还有初始值设置和分区结果统计等辅助性模块，最终实现负荷计算、可视化表达、查询统计及情景分析等功能。构建的系统可供个人用户进行模拟研究、网络查询或与其他水环境管理平台进行集成对接，为流域污染物总量控制和减排提供技术支持。

1）水量平衡模块

降雨是稻田径流流失的主要驱动力，因此本研究利用迭代行选择对整个稻季的降雨数据进行迭代，依次对输入表格中的每一行数据进行迭代，依次提取当日降雨量作为输入数据，实现模型的日步长连续模拟。

从迭代输出文件的输出行中分别读取各气象站点的当日降雨量并赋值给相应站点，再对各站点的降雨量进行 Kriging 插值，得到研究区域内各栅格单元的当日降雨量 H_p^n。

水量平衡的各计算公式如下：

径流量：

当 $H_{\mathrm{R}}^n > \left(H_{\max} - H^n\right)$ 时，

$$H_{\mathrm{Rf}}^n = H_{\mathrm{R}}^n - \left(H_{\max} - H^n\right) \tag{6-7}$$

当 $H_{\mathrm{R}}^n \leqslant \left(H_{\max} - H^n\right)$ 时，

$$H_{\mathrm{Rf}}^n = 0 \tag{6-8}$$

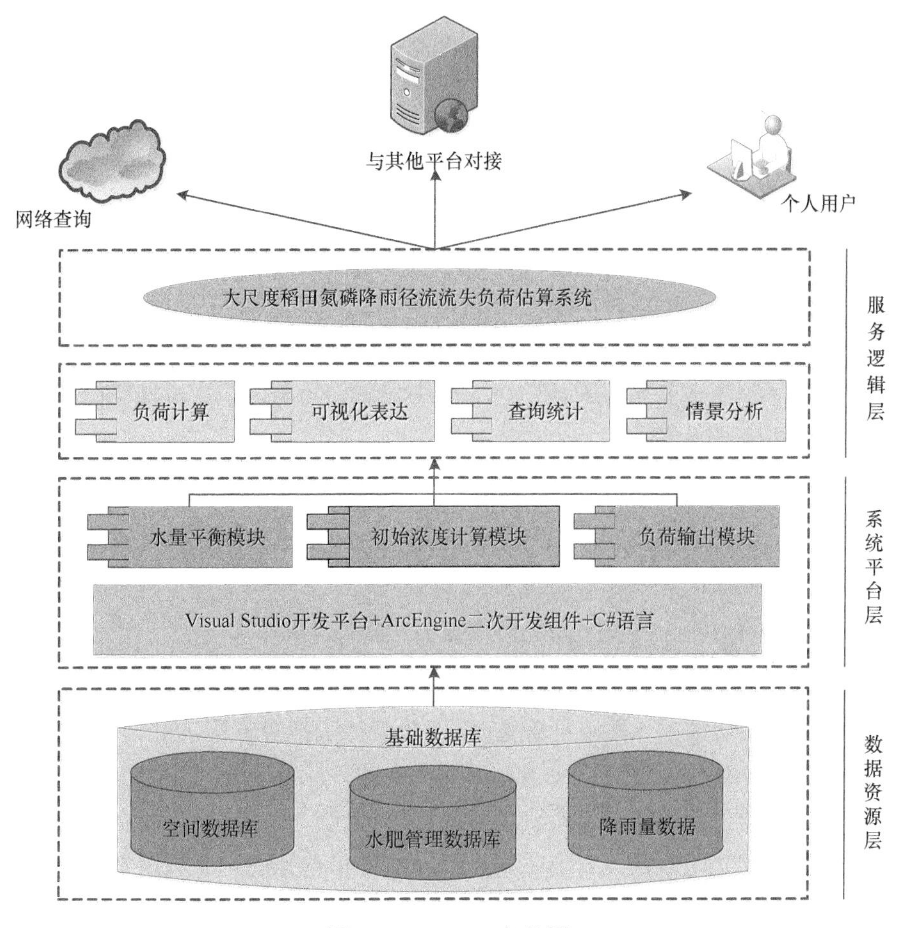

图 6.23　SRLAS 架构图

灌溉水量：

当 $\left(H^n + H_{\mathrm{R}}^n - H_{\mathrm{Rf}}^n - H_{\mathrm{e}}^n\right) < H_{\min}$ 时，

$$H_{\mathrm{I}}^n = H_{\max} - \left(H^n + H_{\mathrm{R}}^n - H_{\mathrm{Rf}}^n - H_{\mathrm{e}}^n\right) \tag{6-9}$$

当 $\left(H^n + H_{\mathrm{R}}^n - H_{\mathrm{Rf}}^n - H_{\mathrm{e}}^n\right) \geqslant H_{\min}$ 时，

$$H_{\mathrm{I}}^n = 0 \tag{6-10}$$

田面水初始高度：

当 n=0 时，

$$H^{n+1} = H_0 \tag{6-11}$$

当 $n>0$ 时，

$$H^{n+1} = H^n + H_{\mathrm{R}}^n - H_{\mathrm{Rf}}^n - H_{\mathrm{e}}^n + H_{\mathrm{I}}^n \tag{6-12}$$

式中，$H_{\max}$ 为田埂排水口高度；$H_{\min}$ 为农事管理中稻田最低水深；H^n 为第 n 天田间田面水初始高度；H_{R}^n 为第 n 天降雨量；H_{Rf}^n 为第 n 天径流水深；H_{e}^n 为第 n 天蒸发量；H_{I}^n 为第 n 天灌溉水深；H^{n+1} 为第 n+1 天田面水初始高度。

各栅格单元的 $H_{\max}$ 以 6.4.2 节中稻田排水口高度栅格图层的对应栅格单元的值为输入值，各栅格单元的 H_0 以 6.4.2 节中稻田初始田面水高度栅格图层的对应栅格单元的值为输入值。

各栅格单元的参数 H_{e}^n 的确定方法如下：若用户没有蒸发量资料并选择默认值输入，则所有栅格均按照默认值进行计算；若用户选择加载日蒸发量文件，则先对各站点第 n 天的蒸发量进行空间插值得到蒸发量栅格图层，再以该栅格图层对应栅格单元的值作为各栅格单元的参数 H_{e}^n 的输入值。

2）初始浓度计算模块

根据该栅格所属的水稻土亚类选择 6.2.2 节相应拟合方程，同时计算当日距前次施肥的天数，并代入方程计算当日田面水中的 TN 初始浓度。各栅格单元的参数 n 以该计算当日距离本节中得到的对应栅格单元的稻田施肥时间 T 的天数为输入值，各栅格单元的参数以本节中得到的对应栅格单元的化肥施用量为输入值。

模块中设置的计算初始浓度时的对应规则为：若该栅格单元在水田分布图中对应的栅格单元的土地利用种类为稻田，且在土壤图中对应的栅格单元的土种对应的土壤亚类为水稻土，则选择 6.2.2 节中该土种所属的土壤亚类下的稻田田面水氮素浓度动态变化拟合公式进行计算，得到当日田面水中的 TN 初始浓度 C_{s}^n；若该栅格单元在水田分布图对应的土地利用种类不是稻田，或在土壤图中对应的土壤亚类不是水稻土，则不选择任何一个拟合方程进行计算，C_{s}^n 设为 No Data。

3）负荷输出模块

第 n 天的稻田径流流失量计算公式如下：

$$Q_n = A\left[C_{\mathrm{R}}^n H_{\mathrm{Rf}}^n + H^n\left(C_{\mathrm{s}}^n - C_{\mathrm{R}}^n\right)\left(1-\mathrm{e}^{-\frac{H_{\mathrm{Rf}}^n}{H_{\max}}}\right)\right] \tag{6-13}$$

式中，Q_n 为农田污染物流失量（g）；A 为农田面积（m^2）；C_{s}^n 为降雨开始时水稻

田表水层污染物浓度（mg/L）；H^n 为第 n 天田面水初始高度（m）；H_{Rf}^n 为第 n 天径流水深（m）；C_{R}^n 为雨水中污染物浓度（mg/ L）；$H_{\max}$ 为田埂排水口高度（m）。

各格栅单元的参数 A 以该栅格单元地理上对应的实际土地面积为输入值，本模型中为 1000000。

施肥后 n 天内累计负荷 Q 计算公式如下：

$$Q=\sum_{i=0}^{n}Q_n \tag{6-14}$$

负荷计算模块的结构图如图 6.24 所示。

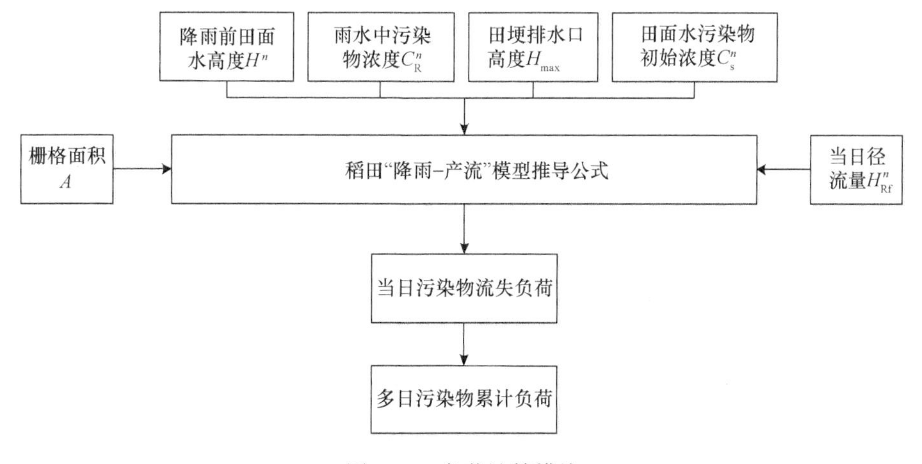

图 6.24　负荷计算模块

利用 ArcEngine 构建的 SRLAS 界面如图 6.25 所示。软件界面左侧为图层加载区，用于对需要进行展示的图层进行加载、删除和修改操作；界面中部为图层显示区，用于显示计算分析过程中的各种源图层、中间图层和结果图层，实现数据的空间可视化；界面右侧为计算参数输入区，可以根据用户需求选择或输入基础地理数据、农事管理参数和降雨量信息等，实现情景分析功能。

6.4.4　杭嘉湖地区稻田氮磷降雨径流流失负荷分析

以 SRLAS 为平台，对不同年份的稻田氮磷降雨径流流失负荷进行分析，其中各年度的系统输入参数根据当地实际情况或参考相关文献进行设定：蒸发量取值为降雨日 1 cm，非降雨日 0.2 cm；系统计算起始日期根据浙江省农业信息网（http://www.zjagri.gov.cn/programs/database/agriInformation/）对各地水稻种植进

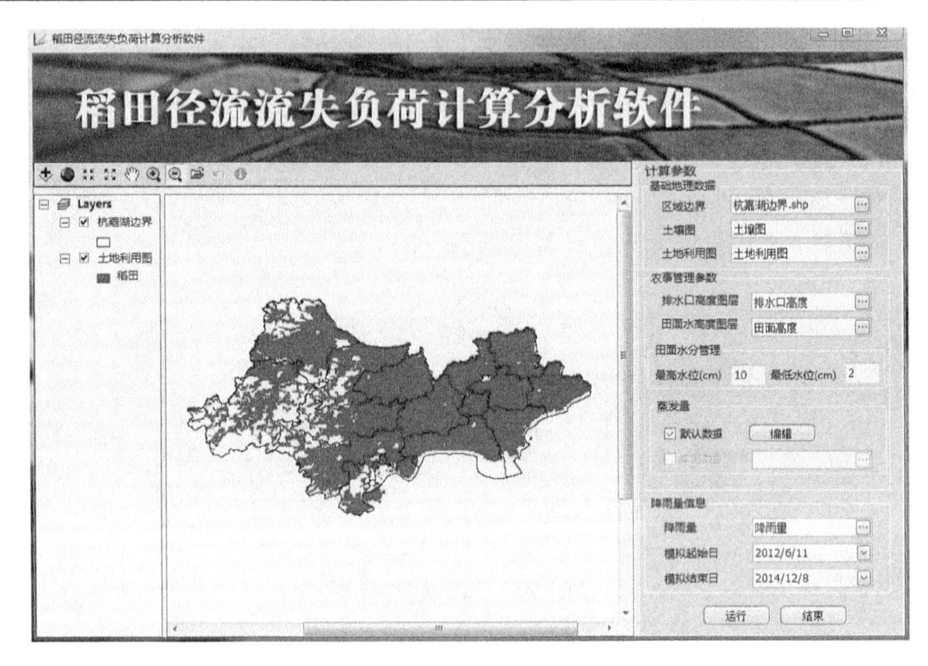

图 6.25　SRLAS 界面

度的报道进行确定，通常在农历小满节气到夏至节气之间。本研究设置 2008～2012 年的系统起始计算日期分别为 5 月 21 日、5 月 29 日、5 月 24 日、6 月 1 日、5 月 25 日；氮肥分三次施用，基肥施用时间由 6.4.2 节中的栅格图确定，分蘖肥在基肥后 10 天施用，但 2011 年由于稻季前期的多场台风导致产生连续暴雨，因此根据农民天晴后抓紧施肥的习惯，选择在基肥后 15 天施用分蘖肥，穗肥均在基肥后 30 天施用；各土壤的 P 本底值由于资料难以获取，采用 6.2 节中对应亚类的试验土壤实测数值代替；农事管理中田面水最高高度和最低高度分别设置为 10 cm 和 2 cm；雨水中 TN、TP 浓度根据太湖流域相关研究确定为 3.16 mg/L 和 0.08 mg/L（余辉等，2011）；系统的全模拟期为 140 天。

1. 氮素降雨径流流失负荷分析

利用上述稻田氮素降雨径流流失负荷估算系统对杭嘉湖地区 2008～2012 年间的稻季氮素降雨径流流失情况进行了模拟，历年流失情况如图 6.26 所示。图中可以明显看出稻季稻田降雨径流中 TN 流失负荷存在明显的时空变化特征，不同地区以及不同年份都存在显著差异。从 5 年平均值来看，南部余杭、海宁一带流失量最大，安吉、长兴一带次之，中部德清平原流失量最低。这是由于余杭、海宁地区氮肥施用量高于其他地区，导致田面水及径流中 TN 浓度也相应升高，流失加剧；而安吉、长兴一带属西部山区，降雨量相对于平原地区较大，更加容易造成稻田径流的发生。

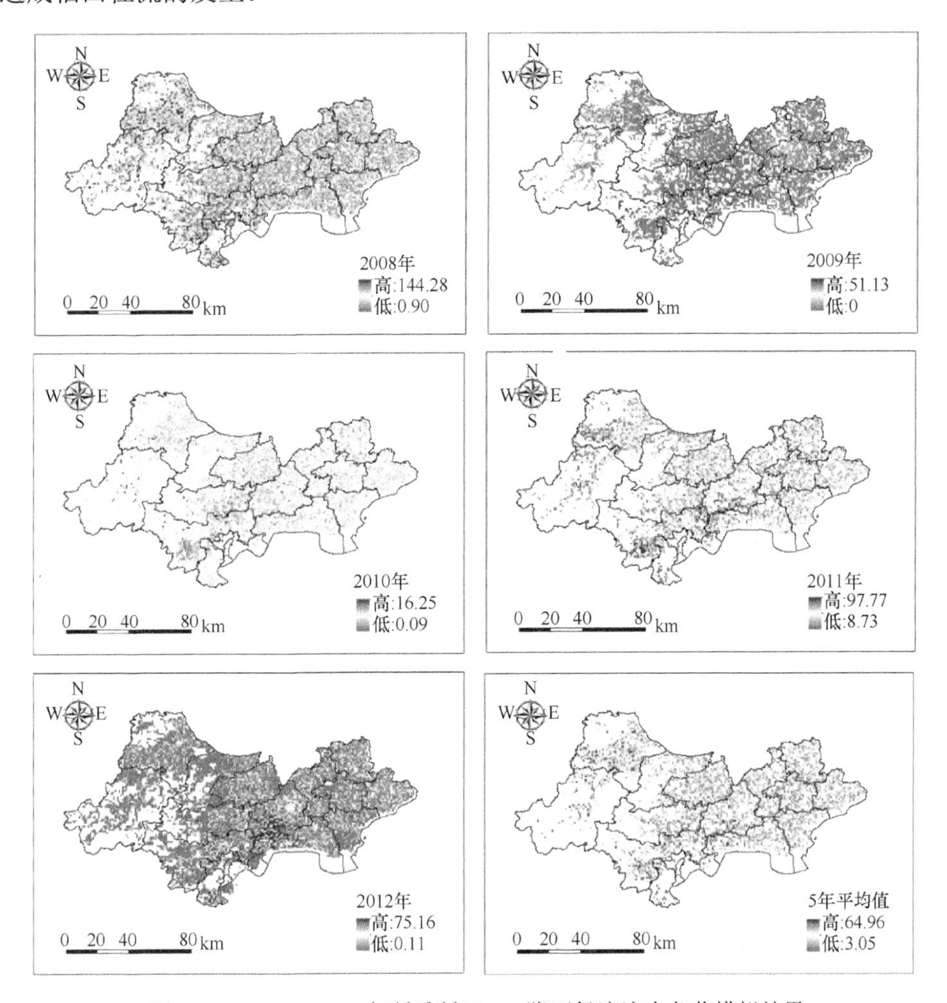

图 6.26　2008～2012 年稻季稻田 TN 降雨径流流失负荷模拟结果

另外，不同年份间稻田径流流失负荷也存在显著差异（表 6.15），杭嘉湖全区 5 年平均流失负荷为 19.66 kg N/hm^2，占氮肥平均施用量的比例为 6.69%。不同年份的 TN 流失负荷在 1.23～45.48 kg N/hm^2 之间波动，最高与最低年均流失负荷可达数十倍之差，这主要是由于降雨是造成稻田氮素径流流失的主要驱动力，降雨的差异会导致径流流失负荷的数值差异。

表 6.15　2008～2012 年各市稻田降雨径流 TN 流失情况

年份	地市名称	稻田面积（hm^2）	平均氮肥施用量（kg N/hm^2）	平均流失负荷（kg N/hm^2）	流失量占氮肥施用量比例	全市流失负荷（t）
2008	嘉兴市	156469.4	317	25.52	8.05%	3993
	湖州市	130562.1	277	26.48	9.56%	3457
	杭州市	25931.3	295	24.80	8.41%	643
2009	嘉兴市	156469.4	317	2.74	0.86%	429
	湖州市	130562.1	277	2.92	1.05%	381
	杭州市	25931.3	295	3.13	1.06%	81
2010	嘉兴市	156469.4	317	1.30	0.41%	203
	湖州市	130562.1	277	1.26	0.45%	165
	杭州市	25931.3	295	1.23	0.42%	32
2011	嘉兴市	156469.4	317	32.76	10.33%	5126
	湖州市	130562.1	277	34.79	12.56%	4542
	杭州市	25931.3	295	45.48	15.42%	1179
2012	嘉兴市	156469.4	317	21.46	6.77%	3358
	湖州市	130562.1	277	9.15	3.30%	1195
	杭州市	25931.3	295	17.77	6.02%	461
5 年平均	嘉兴市	156469.4	317	18.29	5.77%	2862
	湖州市	130562.1	277	20.19	7.29%	2636
	杭州市	25931.3	295	24.52	8.31%	636
杭嘉湖全区平均		312962.8	294	19.66	6.69%	6153

注：平均氮肥施用量因往年数据获取存在困难，因此均采用 2013 年面上调查数据。由于土地利用图年份较早，各市稻田面积均以浙江省环境监测站提供的 2009 年环境统计数据为准。

2008～2012 年稻季施肥期降雨情况（图 6.27）显示，在苗期到穗期这段主要施肥期内，不同年份降雨量差异较大。2008 年和 2011 年雨量特别充沛，特别是 2011 年由于多场台风的影响，在基肥施用期间连续出现 50 mm 以上的连续强降雨，导致肥料流失严重。2009 年则雨量偏少，施肥期内极少有连续强降雨发生，径流流失负荷较小；而 2010 年的大部分连续降雨发生在施肥期外，此时大部分地区已进入非施肥期，即使发生径流流失量也相对较小。

本研究中构建的氮素径流流失负荷模型模拟的稻季稻田氮素平均流失负荷在

1.23～45.48 kg N/hm^{2}之间，平均流失负荷为 19.66 kg N/hm^2，流失负荷占平均施肥量的比例为 6.69%；与国内外学者报道的数值相比，在合理范围内。另外，国内外众多学者也通过模型模拟对稻田的氮素径流流失情况进行了模拟，其模拟结果（表 6.16）相对高于本研究，但数值范围的差异在正常范围内，这与不同的建模方法有关。

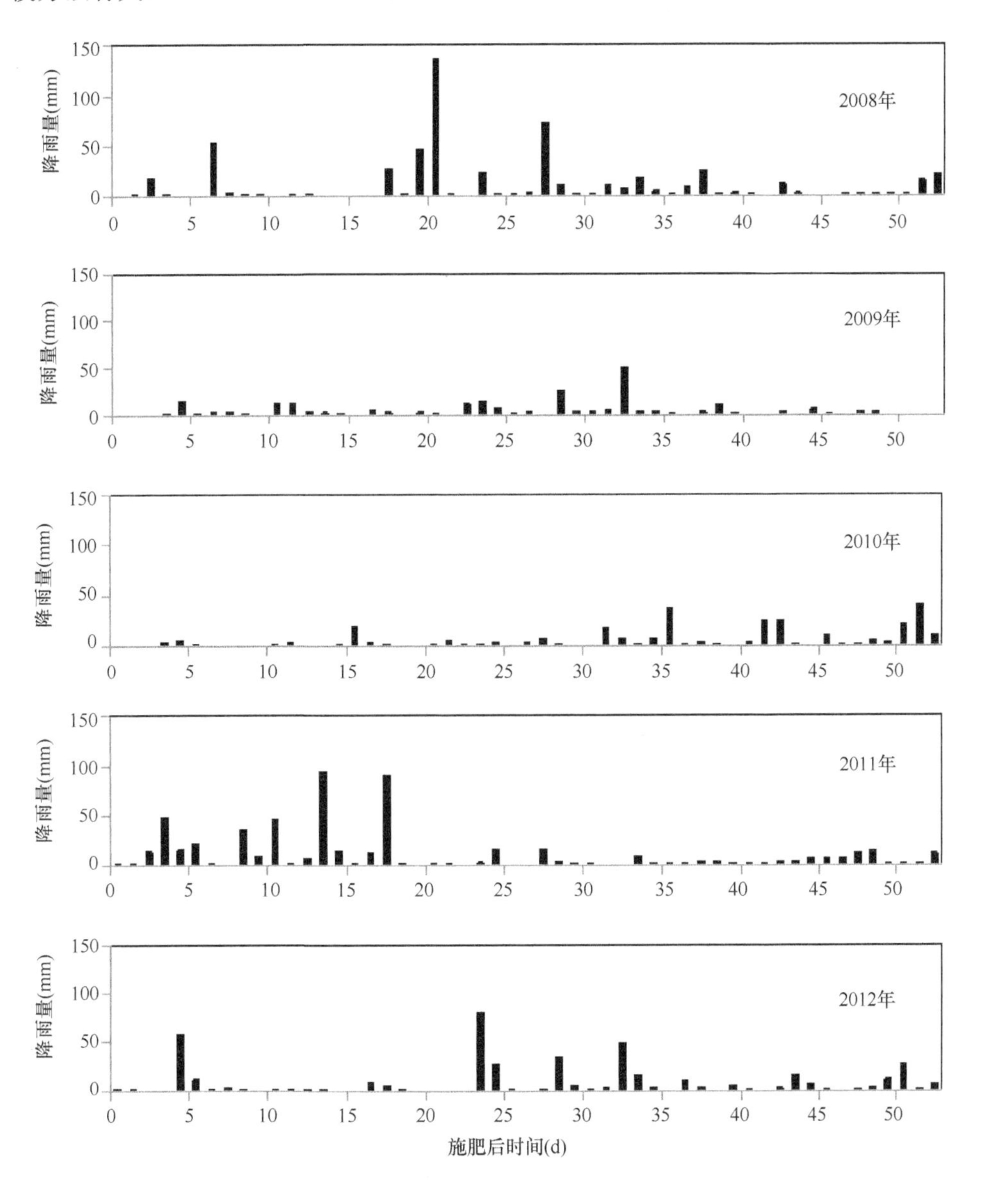

图 6.27　2008～2012 年杭嘉湖地区稻季施肥期间平均日降雨量

表 6.16　杭嘉湖及周边地区部分研究模型模拟的氮素流失负荷

研究地点	研究方法	最大负荷（kg N/hm^2）	最小负荷（kg N/hm^2）	平均负荷（kg N/hm^2）	流失率（%）	引用文献
杭嘉湖	基于 SCS 的降雨-径流模型	88.82	<30.75	35.26	12.69	（田平 等，2006）
南京	PRNSM 模型	82.90	1.60	24.20	9.00	（李慧，2008）

2. 磷素降雨径流流失负荷分析

利用 SRLAS 对杭嘉湖地区 2008～2012 年间的稻季磷素降雨径流流失情况进行了模拟，历年流失情况如图 6.28 所示。从图中可以发现，与 TN 结果类似，杭嘉湖地区稻田 TP 流失负荷分布也具有明显的时空差异性。从空间上看，海宁余杭一带由于施肥量高，导致其 TP 流失负荷也很高，历年 TP 最高流失负荷甚至达到了 8.12 kg P/hm^2，而安吉一带由于地处西部山区，降雨量大于平原地区，因此其稻田径流中 TP 的流失负荷也相对较高；嘉善、平湖一带由于施肥量及降雨量都不是很高，因此其 TP 流失负荷整体较其他地区小。

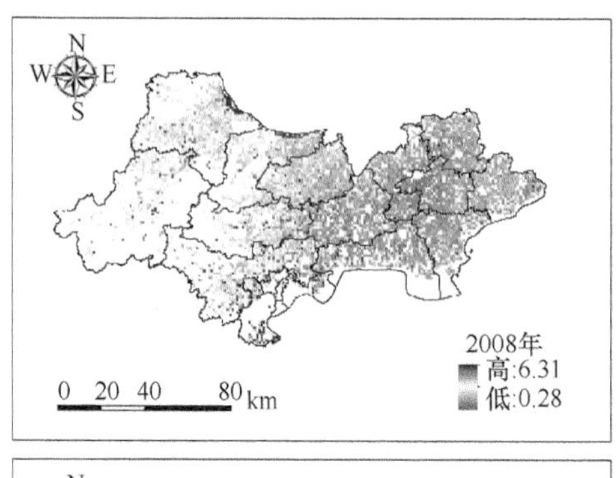

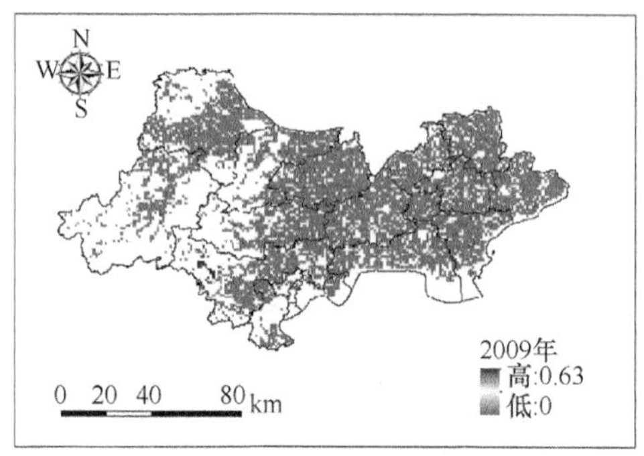

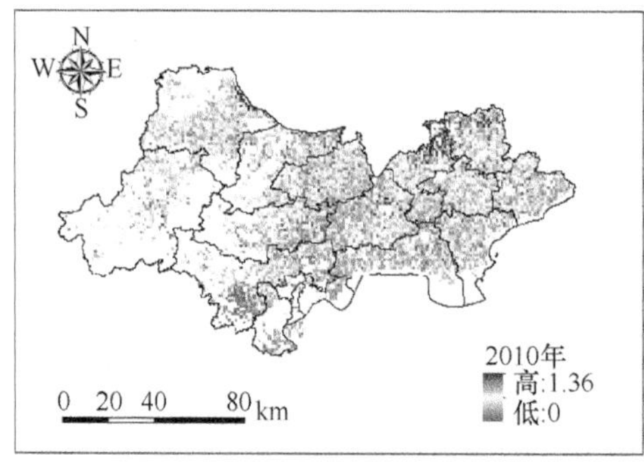

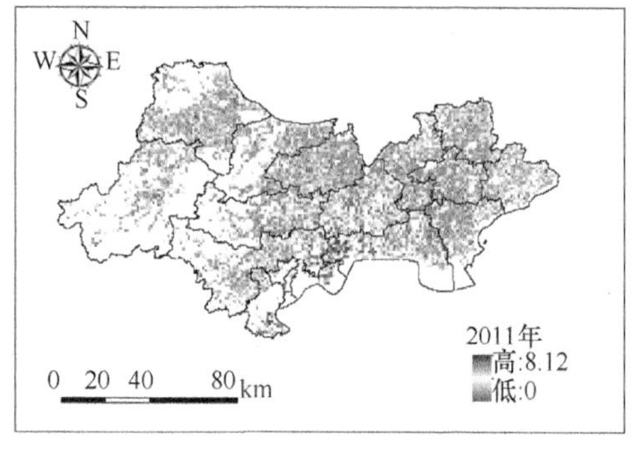

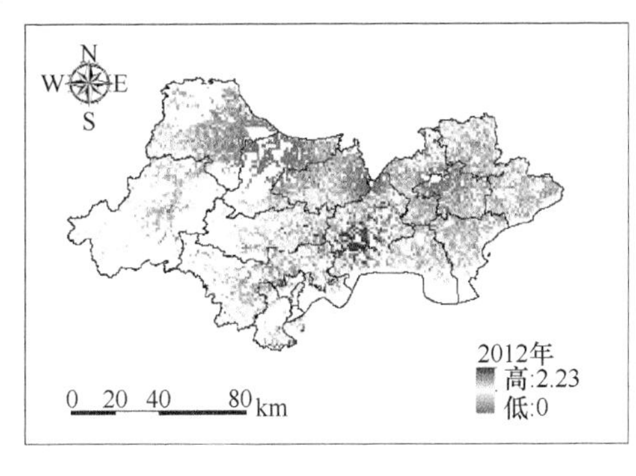

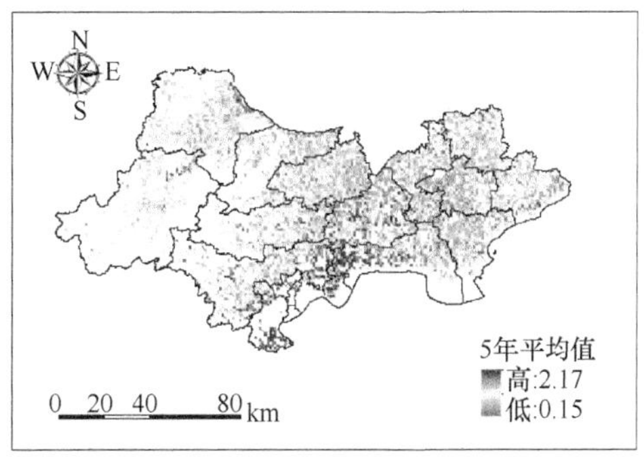

图 6.28　2008～2012 年稻季 TP 稻田降雨径流流失负荷（kg P/hm²）

从时间上看，不同年际间各地级市稻田 TP 流失情况（见表 6.17）也存在较大差异，稻田径流 TP 流失负荷最大的为 2011 年，最小的为 2009 年，年际间平均负荷差异达数十倍，这主要与不同年份降雨量差异有关。2009 年由于降雨量极少，在稻季施肥期间几乎没有发生能产生径流的暴雨或连续降雨，因此其平均流失负荷也极小。另外，从 TP 流失负荷的地市分布来看，杭州市由于稻田面积较少，且西北部临平、乔司一带施肥量大，造成的全市 TP 流失平均负荷也大大高于其他地市，但全市总流失负荷小于其他两市；而嘉兴和湖州在不同的年份呈现不同的对比结果，这也与不同年份的空间降雨量差异有关。杭嘉湖整个地区 5 年平均 TP 流失负荷为 0.84 kg P/hm²，流失负荷占磷肥平均施用量的比例为 4.23%。

表 6.17　2008～2012 年各市稻田 TP 流失情况

年份	地市名称	稻田面积（hm²）	平均磷肥施用量（kg P/hm²）	平均流失负荷（kg P/hm²）	流失量占磷肥施用量比例	全市流失负荷（t）
2008	嘉兴市	156469.4	21.14	0.70	3.31%	110
	湖州市	130562.1	18.48	1.02	5.52%	133
	杭州市	25931.3	19.68	1.18	6.00%	31
2009	嘉兴市	156469.4	21.14	0.11	0.52%	17
	湖州市	130562.1	18.48	0.13	0.70%	17
	杭州市	25931.3	19.68	0.16	0.81%	4
2010	嘉兴市	156469.4	21.14	0.29	1.37%	45
	湖州市	130562.1	18.48	0.31	1.68%	40
	杭州市	25931.3	19.68	0.22	1.12%	6

续表

年份	地市名称	稻田面积（hm^2）	平均磷肥施用量（kg P/hm^2）	平均流失负荷（kg P/hm^2）	流失量占磷肥施用量比例	全市流失负荷（t）
2011	嘉兴市	156469.4	21.14	2.82	13.34%	441
	湖州市	130562.1	18.48	2.43	13.15%	317
	杭州市	25931.3	19.68	3.39	17.23%	88
2012	嘉兴市	156469.4	21.14	0.36	1.70%	56
	湖州市	130562.1	18.48	0.27	1.46%	35
	杭州市	25931.3	19.68	0.53	2.69%	14
5 年平均	嘉兴市	156469.4	21.14	0.83	3.93%	130
	湖州市	130562.1	18.48	0.81	4.38%	106
	杭州市	25931.3	19.68	1.07	5.44%	28
杭嘉湖全区平均		312962.8	19.91	0.84	4.23%	264

注：平均磷肥施用量因往年数据获取存在困难，因此均采用 2013 年面上调查数据。由于土地利用图年份较早，各市稻田面积均以浙江省环境监测站提供的 2009 年环境统计数据为准。

3. 化肥减量化施用对稻田氮磷降雨径流流失的影响

为了探究化肥减量化施用对该地区稻田氮磷降雨径流流失减排的作用，本小节以 SRLAS 为平台，分别设置 10%、20%、30%、40%四个减量化水平，对 2008～2012 年间杭嘉湖地区稻田氮磷降雨径流流失进行情景分析。

1）不同水平的氮肥减量化研究

2008～2012 年不同氮肥减量化水平下稻田氮素降雨径流流失削减情况如表 6.18 所示。随着氮肥减量化水平从 10% 到 40% 逐级提升，TN 流失削减量也依次增加，且削减率与氮肥减量化水平呈线性相关。不同年份间，即使减量化水平相同，但 TN 流失削减率差异仍然较大，比如在 10%的减量化水平下 2010 年的削减率为 1.22%，而 2011 年则高达 9.11%，这与不同年份中导致径流产生的降雨是否发生在流失风险期内有关。从图 6.17 中可以看出，施肥量对田面水中 TN 浓度的影响随着时间的推移而逐渐减弱，后期各施肥水平下的田面水均慢慢下降至固定水平，差异逐渐缩小。因此，如果降雨发生在流失风险期内，不同减量化水平下的径流流失负荷差异也会较大；而发生在流失风险期外时由于田面水中 TN 浓度差异较小，径流浓度差异也较小，最终导致低施肥水平与高施肥水平的流失负荷差异不大，削减率不高。

表 6.18　2008～2012 年不同氮肥减量化水平对稻田 TN 降雨径流流失的影响

减量化水平	年份	TN 平均流失负荷（kg N/hm^2）	全区 TN 流失总量（t）	TN 流失削减总量（t）	TN 流失总量削减率
不削减	2008	25.86	8093.2	—	—
	2009	2.85	891.9	—	—
	2010	1.28	400.6	—	—
	2011	34.66	10847.3	—	—
	2012	16.02	5013.7	—	—
10%	2008	24.18	7568.8	524.4	6.48%
	2009	2.64	825	66.9	7.50%
	2010	1.26	395.7	4.9	1.22%
	2011	31.50	9859.1	988.2	9.11%
	2012	14.80	4632.7	381.0	7.60%
20%	2008	21.05	7044.3	1048.9	12.96%
	2009	2.24	758.1	133.8	15.00%
	2010	1.23	390.8	9.8	2.44%
	2011	25.76	8870.9	1976.4	18.22%
	2012	12.55	4251.6	762.1	15.20%
30%	2008	16.96	6519.9	1573.3	19.44%
	2009	1.74	691.2	200.7	22.50%
	2010	1.19	385.9	14.7	3.66%
	2011	18.72	7882.7	2964.6	27.33%
	2012	9.69	3870.6	1143.1	22.80%
40%	2008	12.56	5995.4	2097.8	25.92%
	2009	1.22	624.3	267.6	30.00%
	2010	1.13	381.1	19.5	4.88%
	2011	11.90	6894.5	3952.8	36.44%
	2012	6.74	3489.5	1524.2	30.40%

对 5 年的氮肥减量化对稻田 TN 径流流失影响进行平均（如表 6.19 所示），随着氮肥减量化水平从 10% 到 40% 逐级提升，TN 流失削减量也依次增加，且削减率与氮肥减量化水平呈线性相关。整个杭嘉湖地区氮肥减量化水平分别为 10%、20%、30%和 40%的情况下，全区 TN 总流失削减量分别为 393.1 t、786.2 t、1179.3 t 和 1572.4 t，TN 总流失量削减率分别为 6.38%、12.76%、19.15%和 25.53%，总削减量和削减率与减量化水平呈线性正相关。

表 6.19　不同减量化水平下的 TN 流失 5 年平均削减情况

减量化水平	5 年平均流失负荷（kg N/hm^2）	全区年均流失量（t）	全区年均流失削减量（t）	年均削减率
不削减	16.14	5049.3	—	—
削减 10%	14.88	4656.2	393.1	6.38%
削减 20%	12.57	4263.1	786.2	12.76%
削减 30%	9.66	3870.0	1179.3	19.15%
削减 40%	6.71	3476.9	1572.4	25.53%

不同减量化水平下，杭嘉湖地区各县级市或区的 TN 流失总量如图 6.29 所示。从削减总量上看，长兴地区最多，杭州城区最少。这主要跟稻田面积和单位面积稻田流失负荷有关，杭州城区稻田面积很少，因此即使其流失总量不大，削减量也较小，而长兴地区由于稻田面积较多，且降雨量大，流失负荷也较高，因此其流失总量较大，总削减量也相应较高。

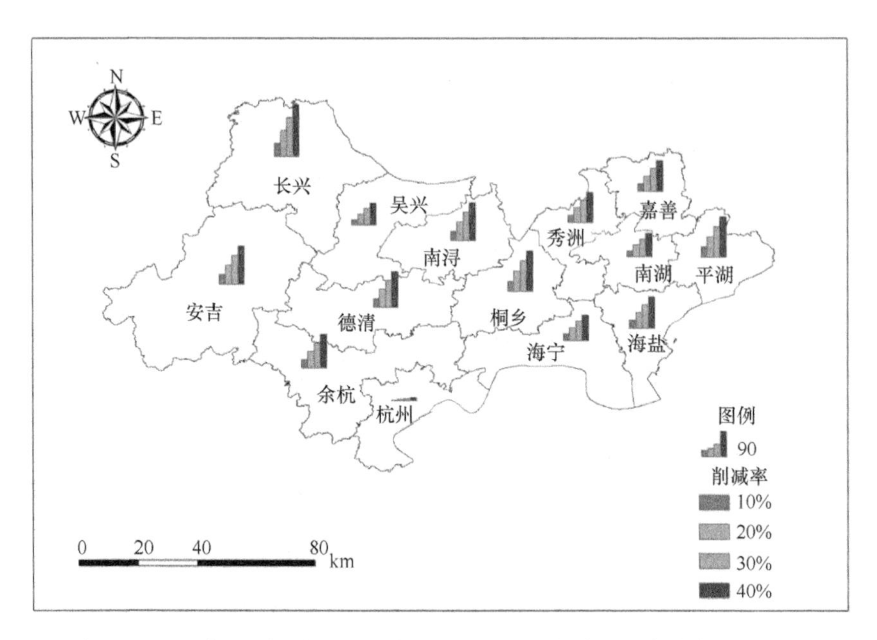

图 6.29　不同氮肥减量化水平下各区县稻田 TN 径流流失负荷削减量（t）

2）不同水平的磷肥减量化研究

根据情景分析结果，2008～2012 年间不同磷肥减量化水平下的 TP 流失削减情况如表 6.20 所示。化肥减量化水平的提高会导致稻田 TP 流失量呈线性下降。

与 TN 类似，降雨的差异使相同磷肥减量化水平下不同年份的流失削减率也呈现较大差异。而且总体而言，TP 的流失减排率要小于 TN，这是由于磷肥仅作为基肥进行施用，随着各地农业部门科学施肥指导措施的普及，农民通常会根据天气预报选择近期晴好的时段进行施肥，而磷肥的流失风险期较短，因此径流的降雨大部分发生在磷肥流失风险期之后，不同施肥水平下的田面水 TP 浓度差异较小，最终导致不同减量化水平下的流失削减率差异较小；而氮肥分三次进行施用，导致流失风险期较多，流失风险期内发生较大降雨的概率大大增加，不同减量化水平的流失负荷差异增大，因此氮肥减量化对稻田 TN 流失减排较为显著。由此可见，化肥减量化对稻田降雨径流中氮磷减排效果并非固定不变，而是受到该年份降雨量和降雨时间的影响。

表 6.20　2008～2012 年间不同磷肥减量化水平对稻田 TP 降雨径流流失的影响

减量化水平	年份	TP 平均流失负荷（kg P/hm^2）	全区 TP 流失总量（t）	TP 流失削减总量（t）	TP 流失总量削减率
不削减	2008	0.87	273.3	—	—
	2009	0.12	38.3	—	—
	2010	0.29	91.6	—	—
	2011	2.70	846.4	—	—
	2012	0.34	105.3	—	—
10%	2008	0.85	266	7.1	2.67%
	2009	0.12	38	0.3	0.80%
	2010	0.29	89.5	2.0	2.22%
	2011	2.50	782.2	59.4	7.59%
	2012	0.33	102.9	2.4	2.34%
20%	2008	0.80	259.9	13.4	5.34%
	2009	0.12	37.7	0.6	1.58%
	2010	0.27	87.8	3.8	4.43%
	2011	2.12	745.7	100.7	15.18%
	2012	0.31	100.7	4.6	4.67%
30%	2008	0.74	254.8	18.5	8.00%
	2009	0.12	37.4	0.9	2.35%
	2010	0.26	86.3	5.3	6.64%
	2011	1.64	729.7	116.7	22.77%
	2012	0.29	99.2	6.1	6.69%
40%	2008	0.66	251.2	22.1	10.68%
	2009	0.11	37.2	1.1	3.13%
	2010	0.23	85.1	6.5	8.88%
	2011	1.14	738.1	108.3	30.36%
	2012	0.27	97.6	7.7	9.34%

对5年的磷肥减量化对稻田TP径流流失影响进行平均（如表6.21所示），整个杭嘉湖地区在磷肥减量化水平分别为10%、20%、30%和40%的情况下，全区TP总流失削减量分别为15.3 t、30.5 t、45.7 t和61.1 t，TP总流失量削减率别为3.12%、6.24%、9.29%和12.48%，总削减量和削减率与磷肥减量化水平呈线性正相关。

表6.21　不同减量化水平下的TP流失5年平均削减情况

减量化水平	5年平均流失负荷（kg P/hm^2）	全区年均流失量（t）	年均流失削减量（t）	年均削减率
不削减	0.87	271.0	—	—
削减10%	0.82	255.7	15.3	3.12%
削减20%	0.73	240.5	30.5	6.24%
削减30%	0.61	225.3	45.7	9.29%
削减40%	0.48	209.9	61.1	12.48%

不同磷肥减量化水平下，杭嘉湖地区各级区县的TP流失总量削减情况如图6.30所示。与TN相同，长兴地区削减总量最多，杭州城区由于稻田面积最少，因此削减量也最少。

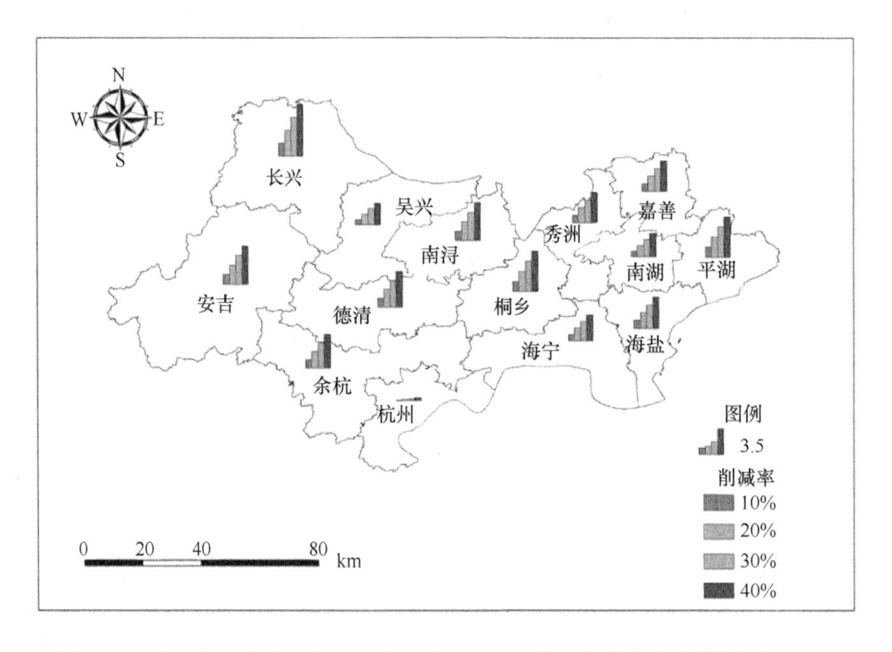

图6.30　不同磷肥减量化水平下各区县稻田TP降雨径流流失负荷削减量（t）

4. 水肥耦合调控对稻田氮磷降雨径流流失的影响

化肥的减量化施用尽管能在一定程度上减少稻田氮磷降雨径流的流失负荷，但削减率并没有达到较高的水平；在现实情况下，农民对化肥减量施用的积极性并不高，40%的化肥减量化水平也较难达到。考虑到这些因素，上述研究中得到的流失负荷削减率还会继续下降。因此，杭嘉湖地区仅仅依靠削减化肥施用量很难达到满意的稻田径流流失负荷削减效果，需要同时采用其他的水肥管理措施。近年来，研究者总结了大量的节水灌溉方法，其中择时干湿交替（AWD）是推广最为广泛的技术之一，在杭嘉湖地区也有部分地区进行了应用。AWD技术可以显著地降低田面水高度，从而提高稻田的可蓄水容积，减少径流排放。

本研究将AWD节水灌溉作为模拟方法，以SRLAS为平台对水肥耦合调控对稻田氮磷降雨径流流失的影响进行分析。通常情况下，AWD灌溉是土壤水位降到浅地表以下15 cm后再进行灌水的，因此以土壤田间持水量40%计，相当于反向增加了田面"吃水"深度6 cm。因此本研究中将AWD灌溉所导致的田面水高度下降转换为田埂高度的增加，假设田埂排水口高度增加6 cm；另外，设置较低的10%化肥减量化水平作为模拟条件，以2008年为典型年份进行模拟。

不同情景下，2008年稻田降雨径流中TN的流失削减情况如表6.22所示。由表可以看出，AWD的灌溉方式可以显著地降低稻田流失量，其流失削减率达20.74%。而化肥削减10%+AWD的减量化措施所引起的流失削减率为26.68%，高于单纯采用AWD的情形，但提升幅度不大。这可能是由于田面水可蓄水容积的增大导致径流发生次数显著减少，且田面水中氮素在溢出过程中被大大稀释。由此可见，相对于氮肥减量化施用，灌溉模式的改进更能显著地控制稻田氮素的流失。

表6.22 不同情景下稻田降雨径流TN流失削减情况

减量化措施	平均流失负荷（kg N/hm^2）	全区流失量（t）	流失削减量（t）	流失削减率
不削减	25.86	8093.2	—	—
化肥削减10%	24.18	7568.8	524.4	6.48%
AWD	20.50	6414.7	1678.5	20.74%
化肥削减10%+AWD	18.96	6312.7	1780.5	26.68%
化肥削减20%+AWD	17.45	5462.1	2631.1	32.51%

不同情景下，稻田降雨径流中 TP 的流失削减情况如表 6.23 所示。与 TN 情况类似，AWD 的灌溉方式使杭嘉湖地区稻田流失量降低到了 191.56 t，流失削减率达 29.91%。而磷肥削减 10%+AWD 的减量化措施所引起的流失削减率为 31.13%，与单纯采用 AWD 的情形相比提升幅度不大。另外，从表中可以看出，AWD 灌溉模式对 TP 流失负荷的削减率大于 TN，这可能是由于磷素相对于氮素更容易被土壤所吸附，而田埂高度的升高使得田面水中的磷素长时间被蓄积在稻田中，在溢出田埂之前有一部分被土壤所吸附。

表 6.23　不同情景下稻田降雨径流 TP 流失削减情况

减量化措施	平均流失负荷（kg P/hm^2）	全区流失量（t）	流失削减量（t）	流失削减率
不削减	0.87	273.3	—	—
化肥削减 10%	0.85	266.0	7.1	2.67%
AWD	0.61	191.56	81.7	29.91%
化肥削减 10%+AWD	0.60	188.2	85.1	31.13%
化肥削减 20%+AWD	0.59	184.9	88.4	32.34%

由此可见，灌溉模式的改进可以大幅度削减稻田氮磷径流流失负荷。杭嘉湖地区稻田农业面源污染的控制不能仅仅依靠化肥的减量化施用，应更加注重改进其传统的田间灌溉模式，推广畦沟灌溉（FI）、控制灌溉（CI）、择时干湿交替（AWD）等节水型水分管理模式。

6.4.5　小结

本节以地理信息系统（GIS）为平台，通过 ArcEngine 二次开发组件，成功地将田间尺度的稻田氮磷径流负荷估算方法进行了空间扩展，使其应用于杭嘉湖地区的稻田降雨径流氮磷流失负荷的模拟估算。稻田氮素径流流失负荷估算系统以栅格为计算基本单元，将不同栅格图层的对应栅格值按日步长进行迭代运算，系统均包含水量平衡、初始浓度计算和负荷输出模块三个部分，可根据用户需求选择或输入基础地理数据、农事管理参数和降雨量信息等，实现情景分析功能。

利用上述稻田氮素径流流失负荷估算系统对杭嘉湖地区 2008～2012 年的稻季氮素径流流失情况进行了模拟，得到了以下几点结论：

在稻季期间稻田 TN 径流流失存在明显的时空变化特征。从空间上看，南部余杭、海宁一带流失量最大，安吉、长兴一带次之，中部德清平原流失量最低。

从时间上看，不同年份间稻田径流流失负荷也存在显著差异，降雨量、降雨发生的时间和施肥水平均会对稻田氮素径流流失产生影响。杭嘉湖地区稻季降雨径流中 TN 历年平均流失负荷在 1.23～45.48 kg N/hm^2 之间，5 年平均流失负荷为 19.66 kg N/hm^2，占平均施氮量的比例为 6.69%。

与 TN 结果类似，杭嘉湖地区稻田 TP 流失负荷分布也具有明显的时空差异性。海宁余杭一带由于施肥量高，导致其 TP 流失负荷也很高，而安吉等山区降雨量大，因此其稻田径流中 TP 的流失负荷也相对较高；不同年际间各地级市稻田 TP 流失情况差异较大，年际间平均负荷差异达数十倍。杭嘉湖地区稻季降雨径流中 TP 历年平均流失负荷在 0.11～3.39 kg P/hm^2 之间，5 年平均流失负荷为 0.84 kg N/hm^2，占平均施磷量的比例为 4.23%。

随着化肥减量化水平从 10%到 40%逐级提升，各区县的稻田 TN、TP 流失量呈线性下降，但其氮磷流失负荷削减率受到该年份降雨量和降雨时间的影响。2008～2012 年，整个杭嘉湖地区在氮肥减量化水平分别为 10%、20%、30%和 40%的情况下，全区 TN 流失负荷总削减量分别为 393.1 t、786.2 t、1179.3 t 和 1572.4 t，平均削减率分别为 6.38%、12.76%、19.15%和 25.53%；全区 TP 流失负荷总削减量分别为 15.3 t、30.5 t、45.7 t 和 61.1 t，平均削减率分别为 3.12%、6.24%、9.29%和 12.48%；TN、TP 削减量均与减量化水平呈正比。相对于氮肥减量化施用，灌溉模式的改进更能显著地控制稻田氮磷径流流失负荷。

参 考 文 献

蔡孟林. 2013. SWAT 模型在茫溪河流域非点源污染研究中的应用. 成都：西南交通大学.

傅朝栋, 梁新强, 赵越, 等. 2014. 不同土壤类型及施磷水平的水稻田面水磷素浓度变化规律. 水土保持学报, 4: 7-12.

高学睿, 董斌, 秦大庸, 等. 2011. 用 DrainMOD 模型模拟稻田排水与氮素流失. 农业工程学报, 6: 52-58.

国家环境保护总局,《水和废水监测分析方法》编委会. 2002. 水和废水监测分析方法.第四版. 北京：中国环境科学出版社.

海盐县农经局农作物管理站. 2008. 直播单季晚稻栽培操作规程. http://www.zjagri.gov.cn/programs/database/technology/view.jsp?id=33077[2012.12.20].

金婧靓. 2011. SWAT 模型在苕溪流域非点源污染研究中的应用. 杭州：浙江大学.

李慧. 2008. 基于田面水总氮变化特点和“水-氮耦合”机制的稻田氮素径流流失模型研究. 南京：南京农业大学.

李卓. 2009. 土壤机械组成及容重对水分特征参数影响模拟试验研究. 杨凌：西北农林科技大学.

钱秀红, 徐建民, 施加春, 等. 2002. 杭嘉湖水网平原农业非点源污染的综合调查和评价. 浙江大学学报(农业与生命科学版), 2: 31-34.

施泽升, 续勇波, 雷宝坤, 等. 2013. 洱海北部地区不同氮、磷处理对稻田田面水氮磷动态变化的影响. 农业环境科学学报, 4: 838-846.

王慎强, 赵旭, 邢光熹, 等. 2012. 太湖流域典型地区水稻土磷库现状及科学施磷初探. 土壤. 1: 158-162.

吴嘉平, 荆长伟, 支俊俊. 2012. 浙江省县市土壤图集.长沙: 湖南地图出版社.

谢云峰, 陈同斌, 雷梅, 等. 2010. 空间插值模型对土壤Cd污染评价结果的影响. 环境科学学报, 4: 847-854.

徐琪, 陆彦椿, 朱洪官. 1980. 太湖地区水稻土的发生分类. 土壤学报, 2: 120-132.

晏维金, 尹澄清, 孙濮, 等. 1999. 磷氮在水田湿地中的迁移转化及径流流失过程. 应用生态学报, 3: 57-61.

余辉, 张璐璐, 燕姝雯, 等. 2011. 太湖氮磷营养盐大气湿沉降特征及入湖贡献率. 环境科学研究, 11: 1210-1219.

张志剑, 王光火, 王珂, 等. 2001. 模拟水田的土壤磷素溶解特征及其流失机制. 土壤学报, 1: 139-143.

章明奎, 郑顺安, 王丽平. 2008. 杭嘉湖平原水稻土磷的固定和释放特性研究. 上海农业学报, 2: 9-13.

中国科学院南京土壤研究所. 1980. 中国土壤图. 北京: 科学出版社.

周萍, 范先鹏, 何丙辉, 等. 2007. 江汉平原地区潮土水稻田面水磷素流失风险研究. 水土保持学, 4: 47-50.

朱蕾, 黄敬峰. 2007. 山区县域尺度降水量空间插值方法比较. 农业工程学报, 7: 80-85.

朱利群, 田一丹, 李慧, 等. 2009. 不同农艺措施条件下稻田田面水总氮动态变化特征研究. 水土保持学报, 6: 85-89.

Garzon-Machado V, Otto R, Del Arco Aguilar M J. 2014. Bioclimatic and vegetation mapping of a topographically complex oceanic island applying different interpolation techniques. Int J Biometeorol, 8(5): 887-899.

Legates D R, McCabe G J. 1999. Evaluating the use of “goodness-of-fit” measures in hydrologic and hydroclimatic model validation. Water Resour Res, 35(1): 233-241.

Li L, Losser T, Yorke C, et al. 2014. Fast inverse distance weighting-based spatiotemporal interpolation: A web-based application of interpolating daily fine particulate matter $PM_{2.5}$ in the contiguous U.S. using parallel programming and *k-d* tree. Int J Env Res Pub He, 11(9): 9101-9141.

Mabel Castro L, Gironas J, Fernandez B. 2014. Spatial estimation of daily precipitation in regions with complex relief and scarce data using terrain orientation. J Hydrol, 517: 481-492.

Niraula R, Kalin L, Srivastava P, et al. 2013. Identifying critical source areas of nonpoint source pollution with SWAT and GWLF. Ecol Model, 268.

Salazar O, Wesstrom I, Joel A. 2008. Evaluation of DRAINMOD using saturated hydraulic conductivity estimated by a pedotransfer function model. Agr Water Manage, 95(10):

1135-1143.

Shahid S U, Iqbal J, Hasnain G. 2014. Groundwater quality assessment and its correlation with gastroenteritis using GIS: A case study of Rawal Town, Rawalpindi, Pakistan. Environ Monit Assess, 186(11): 7525-7537.

Wang S, Huang G H, Lin Q G, et al. 2014. Comparison of interpolation methods for estimating spatial distribution of precipitation in Ontario, Canada. Int J Climatol, 24(14): 3745-3751.

Yang Y, Yan B, Shen W. 2010. Assessment of point and nonpoint sources pollution in Songhua River Basin, Northeast China by using revised water quality model. Chin Geogra Sci, 20(1): 30-36.

Zhang X, Srinivasan R. 2009. GIS-based spatial precipitation estimation: A comparison of geostatistical approaches(1). J Am Water Resour As, 45(4): 894-906.

第 7 章　基于 SWAT 模型的水稻种植区氮磷输出特征分析

7.1　引　　言

稻田是我国最主要的土地利用类型方式之一，可分布于山谷、丘陵、平原等地区。对于平原区，由于流域水文特征不显著（DEM 差异小造成），一般的农业非点源污染模型难以胜任。本章选择嘉兴平原作为研究区域，通过对空间和属性基础数据的收集与预处理，尝试利用 SWAT 模型评估该研究区域的总氮、总磷产污负荷的时空分布，为进一步探索改善流域非点源污染控制做基础。

农业非点源污染引起的水体富营养化难以有效控制，通过改变耕作方式、土地利用方式等最佳管理模式来控制氮、磷从农业用地的输出，是目前国际上主推的措施（Xiong et al.，2015；Dungait et al.，2012）。免耕（no-tillage，NT）被用作一种重要的最佳管理模式已有几十年，并被视为全球保护性耕作发展过程中最重要的实践之一（Sharma et al.，2009；Pittelkow et al.，2015）。应用免耕的主要目的是改善土壤性质、增加作物产量、减轻环境负效应。全球大约有 1.25 亿公顷的农业用地目前应用免耕种植模式（Derpsch，2003；Franchini et al.，2012）。随着免耕模式的推广，越来越多的研究人员将研究重点放在了免耕对于作物产量和环境的影响上。某些研究表明，免耕模式有益于保持土壤结构、促进土壤的抗侵蚀性。因此，免耕可以减少土壤营养成分的流失，增加作物产量（Hill，1990；Rhoton et al.，2002；Truman et al.，2003）。然而，另外某些研究显示，相比于传统耕作方法，免耕模式并不影响甚至减少作物产量（Sharpley and Smith，1994；Sigua et al.，2014）。Andraski（1985）的研究显示，免耕模式并不有益于环境，甚至可能对环境产生负效应。关于免耕对于营养元素的输出和对作物产量的影响，不同尺度的研究可能产生大相径庭的结果。直至今日，大多数关于免耕效应的研究都只限于田间试验尺度，鲜有放在流域大尺度的报道，且这些研究主要集中在旱地作物，例如小麦、玉米、棉花和大豆。较少的研究关注稻田，尤其是在流域尺度下关于免耕对稻田效应的研究。7.3 节旨在通过与 SUFI2 相结合的 SWAT 模型研究传统耕作与免耕模式下稻田径流量、总氮与总磷随时间的变化规律。

此外，在一定意义上，水稻田在移除营养物质、净化水质方面起到一定的作用。7.4节通过分析不同子流域稻田比例及其相对应的氮磷输出负荷，判断稻田是否具有湿地减少农田污染的能力，并寻找最佳的稻田种植比例。

7.2　稻作区SWAT模型构建

7.2.1　研究区域概况

嘉兴市位于农业发达区长江三角洲的杭嘉湖平原，地处太湖流域浙江片区东北部，东部与上海相接，向西直通杭州，北上邻于苏州，南面杭州湾，总面积为3915 km^2，地理位置独特。同时，嘉兴全境地势较低洼，平均海拔3.7 m，以秀洲区和嘉善北部地势最低，地面高程差不足4 m，部分低地2.8～3.0 m。嘉兴流域内以平原为主，河网发达，有利于农业尤其是水稻种植业的发展，土地利用类型主要是水稻，土壤类型以水稻土为主。

1. 自然条件

嘉兴全境位于中纬度的北亚热带南缘，年平均气温为15.9 ℃，极端最低气温为–11.9 ℃，最高气温41.3 ℃。年间降雨量有一定差异，年平均降水量1168 mm，年内降雨量也有不同，其中4～5月、6～7月、9月降雨频繁、雨量较多。年平均日照2017 h，其中7～8月平均日照时间最长、1～2月平均日照时间最短。湿度较大，年平均相对湿度为81%，年均蒸发量为1313 mm。

2. 污染情况

近年来，随着长江三角经济带的崛起与发展，嘉兴已成为上海、杭州等城市的农产品、畜禽产品的供应地，农业、畜禽业的产量需求大幅提高。为了获得更好的农田产量，农民对田地的投入也有所增大。据统计，嘉兴化肥施用量已远超国际公认的化肥使用上限225 kg/hm^2，约有1/3的化肥、2/3的农药进入农业生态环境，大量氮素、磷素的流失不利于周边水质的改善和环境的发展。嘉兴境内，尤其是与上海、杭州相邻的周边农村，畜禽养殖量大大增长，其中，生猪养殖主要分布在10个乡镇，饲养量在700万头以上。除大规模养殖外，还有很多散养畜禽，这给环境治理带来更大的难度。由于养殖的区域密度过高，污染物处理设施落后，甚至有的地方出现直接将污染物排放至周围水体的情况，致使超过环境承载负荷，造成环境污染，尤其使周边水体水质严重恶化。通过统计研究区域的主要点源污染，可将污染源按照流域信息输入模型中，使模型本土化。表 7.1、表 7.2 是嘉兴统计的主要污染点源。

表 7.1　嘉兴主要点源污染排放量

编号	单位	日流量（m^3）	TN（kg）	TP（kg）	NH_4^+-N（kg）
1	嘉兴市秀洲区市泾污水处理厂	1989	6.16	0	6.16
2	嘉兴市秀洲区大坝污水处理厂	658	1.31	0	1.31
3	嘉兴市秀洲区田乐污水处理厂	3254	6.76	0	6.76
4	嘉兴市秀洲区荷花污水处理厂	1536	4.36	0	4.36
5	嘉兴市秀洲区民众污水处理有限公司	2350	4.70	0	4.70
6	嘉兴市秀洲区南汇污水处理有限公司	4520	9.04	0	9.04
7	嘉兴市新港污水处理有限公司	3100	29.76	0	29.76
8	嘉善县大地污水处理工程有限公司姚庄污水处理厂	16547	81.41	3.39	36.07
9	嘉善洪溪污水处理有限公司	26100	381.6	3.49	274.05
10	嘉兴市联合污水处理有限责任公司	397878	5172.42	334.21	5172.42
11	桐乡市城市污水处理有限责任公司崇福污水处理厂	26098	294.38	5.06	174.33
12	桐乡市城市污水处理有限责任公司	397878	298.08	18.9	298.08
13	桐乡市屠甸污水处理有限公司	397878	173.88	1.29	76.14

表 7.2　嘉兴污染畜禽染排放量

地区	畜禽日存栏量（头/羽）			污染物日排放量（kg）			
	生猪	牛	鸡	COD	TN	TP	NH_4^+-N
海宁市	109700	2527	5695347	6466.74	3234.92	810.73	205.78
海盐县	241600	—	3131800	6541.06	3431.17	1101.95	235.32
嘉善县	335101	174	—	6066.62	5619.59	2068.44	332.69
南湖区	1204800	—	165567	21802.30	6308.10	2864.90	475.10
平湖市	316693	800	145000	5961.97	3986.13	1536.55	251.20
桐乡市	177600	—	200800	3337.36	5185.26	1408.68	256.54
秀洲区	145898	830	569500	3190.81	2404.57	921.22	156.42

7.2.2　基础数据库构建

1. 数据收集及来源

输入数据是模型建立的基础，数据精度将影响研究区域子流域、水文响应单元等计算单元的划分，从而影响流域径流、沉积物、营养物产生总量，最终影响输出结果。理论上精度越高模拟效果越好。土壤数据的精度会对模型中氮磷循环转化及沉积物的产生造影响。但由于一些数据的保密性及经济原因，本研究中高程模型（DEM）、气象数据均从权威的国家共享网站上下载，土壤数据库、土地利用数据根据浙江省及地方土壤志和土地利用解析建立。具体数据来源见表 7.3。

表 7.3　输入数据收集清单及来源

编号	数据名称	来源	备注
1	DEM 图	国际科学数据服务平台 （现：地理空间数据云）	30 m×30 m，GRID
2	土地利用图	国家地球系统科学数据共享平台 南京师范大学地理科学学院	1∶100000，shapefile
3	土壤图	浙江省及地方土壤志 浙江大学农业遥感与信息技术应用研究所	1∶50000，shapefile
4	土壤数据	浙江省及地方土壤志 中国土壤数据库	以土壤亚类为单位
5	气象数据	中国气象数据共享网 浙江省水文局	日数据：降雨、气温、太阳辐射、风速及相对湿度
6	水文数据	浙江省水文局	日均数据：水库、河道流量
7	污染源/水质数据	浙江省环境监测中心	月数据：TN、TP
8	农事管理信息	研究区域实地调查	施肥量等信息

2. 数据初步处理及数据库构建

1）DEM 数据处理

本研究所用的原始地形资料是栅格大小为 30 m×30 m 的浙江省 DEM 栅格数据，利用 ArcGIS 切割出嘉兴 DEM，并进行填洼处理得到的 DEM 见图 7.1。

2）空间数据投影处理

由于空间数据来源不同，具有不同的原始坐标及投影，本节采用 ArcGIS 对所有空间数据统一进行 Albers 等面积投影，地理坐标统一转变为 Beijing 1954。

3）河网水系图

嘉兴平原河网交错，人工河流及渠塘交错，并且 DEM 高程差不能提取出与实际水系相符的河网图层，因此根据嘉兴水系图人为提取出嘉兴水系，再将提取出的河网刻入经过填洼处理的 DEM（图 7.2）。

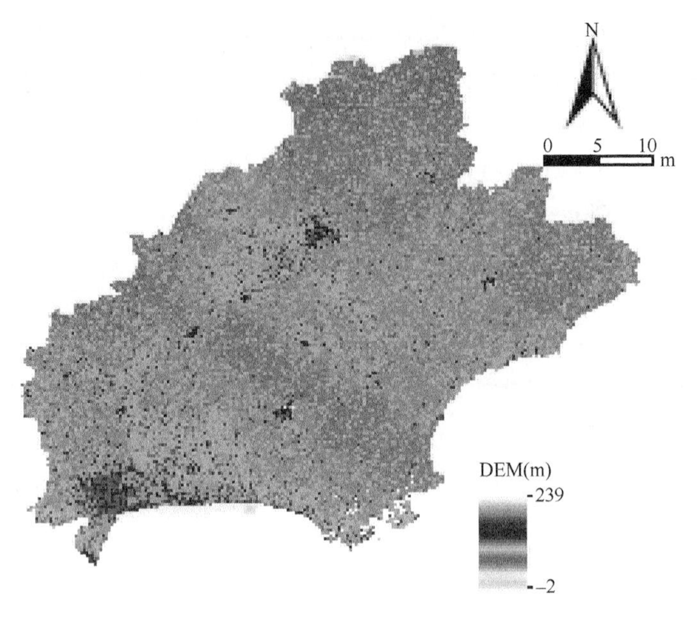

图 7.1　嘉兴 DEM

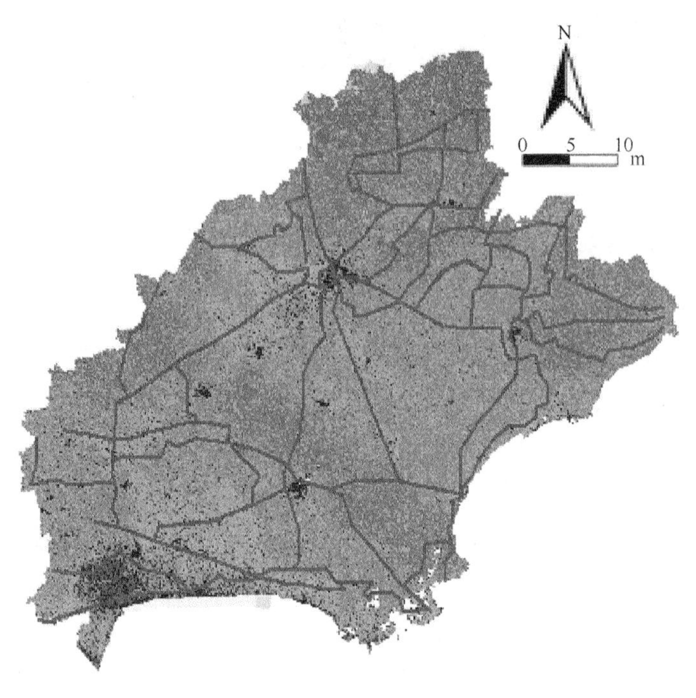

图 7.2　刻入河网

4）天气发生器及其数据处理

天气发生器主要用于生成气候数据和填补缺失的数据，该数据库中每一组数据由单个气象站多年历史数据计算获得。为了更精确地得到模拟结果，SWAT模型需要天气发生器为研究区域提供当地的气候环境。天气发生器中需要输入日降水量、日最高和最低气温、日太阳辐射量、日露点温度、日平均风速和相对湿度等。本研究中使用的气象数据均由中国气象科学数据共享中心提供的1990～2012年的逐日气象数据。将原始数据中的降水数据通过软件pcpSTAT.exe计算得到月降水量均值、月内日降水量的标准偏差、月内日降水量的偏态系数等月降水量参数；通过dew2.exe软件处理得到日最高气温均值、日最低气温均值、日露点温度均值等日气温参数；通过日照时数与太阳辐射值之间的转化公式（7-1）至式（7-7）计算得到太阳辐射值。将这些参数按照模型可读模式输入SWAT模型中，建立模型天气发生器。

（1）计算大气上空太阳辐射 H_0（$\mathrm{MJ\cdot m^{-2}\cdot d^{-1}}$）：

$$H_0=\frac{1}{\pi}G_{\mathrm{sc}}\times E_0\times\left(\cos\varPhi\times\cos\delta\times\sin W_{\mathrm{s}}+\frac{\pi}{180}\sin\varPhi\times\sin\delta\times W_{\mathrm{s}}\right) \tag{7-1}$$

$$E_0=1.00011+0.034221\cos\varGamma+0.00128\sin\varGamma+0.000719\cos2\varGamma+0.000077\sin2\varGamma \tag{7-2}$$

$$\begin{aligned}\delta=\frac{180}{\pi}(&0.006918-0.399912\cos\varGamma+0.070257\sin\varGamma-0.006758\cos2\varGamma\\&+0.000907\sin2\varGamma-0.002697\cos3\varGamma+0.00148\sin3\varGamma)\end{aligned} \tag{7-3}$$

$$\varGamma=2\pi\frac{n-1}{365} \tag{7-4}$$

$$W_{\mathrm{s}}=\cos^{-1}\left(-\tan\varPhi\times\tan\delta\right) \tag{7-5}$$

式中，G_{sc}为太阳常数，一般为1367 $\mathrm{W\cdot m^{-2}}$（相当于118.109 $\mathrm{MJ\cdot m^{-2}\cdot d^{-1}}$）；$E_0$为地球轨道偏心率校正因子；$\varPhi$为纬度，（°）；$\delta$为太阳赤纬；$\varGamma$为年角，（°）；$n$为一年中的日序数；$W_{\mathrm{s}}$为时角，（°）。

（2）计算地面清空状态下的太阳辐射 H_{L}（$\mathrm{MJ\cdot m^{-2}\cdot d^{-1}}$）：

$$H_L=0.8\times H_0 \tag{7-6}$$

式中，0.8为总辐射在大气中的透明系数，在特定环境下会有差异，Podesta计算得到范围为0.73～0.83。

（3）太阳辐射 H（$\mathrm{MJ\cdot m^{-2}\cdot d^{-1}}$）：

$$H=H_{\mathrm{L}}\times\left(a+b\frac{s}{s_{\mathrm{L}}}\right) \tag{7-7}$$

式中，a 为经验参数，取 0.248；b 为经验参数，取 0.752；s 为日照时数；s_L 为日长，日出和日落的时间间隔。

5）土壤数据库

土壤的物理属性决定了土壤剖面中水和气的运动状况，对水文响应单元中的水循环起着重要作用；化学属性主要用来给氮、磷等污染物的浓度赋初始值。SWAT 模型的土壤数据库包括土壤的物理和化学两种属性。本研究通过解析《浙江土壤》中嘉兴区的土壤种类，以土壤亚类为单位将 68 种土壤重分类，得到 21 类土壤（表 7.4），再将各类土壤的物理化学性质录入模型的土壤数据库中。然而原始数据中的土壤颗粒级配是国际制，这与模型中的美国制分级不同，需将其转换为美国制。本研究通过 MATLAB 中的三次多项式插值法转换。根据土壤中黏土、砂、砂砾和有机物的含量，利用 SPAW 软件计算出凋萎点（Wilting Point，%）、田间持水量（%）、土壤容重（Bulk Density，g/m^3）、饱和导水率（Sat Hydraulic Cond，in/h）4 个参数，进一步计算可获得土层可利用的土壤湿容重（SOL_BD，g/m^3）、有效水（SOL_AWC，mm H_2O/mm Soil）、饱和水力传导系数（SOL_K，mm/h）[式（7-8）至式（7-10）]。土壤侵蚀力因子（USLE_K）是评价土壤对侵蚀敏感程度的重要指标，表示土壤被冲蚀的难易程度，式（7-11）至式（7-15）为计算过程（Sigua et al.，2014）。

$$\text{SOL\_BD} = 0.016 \times \text{Bulk Density} \tag{7-8}$$

$$\text{SOL\_AWC} = (\text{Field Capacity} - \text{Wilting Point})/100 \tag{7-9}$$

$$\text{SOL\_K} = 25.4 \times \text{Sat Hydraulic Cond} \tag{7-10}$$

$$K = f_{\text{csand}} \times f_{\text{cl-si}} \times f_{\text{orgc}} \times f_{\text{hisand}} \tag{7-11}$$

$$f_{\text{csand}} = 0.2 + 0.3 \times \exp\left[-0.0256 \times s_{\text{d}} \times \left(1 - \frac{s_{\text{i}}}{100}\right)\right] \tag{7-12}$$

$$f_{\text{cl-si}} = \left(\frac{s_{\text{i}}}{s_{\text{i}} + c_{\text{l}}}\right)^{0.3} \tag{7-13}$$

$$f_{\text{orgc}} = 1 - \frac{0.25\text{orgc}}{\text{orgc} + \exp(3.72 - 2.95\text{orgc})} \tag{7-14}$$

$$f_{\text{hisand}} = 1 - \frac{0.7 \times \left(1 - \frac{s_{\text{d}}}{100}\right)}{\left(1 - \frac{s_{\text{d}}}{100}\right) + \exp\left[-5.51 + 22.9 \times \left(1 - \frac{s_{\text{d}}}{100}\right)\right]} \tag{7-15}$$

式中，K 为土壤侵蚀力因子（USLE_K）；f_{csand} 为粗糙砂土质地土壤侵蚀因子；$f_{cl\text{-}si}$ 为黏壤土土壤侵蚀因子；f_{orgc} 为土壤有机质因子；f_{hisand} 为高砂质土壤侵蚀因子；s_d 为黏粒在 0.05～2.00mm 砂粒的百分含量，%；s_i 为粒径在 0.002～0.05mm 的淤泥、细砂百分含量，%；c_l 为粒径小于 0.002mm 的黏土百分含量，%；orgc：土壤层中有机碳含量，%。

表 7.4　土壤重分类

编号	土壤亚类	SWAT 名称	原始土壤名称
1	黄红壤	HHR	潮红土、黄红泥土等
2	棕红壤	ZHR	棕黄泥、棕黄筋泥等
3	黄壤	HR	山地黄泥土、山地石砂土
4	酸性紫色土	SXZST	酸性紫砂土
5	黑色石灰土	HSSHT	黑油泥
6	棕色石灰土	ZSSHT	油黄泥
7	基中性火山岩土	JZXHSY	棕泥土、灰黄泥土
8	酸性粗骨土	SXCGT	片石砂土、石砂土等
9	灰潮土	HCT	潮闭土、潮泥土等
10	渗育型水稻土	SYXSDT	油泥田、湖松田等
1	潴育型水稻土	ZYXSDT	堆叠泥田、红砂土等
2	脱潜潴育型水稻土	TQZYSDT	青紫泥田、青粉泥田
13	潜育型水稻土	QYXSDT	烂泥田、烂青紫泥田等
14	水成新积土	SCXJT	清水砂土
15	滨海盐土	BHYT	涂泥土
16	潮化盐土	CHYT	咸泥土
17	潮间盐土	CJYT	潮间滩涂
18	红壤	HongR	粉红泥土、红黏土等
19	红壤性土	HXRT	红粉泥土、堆叠土
20	石灰性紫色土	SHXZST	紫砂土、红紫泥土
21	淹育型水稻土	YYXSDT	白粉泥田、白砂田等

6）土地利用重分类

SWAT 模型在进行 HRU 分析时，只识别面积最大的 10 种并将它们按比例扩展至全流域以保证模型的顺利运行。为尽量避免信息丢失，建模过程中对土地利用进行重分类（表 7.5）。

表 7.5　土地利用重分类

编号	重分类名称	SWAT 名称	原分类
1	混合林	FRST	有林地 灌木林 疏林地
2	果园	ORCD	其他林地
3	草原	PAST	高覆盖度草地 中覆盖度草地 低覆盖度草地
4	水体	WATR	河渠 湖泊 水库坑塘 滩涂 滩地
5	城镇	URBN	城镇用地
6	中低密度居民区	URML	农村居民点
7	工业区	UIDU	其他建设用地
8	水稻	RICE	山地水田 丘陵水稻 平原水田
9	普通耕地	AGRL	山地旱地 丘陵旱地 平原旱地

天气发生器、土壤数据库、土地利用重分类数据库等建立完成以后，将所有基础数据按照操作步骤输入 SWAT 模型进行模拟运行。在运行操作过程中，可以得到嘉兴平原子流域土地利用（图 7.3）和土壤分布情况（图 7.4）等信息。

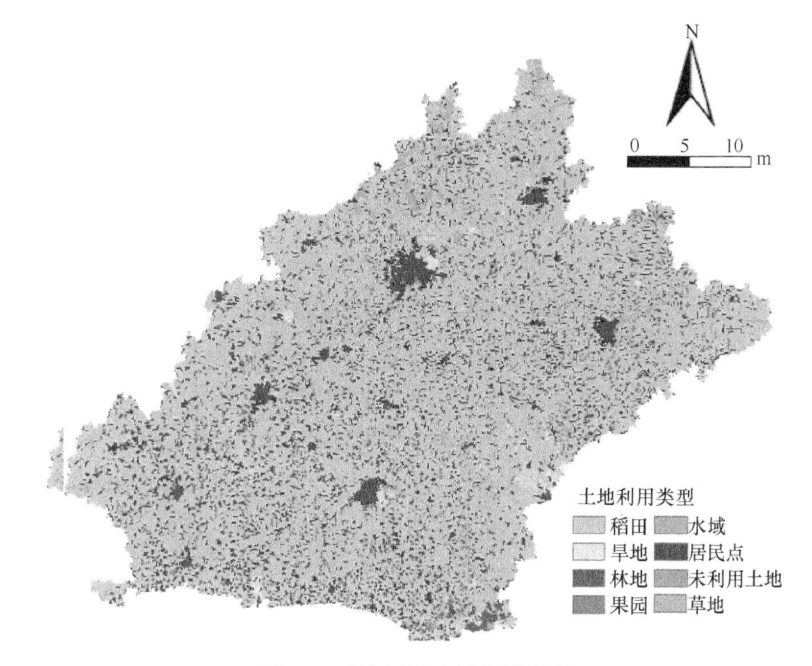

图 7.3　研究区域土地利用类型

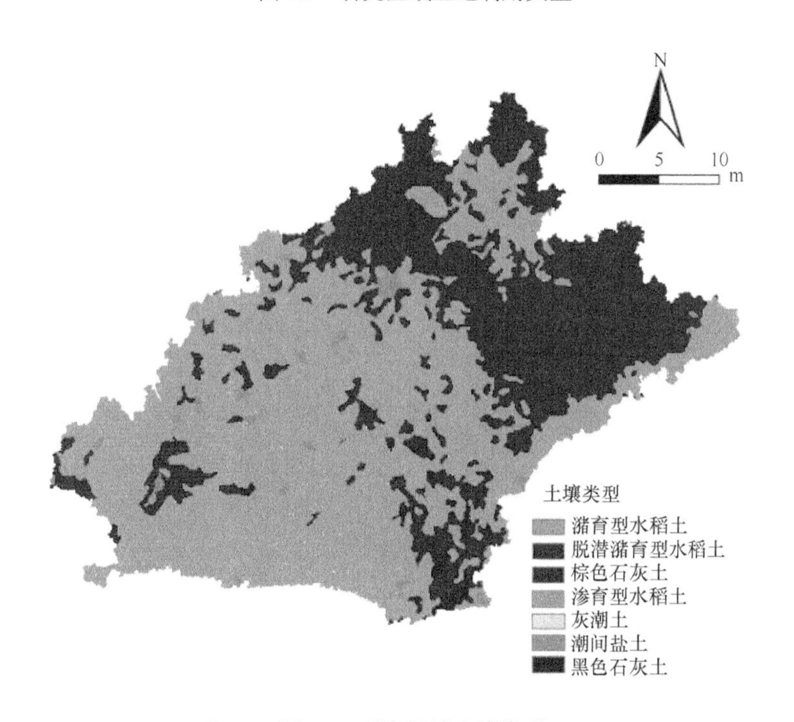

图 7.4　研究区域土壤类型

7.2.3　SWAT 模型构建与运行

1. 子流域划分

子流域是对流域的初步划分，基于数字高程模型（DEM），SWAT 模型通过分析每个栅格点的水流方向可自动生成流域河网，每个独立河段（无支流）下游均有且仅有一个出口节点，其对应的汇水区域即子流域。河段与子流域一一对应，每个子流域内仅一条独立河流/河段，各子流域通过河段相连。通过增加流域出口可手动将河段细分，便于后续添加水库等水利措施。点源污染排放口也在此步添加，需设置在距离最近河段 100 个 DEM 栅格以内，即 DEM 精度为 30 m 时点源与最近河段最远距离不得超过 3000 m。本研究以红旗塘水文监测站为总流域出口，设置最小汇水面积阈值为 3000 hm^2，研究区域共划分为 51 个子流域，157 个水文相应单元（图 7.5）。

图 7.5　研究区域子流域划分情况

2. HRU 划分

在子流域的基础上对流域进一步划分得到 HRU，其作用在于描述土地利用/

土壤/坡度类型的组合和分布，它是 SWAT 进行模拟计算的最基本单元。HRU 是一个子流域内具有相同土地利用、土壤类型及坡度类型的所有区域的集合体，可由位置独立但属性相同的几块区域组成。进行物质循环计算时，模型对每个 HRU 进行独立运算，不同 HRU 之间相互独立，不发生水文交换。将所需空间数据输入模型并进行重分类，结果显示研究区内土地利用共 8 种，以水稻田（78.84%）和农村居民点（14.61%）为主，土壤类型共 14 种，水稻土所占比例最大。

3. 数据库信息编辑

完成 HRU 定义后，输入编辑好的气象信息、点源污染信息、农田管理信息等各类数据信息，以使模型的后期运行与模拟更精确。由于该研究区域内稻田占主要面积，也应通过模型中的农事操作模块输入该区域的水稻田管理信息。根据调查结果，平均施肥量设置为 50 kg 尿素/亩、10 kg P_2O_5/亩（表 7.6）。

表 7.6　SWAT 模型水稻田管理措施设置

日期（月-日）	操作	备注
06-10	播种	直播
06-10	自动灌溉	根据作物需水量自动灌溉
06-20	初肥	尿素，75 kg/hm^2；P_2O_5，150 kg/hm^2
07-05	第一次追肥	尿素，300 kg/hm^2
07-20	第二次追肥	尿素，300 kg/hm^2
08-05	补充施肥	尿素，75 kg/hm^2
11-10	收获	收割并移除地上部分

通过编辑上述信息，可运行 SWAT 模型，得到初步的按月输出的模拟结果，而模型首次运行时很多参数使用的是模型默认值，并不一定符合研究区实际情况，需对模型进行率定和验证才可对使用输出结果或做进一步分析。

7.2.4　SWAT 模型率定与验证

1. 敏感性分析、率定以及验证方法

在模型率定过程中，参数筛选旨在获得相对较优化的参数。由于 ArcSWAT 在参数率定上的低效性，敏感性分析必须在率定过程前选择敏感参数。在本研究中，关于径流、总氮、总磷的参数敏感性分析使用 SWAT-CUP 运行。*t*-stat 值表明，敏感度越高的 *t*-stat 绝对值代表越高的敏感度。*p* 值决定敏感度的显著性，*p* 值越接近 0，表明显著性越大。配备了 SUFI2（Sequential Uncertainty Fitting version 2），GLUE，Para Sol（Parameter Solution）与 MCMC（Markov Chain Monte Carlo）的 SWAT-CUP 再与 SWAT 模型结合起来应用。由于率定过程的高效性与准确性，模型选择了考虑输入数据不确定性的 SUFI2。其算法包括以下几步：①定义目标函数、基于敏感性分析提供参数的经验范围；②通过拉丁超立方抽样方法产生几组参数；③计算目标函数值、评判每组参数的有效性与不确定性；④根据计算结果更新参数范围。

参数率定与验证被用于比较 2008～2012 年流域出口（红旗塘监测站）的径流、总氮输出与总磷输出的模拟数据与实测数据之间的差异。2008～2010 年之间的时间段被用于模型率定，2011～2012 年之间的时间段被用于模型验证，两者都以每月一次的时间间隔运行。实测数据与模拟数据之间的拟合度使用纳什（Nash-Sutcliffe）效率系数（E_{NS}）与决定系数（R^2）评判，两个系数分别以式（7-16）与式（7-17）表达。E_{NS} 与 R^2 值越接近 1，表明模拟效果越佳。如果 $E_{NS} \geqslant 0.5$ 且 $R^2 \geqslant 0.6$，SWAT 模型的模拟结果便认为是可以接受的。

$$E_{NS} = 1 - \frac{\sum_{i=1}^{n}\left(Q_m - Q_s\right)^2}{\sum_{i=1}^{n}\left(Q_{m,i} - \bar{Q}_m\right)^2} \tag{7-16}$$

$$R^2 = \frac{\left[\sum_{i=1}^{n}\left(Q_{m,i} - \bar{Q}_m\right)\left(Q_{s,i} - \bar{Q}_s\right)\right]^2}{\sum_{i=1}^{n}\left(Q_{m,i} - \bar{Q}_m\right)^2 \sum_{i=1}^{n}\left(Q_{s,i} - \bar{Q}_s\right)^2} \tag{7-17}$$

式中，$Q_{m,i}$ 为实测数据，$Q_{s,i}$ 为模拟值，$\bar{Q}_m$ 为实测数据的平均值，$\bar{Q}_s$ 为模拟值的平均值，*n* 为实测次数。

通过 SWAT 运行，将研究区域划分为 51 个子流域。将基础数据输入 SWAT 模型，运行模型后得到模拟结果。与山地相比，平原高程变化较小，且河网交错纵横，模拟河水流向与实际情况有一定的偏差，因此率定难度较大，最终率定结果略差于山地。为达到评价要求，本研究对模型进行了多次率定，每次率定设定为 2000 次。率定结果、率定参数及最终值见表 7.7、表 7.8。

表 7.7　模拟精度最终值

模拟指标	R^2		E_{NS}	
	率定期	验证期	率定期	验证期
流量	0.71	0.68	0.63	0.62
TP	0.67	0.66	0.65	0.66
TN	0.75	0.71	0.60	0.69

表 7.8　率定参数及其取值

编号	参数名称	最终值
1	CN2.mgt*	55.49
2	ALPHA_BF.gw	0.03
3	RCHRG_DP.gw	0.42
4	GWQMN.gw	150
5	ESCO.hru	0.11
6	BIOMIX.mgt*	0.64
7	CANMX.hru	5.0
8	USLE_P.mgt*	0.43
9	SOL_AWC.sol	1.57
10	GW_REVAP.gw	0.12
11	SOL_SOLP.chm	98.3
12	SOL_ORGN.chm**	1501
13	SOL_ORGP.chm**	96.8
14	SOL_NO3.chm	52.3

*代表显著性 $p<0.05$；**代表显著性 $p<0.01$。

2. SWAT 模型的率定与验证

通过 SWAT-CUP 方法中的 LH-OAT 分析，结果显示，CN2、BIOMIX、USLE_P 是地表径流模拟中 3 个最敏感的参数，其次是 CANMX 与 SOL_AWC。率定阶段（2008～2010 年）的最佳拟合结果为：径流流量（m^3/s）为 $R^2 = 0.71$，$E_{NS} = 0.63$；总氮（TN）输出（t/月）为 $R^2 = 0.65$，$E_{NS} = 0.60$；总磷（TP）输出（t/月）为 $R^2 = 0.67$，$E_{NS} = 0.65$。对于验证阶段（2011～2012 年），相应的最佳拟合结果为：径流流量（m^3/s）为 $R^2 = 0.68$，$E_{NS} = 0.62$；总氮（TN）输出（t/月）为 $R^2 = 0.71$，$E_{NS} = 0.69$；总磷（TP）输出（t/月）为 $R^2 = 0.63$，$E_{NS} = 0.66$。以上结果，即 R^2

值大于 0.6、E_{NS} 值高于 0.6，且模拟值与实测值之间的误差小于 15%，表明 SWAT 模型在模拟嘉兴平原的氮、磷输出方面具有较好的效果。图 7.6 为红旗塘实测流量值、TP、TN 值率定和验证的结果。

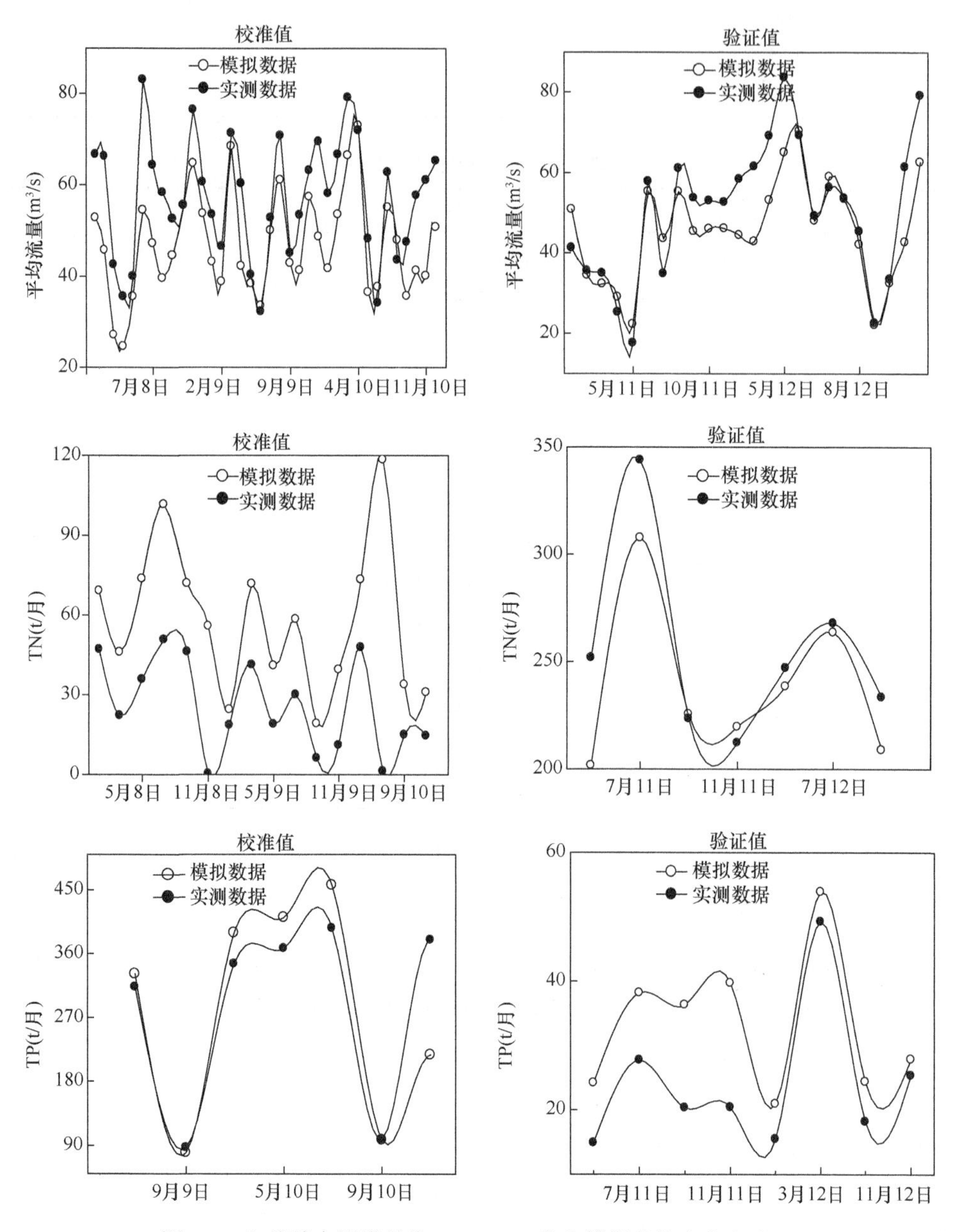

图 7.6　红旗塘实测流量值、TP、TN 值和模拟值的率定和验证

7.2.5　流域氮磷流失强度分布

氮磷流失具有地区特异性，地方水文气候条件、地形地貌、土地利用、土壤类型等都影响氮磷流失强度的大小。同时，由于降雨量年内分布不均，农田管理措施存在季节性差异等，氮磷流失负荷具有明显的时间分布特征。分析氮磷流失的时空特性有助于识别重污染区域及污染流失高风险期，为制定合理的污染控制方案提供依据。通过模拟数据，可计算出年平均氮磷流失负荷，从图 7.7 中可以看出不同子流域的氮磷流失强度相差较大，TN、TP 流失强度分别在 6.9～17.4 kg/hm^2 和 1.2～2.9 kg/hm^2。

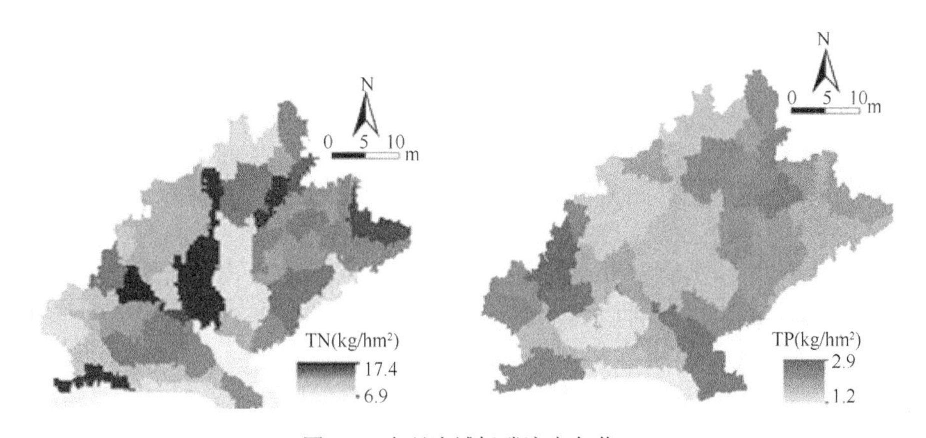

图 7.7　嘉兴流域氮磷流失负荷

本研究以嘉兴流域为研究对象，通过建立嘉兴流域的空间数据库和属性数据库，利用 SWAT 模型对该流域的氮磷流失进行评估。结果表明：

（1）研究区域划分为 51 个子流域，157 个水文响应单元。通过对模型进行率定与验证，最终使流量、TN、TP 指标达到模拟精度要求，R^2、E_{NS} 均大于 0.6。

（2）通过模型评估，计算出 5 年平均（2008～2012 年）总氮、总磷流失负荷范围分别为 6.9～17.4 kg/hm^2、1.2～2.9 kg/hm^2。不同子流域间氮磷流失具有一定的差异性，这是受地方水文气候条件、地形地貌、土地利用、土壤类型等影响的结果。

（3）平原区的地形高差相差较小，模型通常无法提取完整的自然河网，并且在平原灌区内分布着复杂的人工渠、沟，这些人工渠系改变了自然的水流路径和产汇流形式，在一定程度上会对模型的精度造成影响。因此，对嘉兴流域的 DEM 进行河网刻画处理，可以提高模型评估的精确度。

7.3　免耕对水稻种植区氮磷输出的影响

东苕溪上游（119°28′E～120°10′E；30°8′N～30°31′N）和嘉兴区域（120°17′E～121°15′E；30°19′N～31°1′N）分别位于浙江省西南部和东北部，面积为 1832 km^2 和 3915 km^2，均处于长江三角洲农业发达带，农田非点源问题严重，除此之外山地和平原为浙江省典型地形，两个研究区域是浙江省典型地形地貌的缩影，具有代表性意义。两个流域均为典型的亚热带季风气候，月平均气温在 3～28 ℃之间，平均年降雨量为均在 1000 mm 以上。东苕溪上游流域区域约 32%的土地用于水稻种植，其余土地（59.8%）被林地覆盖，主要的土壤类型为黄红壤（42.49%）、水稻土（35.90%）。黄红壤的基本理化性质（0～20 cm）为：pH，5.4；土壤有机质，2.48%；总氮，0.13%；速效磷，9.29 ppm。水稻土耕作层土壤的基本属性（0～20 cm）为：pH，6.7；土壤有机质，3.35%；总氮，0.19%；速效磷，10.11 ppm。

7.3.1　SWAT 模型耕作方式的改变

ARS-USDA 开发的 SWAT 模型被用于模拟流域对免耕模式下的径流、总氮输出与总磷输出的响应。SWAT 模型通常被应用于量化土地管理对水质的影响。模型要求气候、地形、土壤与土地利用类型的输入数据。根据土壤类型、土地利用类型与坡度性质，为获得更小的地理区域，子流域被进一步划分为水文响应单元（hydrologic response unit，HRU）（Maringanti et al.，2011）。地表径流通过 SCS-CN 方法评估，表层土壤的渗透性与水土条件通过 CN2 值指示。径流与化学成分以及迁移至周边水流的通量通过 QUAL2E 模型计算，除了有模拟表层与亚表层水文过程的用途外，SWAT 模型也内嵌有农田管理模型，可以将非常具体的管理信息添加入模型进行最佳管理方式的模拟。从而通过模拟改变农业管理方法评估不同管理方法对环境、作物产量等的影响（Neitsch et al.，2011）。

建立 SWAT 模型的基础数据库以模拟嘉兴平原和东苕溪流域上游的氮磷等营养物质的动态输出。基于高程差分布、河流刻画、土地利用类型、土壤类型等，嘉兴平原流域被划分为 51 个子流域和 153 个水文响应单元（HRU）；东苕溪上游流域被划分为 24 个子流域和 438 个水文响应单元。在 7.2 节的基础上，首先在嘉兴平原流域模型中的输入数据单元中选择农业管理方法单元，然后选择出所有包含稻田的子流域，将农事管理模块中的传统耕作 CT（犁耕无秸秆覆盖）更改为免耕 NT（保留 30%的秸秆）。在 SWAT 模型在东苕溪上游流域的应用基础上，按照上述方法将传统耕作方式转变为免耕。然后，重新运行两个流域的 SAWT 模型，得到免耕模式下的相关试验数据。

7.3.2　免耕模式对流域径流与总氮、总磷输出的影响

图 7.8 呈现了嘉兴平原流域传统耕作模式与免耕模式下水稻种植流域中的径流、总氮输出、总磷输出随时间的变化。相比于传统耕作模式，图 7.8（a）中地表径流变化数据表明，免耕模式下的地表径流减少率范围为 14.9%～41.5%（平均 26.3%），同年相比径流量均减少。类似的，与同年传统耕作模式相比，免耕模式下总氮输出与总磷输出的下降率分别为 4.0%～10.9%（平均 7.4%）与 5.6%～9.6%（平均 7.1%）[图 7.8（b）、（c）]。

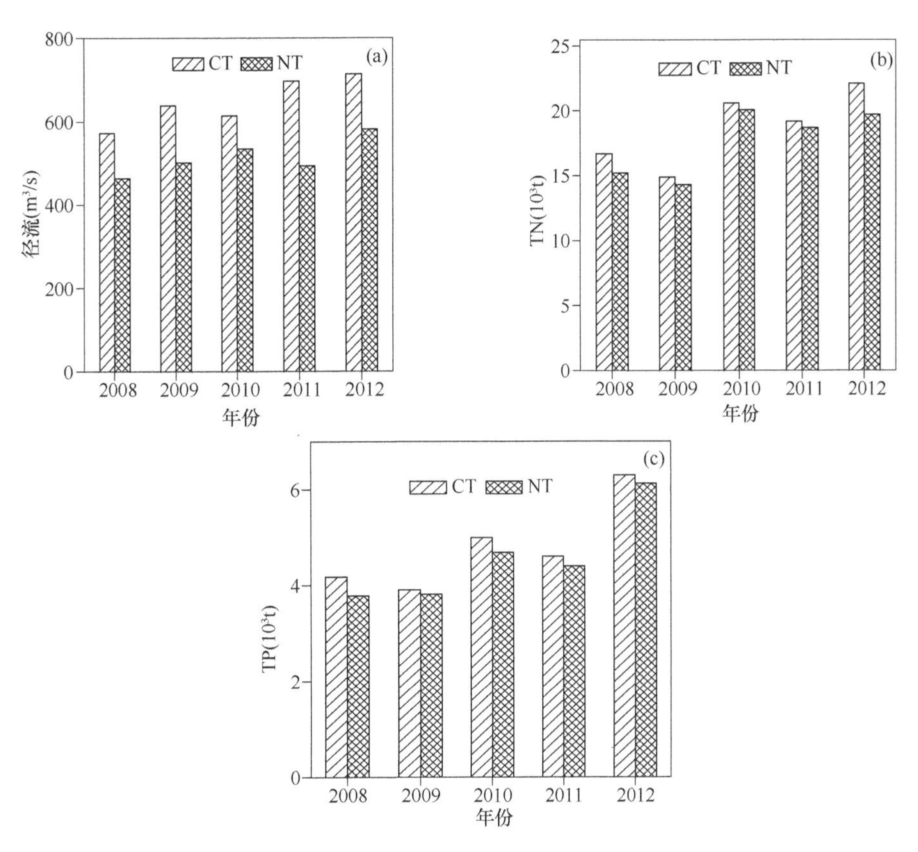

图 7.8　嘉兴流域中免耕（NT）与传统耕作（CT）下的年产生径流量（a）；年 TN 流失量（b）；年 TP 流失量（c）

然而，免耕模式下比传统耕作模式下有机氮与硝态氮（NO_3^--N）输出至气态化合物的量分别平均增加了 24.1%与 14.5% [图 7.9（b）、（c）]。 相应地，硝酸盐的输出负荷也平均减少了 36.6%（30.7%～47.2%），并且通过淋溶输出的硝酸盐减少比例较大 [图 7.9（a）]。同样地，2008～2012 年期间与传统耕作模式相比，沉积物吸收的矿化磷输出至水体的量降低了 28.1%（平均值），而有机磷输出量的增加变化较小 [图 7.9（d）]。

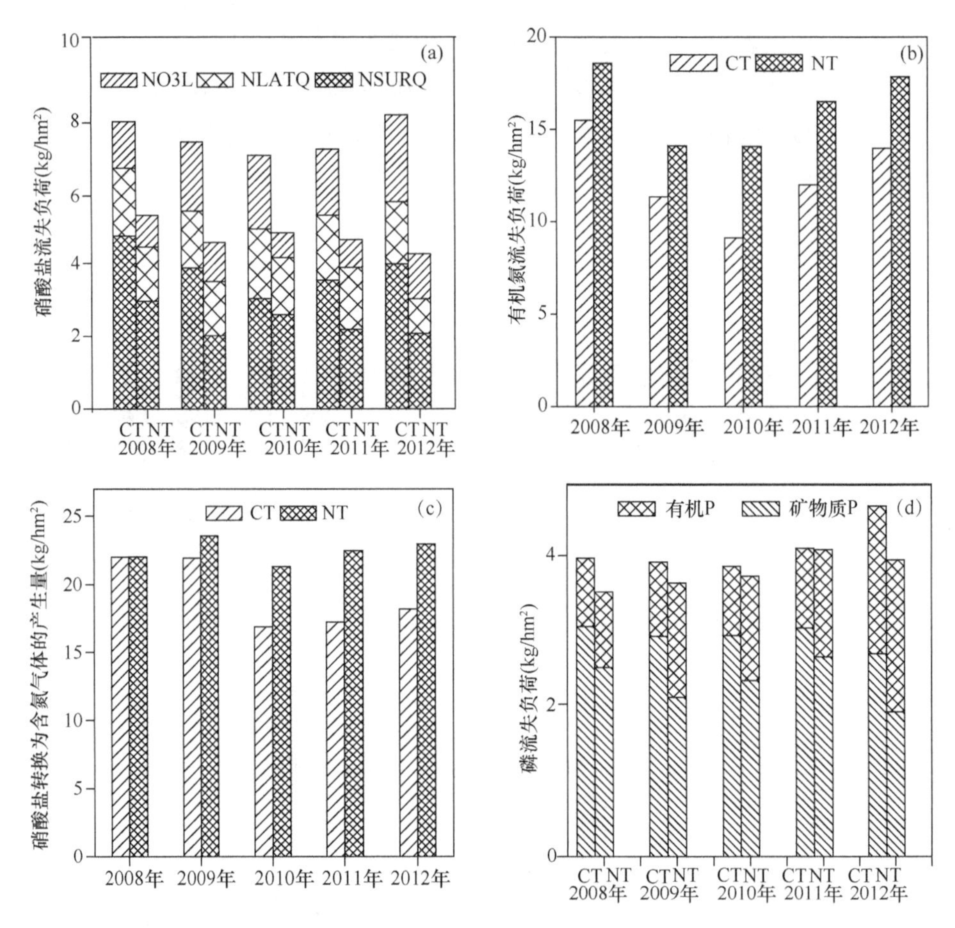

图 7.9　嘉兴流域中免耕（NT）与传统耕作（CT）下通过淋溶、侧向渗流和地表径流流失的硝酸盐流失负荷（a）；有机氮流失负荷（b）；硝酸盐转换为含氮气体的产生量（c）；磷流失负荷（有机磷和矿物质磷）（d）

图 7.10 显示了东苕溪上游流域传统耕作模式与免耕模式下水稻种植流域中的径流、总氮输出、总磷输出随时间的变化趋势。相比于传统耕作模式，免耕模式

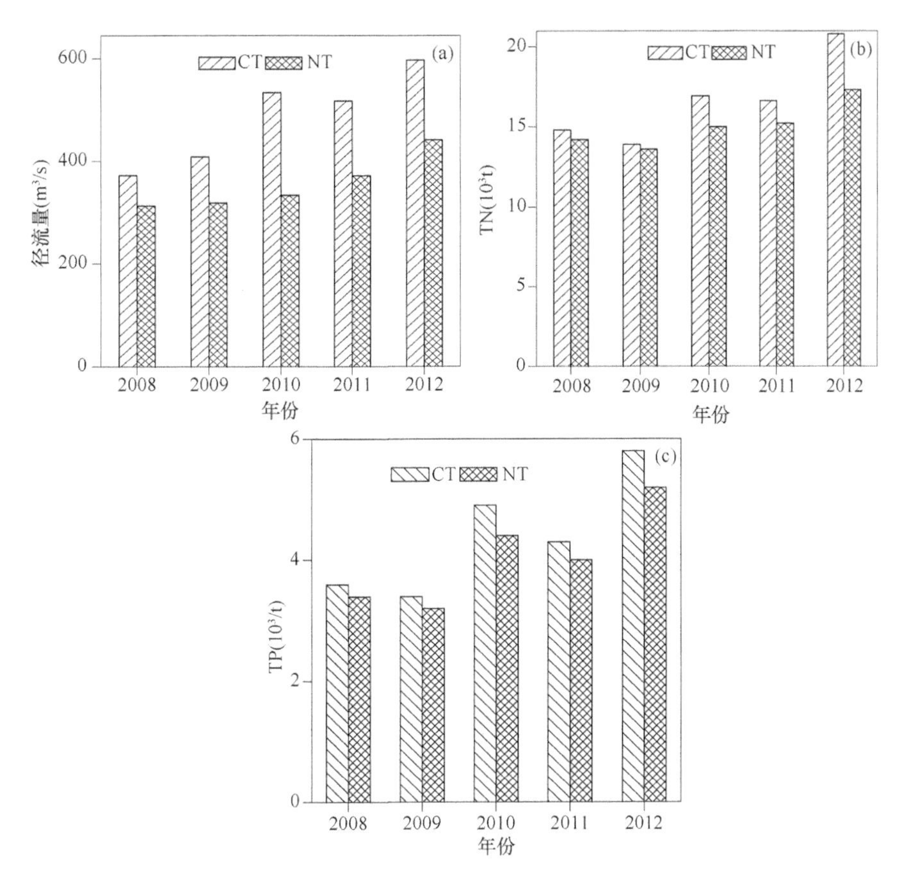

图7.10　东苕溪上游流域中免耕（NT）与传统耕作（CT）下的年产生径流量（a）；年TN流失量（b）；年TP流失量（c）

下的径流量减少率范围在16.0%～37.3%（平均25.9%），2008～2012年显示出一定的下降趋势［图7.10（a）］。相比于传统耕作模式，免耕模式下相应的总氮输出与总磷输出的下降率分别为4.1%～16.9%（平均8.5%）与5.6%～10.3%（平均7.8%）［图7.10（b）、（c）］。

免耕模式比传统耕作模式减少了43.2%～70.7%的NO_3^--N输出[图7.11（a）]。值得注意的是，免耕模式下比传统耕作模式下有机氮与硝态氮（NO_3^--N）输出至气态化合物的量分别平均增加了22.9%与13.6%［图7.11（b）、（c）］。2008～2012年期间，沉积物吸收的矿化磷输出至水体的量降低了38.6%（平均值），而有机磷输出量的增加较轻微［图7.11（d）］。

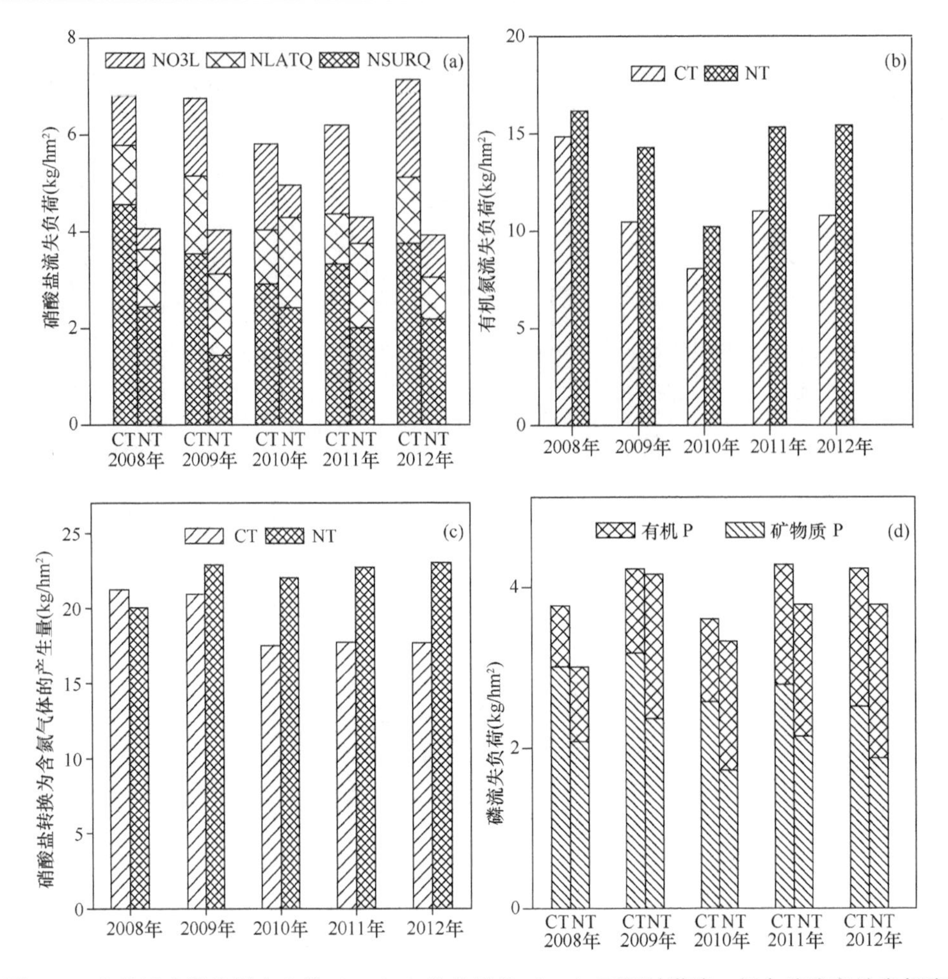

图 7.11　东苕溪上游流域中免耕（NT）与传统耕作（CT）下通过淋溶、侧向渗流和地表径流流失的硝酸盐流失负荷（a）；有机氮流失负荷（b）；硝酸盐转换为含氮气体的产生量（c）；磷流失负荷（有机磷和矿物质磷）（d）

免耕模式比传统耕作模式显著减少径流流量，究其原因，可能为以下两点：①免耕模式有更大的潜力来捕获更多的降雨、有更强的抗土壤侵蚀性、能促进更高的土壤团聚性（Jordán et al.，2010；Zhang et al.，2007）；②相比于传统耕作模式，免耕可能导致更高的土壤大孔性、更高的表层土壤渗透率（Wang et al.，2015）。

径流是主要的营养元素输出的携带者，因此径流的降低必然导致相应比例的营养元素输出的降低（Arshad et al.，2010）。然而，本研究中两个研究区域中免耕模式与传统耕作模式相比最大仅分别减少总氮输出与总磷输出 8.5%与 7.8%。而相较于免耕模式比传统耕作模式径流量最大减少率可达到 26.3%，总氮与总磷输出的减少率并不可观。该现象可以用以下机理来解释：①氮和磷由径流携带进入流域出口，由于降雨该途径经历的距离较短，例如降雨产生的沟渠、湿地与池塘（Daverede et al.，2003）；②免耕模式可能仅仅阻止了部分的氮、磷从表层土壤流失，而在土壤的氮磷存在形态中，有机氮与溶解磷是地表径流中氮与磷的主要形式（Sigua et al.，2010），相较而言，免耕模式下比传统耕作模式下，有机氮、溶解磷可能有更大的渗漏潜能。除此之外，免耕促进了表层土壤中土壤有机质的积累，有机氮流失潜能也因此增加（Beniston et al.，2015）。本研究的结果也显示，采用免耕模式比传统耕作模式将导致更多的含氮气体的释放（主要形式为 N_2、N_2O 与 NH_3），这将影响流域内硝酸盐、有机氮和含氮气体的迁移与转化。这可能因为：①免耕土壤比传统耕作土壤有更高的土水含量，这导致更低的透气性、更高的反硝化率（Palma et al.，1997；Rochette et al.，2008）；②免耕能在表层土壤中留下更多的活性物质，这些活性物质能促进反硝化（Groffman，1984；Harada et al.，2007）。免耕减少径流流量、延长径流与耕层土壤之间的交互作用，因此耕层土壤中的氮素可能有更大的机会与径流接触，进入径流并溶解（Faucette et al.，2007），这些条件都有利于硝态氮、有机氮向气态氮的转化。其他研究结果可能与本研究的结果不一致，原因在于他们认为免耕下含氮气体的释放并不显著区别于、甚至低于传统耕作下含氮气体的释放。这些结果表明免耕模式对于土壤中氮的转化的影响有很大的区域变化性。

对于磷，某些研究者得出的结论是相比于传统耕作模式，在免耕模式下总磷尤其是溶解性磷的径流输出量更小。而其他一些研究者的结论是，免耕模式对溶解性磷的径流输出不产生影响，甚至可能增加溶解性磷的径流输出，因为传统耕作模式下的犁耕稀释了磷在表层土壤中的积累。

7.3.3　免耕模式对于流域中水稻产量的影响

从图 7.12 可以看出，2008～2012 年，嘉兴平原流域采用免耕模式的 5 年中，免耕模式下的水稻产量比传统耕作模式低 0.1%～0.5%［图 7.12（a）］；免耕模式下的水稻氮、磷吸收比传统耕作模式分别降低了 1.3%、3.8%［图 7.12（b）、（c）］。

从图 7.13 可以看出，在东苕溪上游流域，2008～2011 年，即采用免耕模式的头 4 年，免耕模式下的水稻产量比传统耕作模式低 0.7%～1.9%［图 7.13（a）］；免耕模式下的水稻氮、磷吸收比传统耕作模式分别低 2.1%与 10.9%［图 7.13（b）、（c）］。从采用免耕模式的第 5 年开始，水稻产量开始轻微上升，增加率为 0.9%，水稻从土壤的氮、磷吸收量也比之前 4 年有所增加。

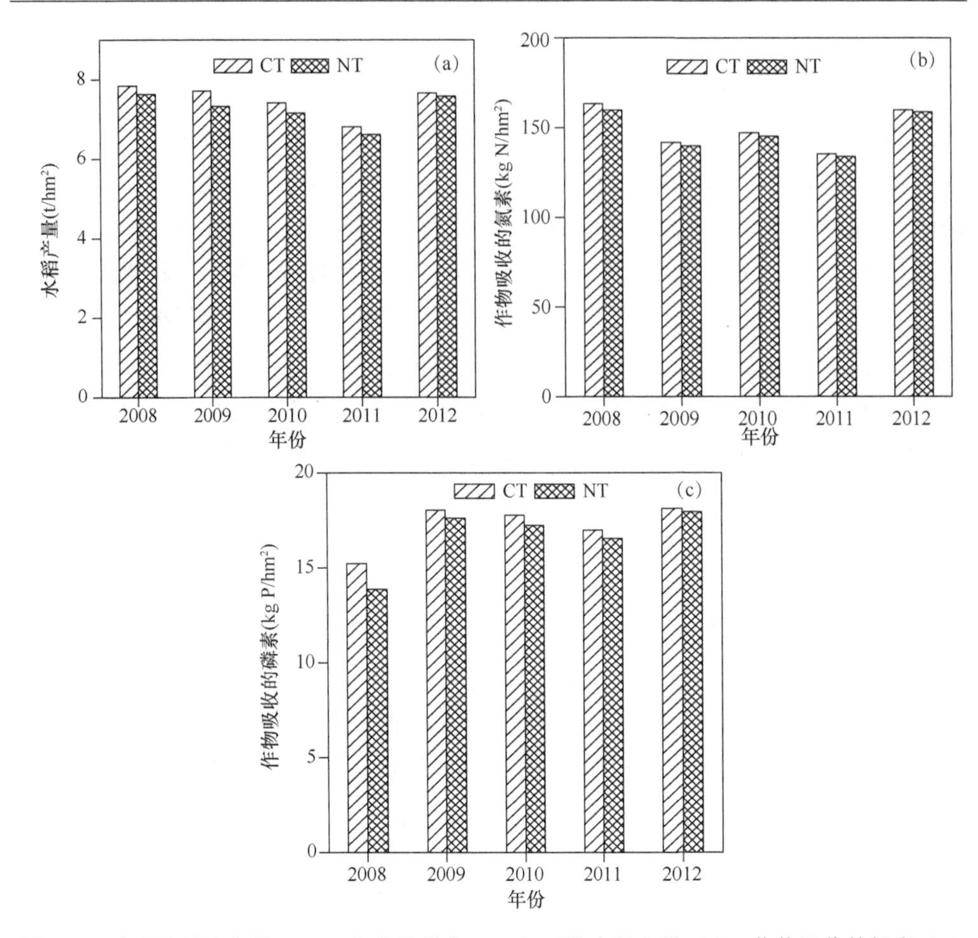

图 7.12　嘉兴流域中免耕（NT）与传统耕作（CT）下的水稻产量（a）；作物吸收的氮素（b）；作物吸收的磷素（c）

研究区域中采用免耕模式的头 4 年中水稻产量轻微减少，但从第 5 年开始，免耕模式下的水稻产量相当于甚至高于传统耕作模式。该结果与 Roy 等（1991）、Qin 等（2010）的研究结果一致，他们认为随着免耕的持续，更多的有机质与水逐渐存储在土壤中，逐渐改善土壤性质，减少可利用营养物质的损失。然而，嘉兴平原研究区中，在采用免耕的 5 年中，免耕模式下的水稻产量一直低于传统耕作下的水稻产量 0.1%～0.5%，但总体来说，水稻产量的波动并不明显。两个试验流域的结果表明，免耕对稻田产量并没有很大的不利影响。但是，其他研究显示，相比于传统耕作模式，免耕模式的作物产量既可能显著增加也可能显著减少

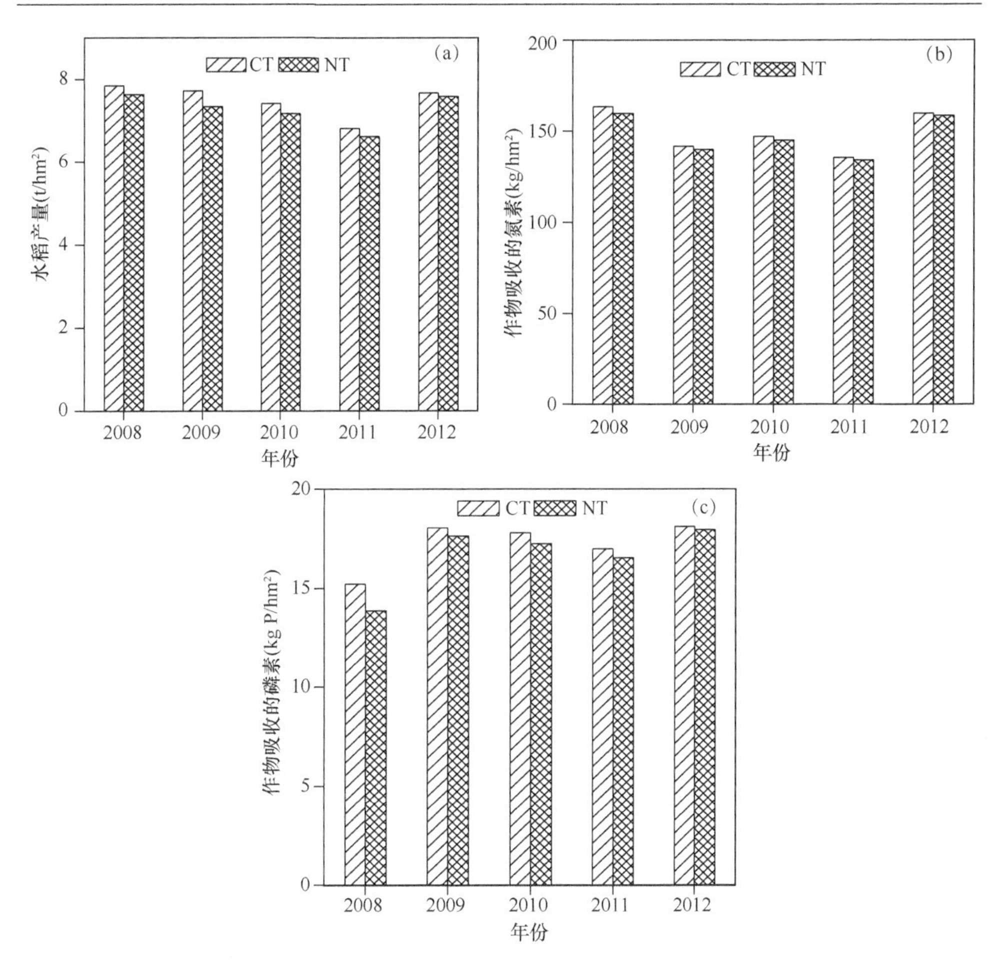

图 7.13　东苕溪上游流域中免耕（NT）与传统耕作（CT）下的水稻产量（a）；作物吸收的氮素（b）；作物吸收的磷素（c）

（Brouder and Gomez，2014）。Jiang 和 Xie（2009）发现免耕模式下的水稻产量总是高于传统耕作模式下水稻的产量，因为免耕促进水稳性土壤团聚体的分布，限制土壤营养物质的流失，增加有机质含量。然而，Singh 等（2015）的研究显示，传统耕作模式下的水稻产量更高，因为免耕模式产生了更高的杂草压力。免耕对于作物产量的影响仍有争议，作物产量会在采用免耕模式的最初几年可能下降，而非一直保持增长趋势。由于气候、土壤性质、作物种类、经济条件的差异，免耕对作物产量可能产生不同的影响。此外，本研究仅考虑了大流域内的水稻产量，如果换成其他作物或与其他的水肥管理方式相结合，研究结果可能有所不同。

通过分析数据，可知嘉兴平原流域和东苕溪上游流域采用相同的免耕条件可达到基本相同的地表径流减少效率，且氮磷输出均有一定程度的减少。但嘉兴流域的地表径流减少率略高于东苕溪上游流域的径流减少率，主要原因可能在于嘉兴流域的地形以平原为主，东苕溪上游流域山地较多、坡度大，降雨时地表易受雨水冲刷而形成地表径流。但在平原区河网错综复杂，相比于山区，输出的氮磷更容易进入河道、水体，这也是嘉兴流域氮磷输出减少率有别于东苕溪上游流域的主要原因。除此之外，在两个不同研究区域内，水稻产量变化趋势略有不同。东苕溪上游流域水稻产量在前 4 年内的免耕条件下的产量略微低于传统耕作下的产量，第 5 年水稻产量与传统耕作下相比基本相当甚至高出；而在嘉兴平原区 5 年时间内免耕水稻产量一直略低于传统耕作水稻产量。这种差异的产生可能与两个研究区与不同的地理位置、水文走向及免耕条件微生物种类及活动程度有关。

本节应用 SWAT 模型研究了免耕模式对于流域尺度下农业非点源产生的总氮与总磷输出变化的影响。与传统耕作相比，在嘉兴平原流域免耕稻田可使径流流量降低 26.3%，总氮、总磷输出量分别减少 7.4%、7.1%；在东苕溪上游流域稻田免耕可使径流流量减少 25.9%，总氮、总磷输出量分别减少了 8.5%、7.8%。与传统耕作模式相比，免耕模式下的嘉兴流域中硝酸盐输出负荷减少了 30.7%～47.2%，沉积物吸收的矿化磷输出至水体的量平均降低了 28.1%，但有机氮与硝态氮输出至气态化合物的量分别平均增加了 24.1%、14.5%。免耕模式下的东苕溪上游流域，硝酸盐的输出负荷减少了 43.2%～70.7%，沉积物吸收的矿化磷输出至水体的量平均降低了 38.6%，有机氮与硝态氮输出至气态化合物的量分别平均增加了 22.9%、13.6%。在嘉兴平原流域，免耕模式下的水稻产量一直略低于传统耕作下水稻产量；在东苕溪上游流域采用免耕模式的前 4 年水稻产量较传统耕作模式有所减少，但从第 5 年起水稻产量开始高于传统耕作模式。

由此可见，通过免耕模式来缓解农业非点源污染的效果具有一定的局限性。因此，其他水土与营养元素管理方法应当与免耕模式结合应用。综上，由于免耕模式内在机制的复杂性，其对于农业与环境产生的影响的多样性，有必要在未来的研究中对免耕模式的生态效应进行全面评估。

7.4　稻田土地利用比例对氮磷输出的影响

7.4.1　流域总氮、总磷输出负荷

嘉兴流域的子流域中土地利用类型以稻田和村镇居民区为主（图 7.3），其中

各子流域中稻田比例均在 50%以上，7.3 节嘉兴流域氮磷流失强度数据显示平均每年的 TN、TP 输出负荷差异明显，嘉兴流域的 TN 输出变化范围为 8.9～17.4 kg/hm^2，TP 的输出量差异性也很明显，最小值为 0.56 kg/hm^2，最大值为 6.80 kg/hm^2（图 7.6）。东苕溪上游流域土地利用类型主要为林地和稻田，东苕溪上游区域的 TN 输出变化范围为 7.12～22.7 kg/hm^2，TP 的最小输出量为 0.56 kg /hm^2，最大输出量为 6.80 kg/hm^2（图 7.7）。

7.4.2 稻田比例对氮磷输出负荷的影响

图 7.14 数据表明当稻田比例低于 30%时，TN、TP 的输出负荷与稻田比例成正比，也就是说，在小流域中，TN、TP 的流失负荷随着稻田比例的增加而增加。因此，稻田就是污染源。然而，当稻田比例介于 30%～71%之间时，TN、TP 的输出量也随之逐渐减少，TN 的输出负荷由 12.94 kg/hm^2 减少至 10.27 kg/hm^2，TP 的输出负荷由 2.89 kg/hm^2 降至 2.54 kg/hm^2 [图 7.14（a）、（b）]。

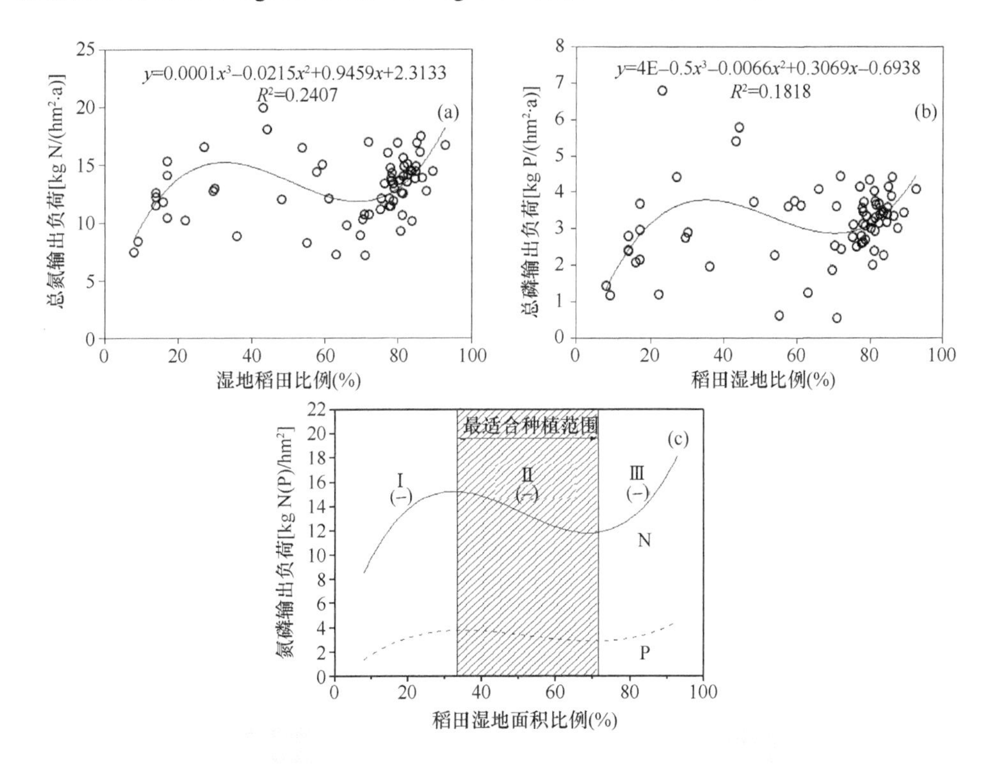

图 7.14 小流域中不同稻田比例下相应的 TN、TP 的输出负荷

这些数据的变化表明水稻田具有一定的改善水质的作用。相应的，随着稻田比例逐渐由 71%上升至 100%时，营养物质的输出量也随之增加，即此时稻田又成为污染源。综合不同稻田比例相应的 TN、TP 输出负荷变化，可将流域稻田比例划分为三个范围区［图 7.14（c）］，从图 7.14（c）中可以清晰明了地看到，稻田比例为 30%和 71%是决定稻田是否为污染源的关键折点，且稻田比例为 30%～70%为最适合的种植范围。

目前，许多国家的研究也都表明了农田非点源氮磷等营养物质的输出是造成水体污染的主要原因，一些学者对稻田作为湿地控制氮、磷流失对消纳水体的污染进行研究。在本研究中，两个区域的 75 个小流域的分析数据结果表明稻田在合适的比例下，即稻田比例在 30%～71%之间，有利于流域单位负荷上氮、磷输出水平的降低，而当稻田比例低于农田 30%和介于 71%～100%时，氮、磷输出负荷随着稻田比例的上升而增加，可能的原因有：①随着稻田的开垦，氮肥、磷肥施加量也不断增加，肥料的施用量一直处于过饱和状态，但由于稻田水稻对肥料的利用有限，大部分氮素未被水稻吸收，致使其随径流、氨挥发、淋失渗漏等形式流失，大部分磷滞留在土壤中或随径流流失。稻田中氮磷等营养物质过剩，从而造成稻田作为污染物的输出源。②稻田作为一个生态系统，能够在一定程度上影响土壤或田面水的理化性质，如缓冲 pH 的变化从而不利于土壤中磷的溶出，通过稻田田面水中存在的水生植物对氮磷进行吸收、同化影响氮磷的迁移转化。湿地中除氮机理主要包括湿地植物对氮素的吸收、氨化作用、硝化作用、反硝化作用、吸附等，其中硝化反硝化过程被认为是湿地系统除氮的主要途径。沉淀和吸附是减少农田非点源中磷流失的主要机理，土壤对磷有较强的固定能力，溶解态活性磷能够与土壤中的 Ca^{2+}、Mg^{2+}结合成磷酸盐沉淀，减少稻田径流中磷素的流失。但若土壤提供的氮、磷吸附位点不足或达到饱和，就会造成大量的磷素通过淋溶等形式流失，这也是本试验结果中稻田比例低于 30%和超过 71%时，氮磷输出负荷随着稻田比例增加输出负荷也增大的原因之一。③稻田比例不同影响小流域氮磷输出还可能与流域中的土地利用类型有关。稻田比例低于 30%的小流域中，城镇居民用地和林地为主要的土地利用类型，城镇居民产生生活中的氮磷输出污染和林地的氮磷流失均加剧小流域的氮磷输出。在稻田比例为 30%～71%的小流域中，土地利用类型中随着稻田比重的增加，此时稻田湿地生态系统可消纳一定的外源污染，在一定程度上减轻流域氮磷输出负担。在稻田为主要土地利用类型时（即稻田比例超过 71%），流域活动主要以农事活动为主，肥料的施用量过剩，使其超出稻田湿地生态系统的消纳污染物能力，致使小流域的氮磷输出与稻田比例正相关。

在“Manage Water in a Green Way”政策论坛上，Palmer 等（2015）指出，相比于传统的工业基础设施，更灵活、对环境影响小的绿色环保设施是一种更安全、稳健谨慎的水处理方法。然而，像稻田湿地类的绿色治理设施既可以充当污染源又可以消纳营养物质和污染物。稻田湿地为地球上大多数人口提供了主要作物（水稻），同时与其他类型的农田相比，也是用水量最多的农田。从技术角度上看，稻田湿地是一种对污染进行转化处理的自然顺序式厌氧-好氧生物反应。然而，淹水稻田地势都比较低，通常处于生态位低端，因此就直接面临农田非点源污染和水质恶化等环境问题。

为改善和提升流域的生态环境效率，稻田湿地应设置在一个适当的水平。尽管很多国家已制定颁布了相关保护传统稻田湿地的管理规定，但在一些农业发达地区，尤其是在沿江沿河地区和平原地区，人们为了获得更高的经济收入，仍然将稻田湿地改造为菜地、果园等经济作物田。然而，在一些农林混合地区，旱地耕作取代了稻田湿地，成为为当地人提供充足食物的主要农田形式。本研究的初步的试验结果表明增加子流域中的稻田比例可减少通过地表径流输出的营养物质强度，但是流域中稻田湿地的比例必须在一个适当的范围内增加(参见图 7.14)。除此之外，只改变稻田湿地的比例具有一定的限制性，应结合其他的水肥管理方式，如提高稻田湿地的坝高或采用更科学有效的水管理灌溉措施，这些都有利于稻田湿地对外源污染物的消纳和减少农田非点源污染对生态环境的影响，使其成为更有效的绿色水处理设施。

然而，本试验也具有一定局限性。首先，本试验研究的区域是长三角农业发达带，稻田种植比例较高，施肥量大。而评估农田非点源氮磷流失负荷又需要与当地的地形地貌、水文走向、农事管理等相结合进行综合考虑，这些都使本实验具有一定的地域限制。其次，本试验是通过模型模拟流域尺度的氮磷输出负荷，模型本身具有一定的限制，可结合实际的大田试验加以验证，使其更完善，更具普遍性。

本节应用 SWAT 模型运行结果，研究了流域尺度下不同稻田比例相应的总氮、总磷的输出负荷，探究在一定比例稻田下，稻田能否扮演湿地的角色，是否具有一定的消纳污染物质的能力，尤其是对易引起水体富营养化的氮磷等营养物质的消纳。试验结果表明，在小流域中稻田比例为 30%和 71%是决定稻田是否为污染源的关键转折点。当稻田比例介于两者之间时，总氮、总磷的输出负荷与稻田比例成反比，其他比例下，稻田氮磷流失负荷与稻田比例成正比。由此可见，在适当的比例下稻田可以消纳一定量的农田非点源污染物，可为科学种田、减少农田非点源污染对环境的影响提供一定的参考。

7.5 小　　结

氮磷等营养物质过量输入水体易造成水体富营养化，而营养物质的排放源又有很大一部分源自非点源农田营养物质排放。由于非点源污染物区域具有不确定性、随机性、分散广等特点，非点源污染物很难定量地去衡量，也就难以找出快速、高效的治理措施。因此，明确污染物的时空分布具有很重要的意义。本研究从污染防治的角度，通过对研究区域的地理、气象等空间及属性数据的收集和处理建立模型运行基础数据库，利用 SWAT 模型对研究区域内氮磷污染物的时空分布及不同管理方式对污染物排放的影响和不同比例稻田在非点源污染中所扮演的“源”还是“汇”的作用进行探讨。通过改变 SWAT 模型中耕作管理方式，探讨免耕与传统耕作对流域总氮、总磷等污染物输出途径、输出量及污染物形态转化的影响，以期为有效预防和控制流域水体富营养化提供科学的量化依据。具体研究成果如下：

（1）通过对嘉兴平原区域基础数据库的建立和地理特征的处理，使 SWAT 模型的率定和验证的 R^2>0.6，E_{NS}>0.6，使模型成功地在该地区得以应用。同时，得到嘉兴平原区域的年平均总氮流失强度为 6.9～17.4 kg/hm^2，总磷流失强度为 1.2～2.9 kg/hm^2。

（2）以平原-山区为出发点，进行稻田免耕与传统耕作条件下氮磷流失的比较，得出免耕和传统耕作条件下总氮、总磷的流失量。结果发现，免耕在一定程度上减少了流域地表径流、总氮、总磷的输出，减弱了流域非点源污染。与传统耕作相比，嘉兴平原流域免耕模式下水稻种植流域中的地表径流减少率范围为 14.9%～41.5%（平均 26.3%），总氮输出与总磷输出分别下降了 4.0%～10.9%、5.6%～9.6%。免耕模式下的东苕溪上游流域的地表径流减少范围为 16.0%～37.3%（平均 25.9%），总氮输出与总磷输出的下降率分别为 4.1%～16.9%（平均 8.5%）、5.6%～10.3%（平均 7.8%）。此外，免耕对硝酸盐、气态氮等产生与输出也有一定的影响。

（3）免耕除对氮磷输出产生影响之外，对水稻产量也有一定的影响。与传统耕作相比，嘉兴平原研究区域中，免耕模式下的水稻产量一直低于传统耕作下水稻产量的 0.1%～0.5%，水稻氮、磷吸收比传统耕作模式分别降低了 1.3%、3.8%；

东苕溪上游流域免耕模式下的水稻产量降低了 0.7%～1.9%，水稻氮、磷吸收分别平均降低了 2.1%与 10.9%。但是这种趋势并没有一直延续下去，从第 5 年开始，水稻产量开始稍有增长。

（4）不同稻田比例影响着流域氮磷的输出，流域中稻田比例为 30%和 71%是决定稻田是污染“源”还“汇”的两个转折点。当稻田比例低于 30%和高于 71%，农田非点源污染的总氮、总磷的输出量随着稻田比例的增加而增加；当稻田比例介于 30%和 71%之间时，农田非点源总氮、总磷输出量随着稻田比例的增加而减小。根据研究结论可知，通过改变稻田种植比例可改变农田非点源污染对环境的影响。

平原灌区水系复杂且受较多人工干扰，水文过程不再单纯地以降水-产流机制为主，而是以工程灌溉为主。因此在平原灌区中可进一步修改模型对河流、地势等进行细化、修正，以获得更精确的模拟结果。本章所采用的土地利用类型图和土壤类型图精度较低，导致比例较小的土壤类型无法得到最真实的反映。而本章中采取的方法是将这些土壤类型合并至其他类型的土壤中进行模拟计算，从而造成模拟值的误差。采用的监测数据、检测周期及其数量有限，直接影响了模型的部分参数的准确性，使模型的精度受到了一定的限制。

参 考 文 献

Andraski B J, Mueller D H, Daniel T C. 1985. Phosphorus losses in runoff as affected by tillage. Soil Sci Soc Am J, 49: 1523-1527.

Arshad M A, Franzluebbers A J, Azooz R H. 2010. Components of surface soil structure under conventional and no-tillage in northwestern Canada. Soil Till Res, 53: 47-41.

Beniston J W, Shipitalo M J, Lal R, et al. 2015. Carbon and macronutrient losses during accelerated erosion under different tillage and residue management. Eur J Soil Sci, 66: 218-225.

Brouder S M, Gomez Macpherson H. 2014. The impact of conservation agriculture on smallholder agricultural yields: A scoping review of the evidence. Agr Ecosyst Environ, 187: 11-32.

Daverede I C, Kravchenko A N, Hoeft R G, et al. 2003. Phosphorus Runoff. J Environ Qual, 32: 1436-1444.

Derpsch R. 2003. Conservation tillage, no-tillage and related technologies in conservation agriculture. Springer Netherlands, 181-190.

Dungait J A J, Cardenas L M, Blackwell M S A, et al. 2012. Advances in the understanding of nutrient dynamics and management in UK agriculture. Sci Total Environ, 434: 39-50.

Faucette L B, Governo J, Jordan C F, et al. 2007. Erosion control and storm water quality from straw with PAM, mulch, and compost blankets of varying particle sizes. J Soil Water Conserv, 62: 404-413.

Franchini J C, Debiasi H, Junior A A B, et al. 2012. Evolution of crop yields in different tillage and cropping systems over two decades in southern Brazil. Field Crops Res, 137: 178-185.

Groffman P M. 1984. Nitrification and denitrification in conventional and no tillage soils. Soil Sci Soc Amer J, 49: 329-334.

Harada H, Kobayashi H, Shindo H. 2007. Reduction in greenhouse gas emissions by no-tilling rice cultivation in Hachirogata polder, northern Japan: Life-cycle inventory analysis. Soil Sci Plant Nutr, 53: 668-677.

Hill, R L. 1990. Long-term conventional and no-tillage effects on selected soil physical properties. Soil Sci Soc Am J, 54: 161-166.

Jiang X J, Xie D T. 2009. Combining ridge with no-tillage in lowland rice-based cropping system: Long-term effect on soil and rice yield. Pedosphere, 19: 515-522.

Jordán A, Zavala L M, Gil J. 2010. Effects of mulching on soil physical properties and runoff under semi-arid conditions in Southern Spain. Catena, 81: 77-85.

Maringanti C, Chaubey I, Arabi M, Engel B. 2011. Application of a multi-objective optimization method to provide least cost alternatives for NPS pollution control. Environ Manage, 48: 448-461.

Neitsch S L, Arnold J G, Kiniry J R, et al. 2011. Soil and Water Assessment Tool Input/output File Documentation: Version 2009. Texas Water Resources Institute Technical Report 365. J Inform Process Manage, 33.

Palma R M, Rimolo M, Saubidet M I, Conti M E. 1997. Influence of tillage system on denitrification in maize cropped soils. Biol Fertil Soils, 25: 142-146.

Palmer M A, Liu J, Matthews J H. 2015. Water security: Gray or green? Science, 349: 584-585.

Pittelkow C M, Liang X, Linquist B A, et al. 2015. Productivity limits and potentials of the principles of conservation agriculture. Nature, 517: 365-368.

Qin J, Hu F, Li D, et al. 2010. The effect of mulching, tillage and rotation on yield in non-flooded compared with flooded rice production. J Agron Crop Sci, 196: 397-406.

Rhoton F E, Shipitalo M J, Lindbo D L. 2002. Runoff and soil loss from mid-western and southeastern US silt loam soils as affected by tillage practice and soil organic matter content. Soil Till Res, 66: 1-11.

Rochette P, Angers D A, Chantigny M H, Bertrand N. 2008. Nitrous oxide emissions respond differently to no-till in a loam and a heavy clay soil. Soil Sci Soc Am J, 72(5): 1363-1369.

Roy J, Smith J R, Baltazar A M. 1991. Reduced and no tillage systems for rice. Southern Conservation Tillage Conference: Arkansas Experiment Station Special Report, 84-86.

Sharma P, Abrol V, Shankar G R M. 2009. Effect of tillage and mulching management on the crop productivity and soil properties in maize-wheat rotation. Res Crops, 10: 536-541.

Sharpley A N, Smith S J. 1994. Wheat tillage and water quality in the Southern plains. Soil Till Res, 30: 33-48.

Sigua A, Phogat V K, Dahiya R, Batra S D. 2014. Impact of long-term zero till wheat on soil physical properties and wheat productivity under rice-wheat cropping system. Soil Till Res, 140: 98-105.

Sigua, G C, Hubbard R K, Coleman S W. 2010. Quantifying phosphorus levels in soils, plants, surface water, and shallow groundwater associated with bahiagrass based pastures. Environ Sci Pollut Res, 17: 210-219.

Singh M, Bhullar M S, Chauhan B S. 2015. Influence of tillage, cover cropping, and herbicides on weeds and productivity of dry direct-seeded rice. Soil Till Res, 147: 39-49.

Truman C C, Reeves D W, Shaw J N, et al. 2003. Tillage impacts on soil property, runoff, and soil loss variations from a Rhodic Paleudult under simulated rainfall. J Soil Water Conserv, 58: 258-267.

Wang J, Lü G, Guo X, et al. 2015. Conservation tillage and optimized fertilization reduce winter runoff losses of nitrogen and phosphorus from farmland in the Chaohu Lake region, China. Nutr Cycl Agroecosys, 101: 93-106.

Xiong Y, Peng S, Luo Y, et al. 2015. Paddy eco-ditch and wetland system to reduce non-point source pollution from rice-based production system while maintaining water use efficiency. Environ Sci Pollut Res, 22: 4406-4417.

Zhang G S, Chan K Y, Oates A, et al. 2007. Relationship between soil structure and runoff/soil loss after 24 years of conservation tillage. Soil Till Res, 92: 122-128.